①アンゴラ沖でブリーチングをするザトウクジラ
この動物は巨体とアクロバティックで機敏な動きを両立させており、その秘密の少なくとも一部は独特の大きなひれにある。ひれの突起は風力発電機の高効率風車に模倣されている。第7章参照。
写真撮影：Steve Zalan

②速く泳ぎながら食べるために獲物の魚を小さな玉に追いこむバショウカジキ
帆のような背びれは獲物を囲いこむのに使われる。海中で特に速い魚であるバショウカジキと、その親戚のメカジキは、高速での採餌が可能な適応形態を持つ。メカジキは眼球と視神経を温めて海水温より高い温度に保ち、慌ただしい採餌の間にも素早く機能できるようにしている。第7章参照。
写真撮影：Maurizo Handler/National Geographic Creative

③わかっているもっとも高齢の動物は、深海のクロサンゴで、写真のハワイ沖の深海に生息するものは4270歳になる。
捕食者や嵐がほとんどない安定した海洋環境は、年を重ね成長しながら多くの子孫を残す、このような長寿の動物に有利に働く。第6章参照。
写真撮影：Brian J. Skerry/National Geographic Creative

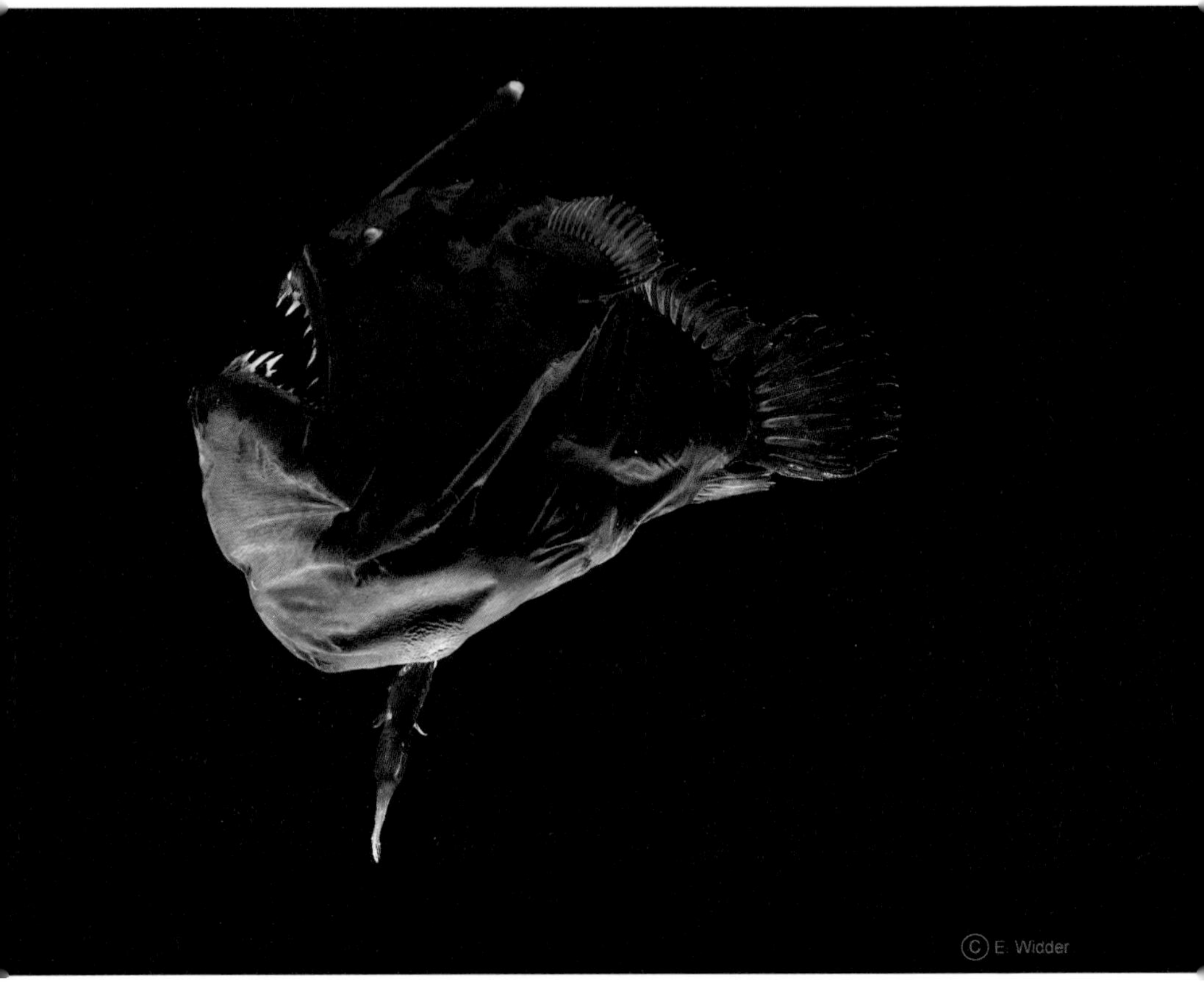

④メスのペリカンアンコウは牙のような歯と、不運な獲物をおびき寄せる生物発光する疑似餌を持つ。チョウチンアンコウは、この種をはじめ多くの近縁種も見つかるのはすべてメスであり、そのためオスは長い間探し求められてきた。やがてオスは、なくした鍵のようにすぐ目につく場所で発見された。この写真ではオスはメスの下側にくっついており、精巣に毛が生えたような脳も腸もない寄生生物として一生を過ごす。第10章参照。
写真撮影：Edith Widder, ORCA

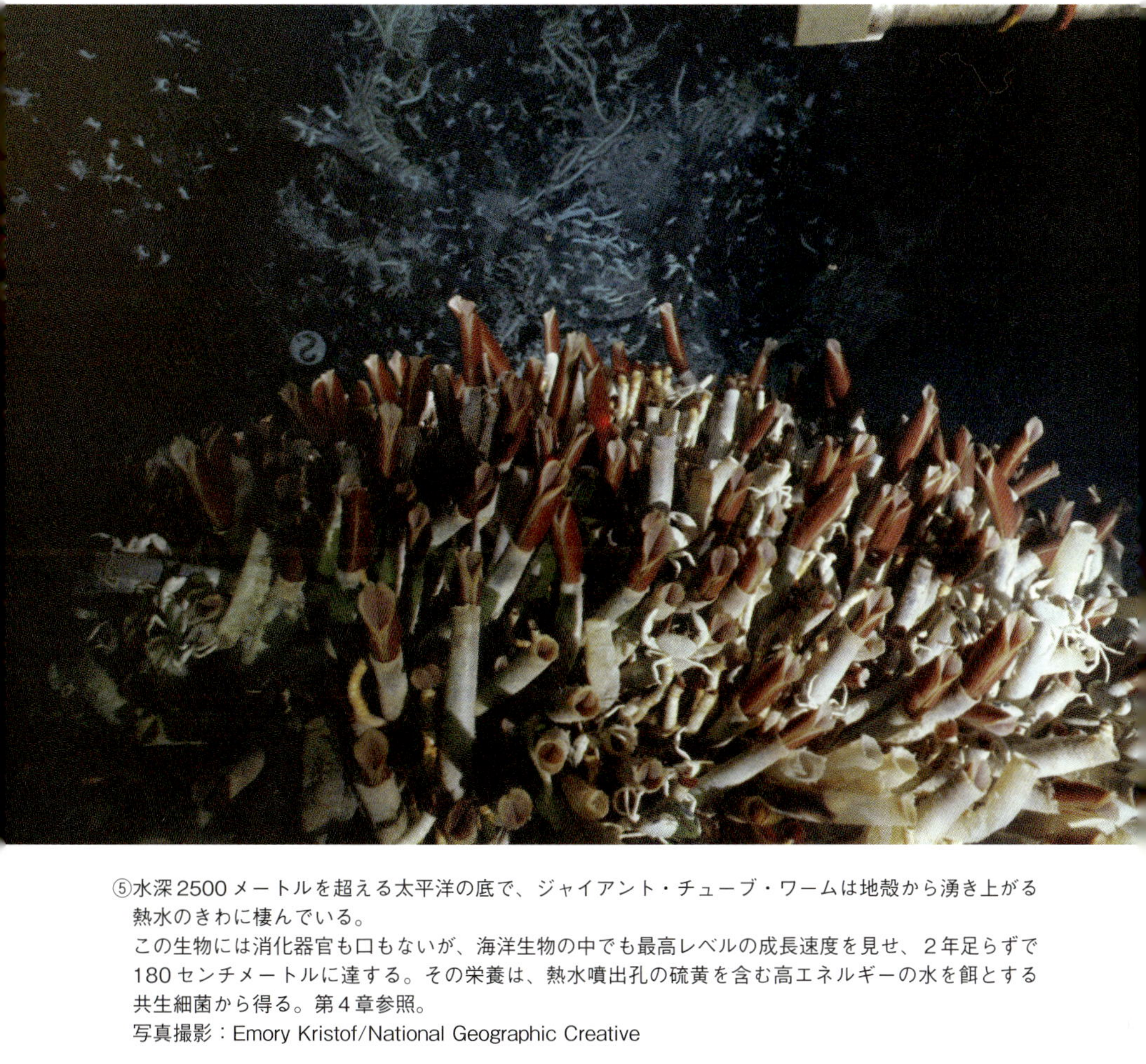

⑤水深2500メートルを超える太平洋の底で、ジャイアント・チューブ・ワームは地殻から湧き上がる熱水のきわに棲んでいる。
この生物には消化器官も口もないが、海洋生物の中でも最高レベルの成長速度を見せ、２年足らずで180センチメートルに達する。その栄養は、熱水噴出孔の硫黄を含む高エネルギーの水を餌とする共生細菌から得る。第４章参照。
写真撮影：Emory Kristof/National Geographic Creative

⑥このタツノオトシゴのつがいは、海洋生物の生殖できわめて印象的な役割の逆転の一つを演じている。メスは卵をオスの袋に移しており、このあとオスは卵を育て、小さなタツノオトシゴの姿になった子どもたちを放す。子育ては海では珍しく、魚や無脊椎動物の卵や幼生は生みっぱなしにされて自力で成長するのが普通で、オスの子育てはさらに珍しい。しかしタツノオトシゴの仲間はすべて、このやり方を採用している。第10章参照。
写真撮影：George Grall/National Geographic Creative

⑦ポンペイ・ワームは、もっとも熱い生息地に棲む動物としての記録を持っている。
尻尾は深海の熱水噴出孔にできたチムニーの、80℃近くあるチューブに入っている。2、3センチ離れた頭部は通常の深海の水温、約4℃で生きている。この虫が両極端の温度と、あるいはその中間の温度とどのように折り合いをつけているかは謎で、熱耐性タンパク質のゲノムの詳しい探究に火がついている。第8章参照。

⑧コスタリカ近海のラス・ヘメラス海山の火口へと潜行する潜水探査機
このような海山は長寿の大型魚のすみかであり、中には１世紀以上生きているものもいる。
写真撮影：Brian J. Skerry/National Geographic Creative

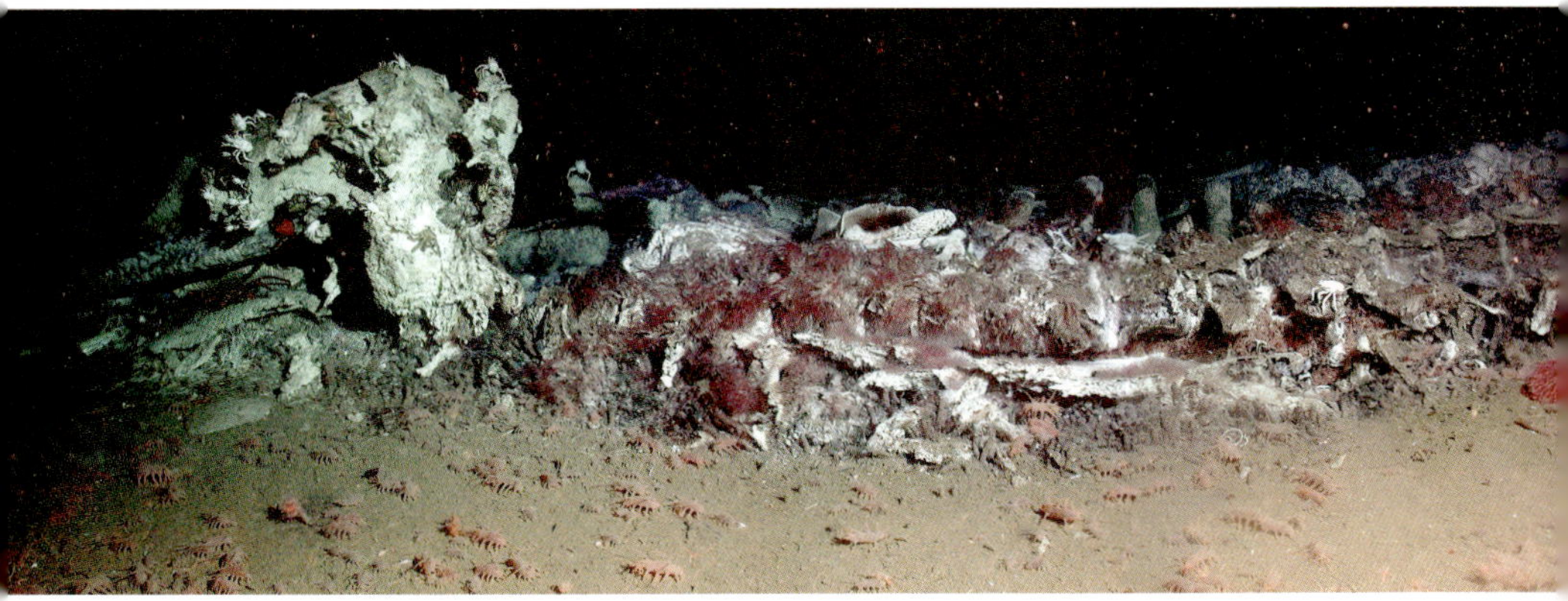

⑨カリフォルニア沖３キロメートルのモンテレー海溝で、モンテレー湾水族館研究所（MBARI）の研究員が発見した直後のクジラの死骸。腐敗が進んだ状態である。
一面を覆っている大量の赤い虫はオセダックスで、学名は「骨を食べる鼻汁の花」を意味する。手前の海底にいるピンク色の動物は屍肉をあさるナマコ。第４章参照。

⑩米領サモア、オフ島のシマハギの群れ
健康なさんご礁では、このような草食魚が巡回し、サンゴと生息場所を競う藻類をついばんでいる。
第 11 章参照。
写真撮影：Steve Palumbi

⑪米領サモアで最大級のテーブル型サンゴは、もっとも高温に強いものでもある。
本種、ハナバチミドリイシは周囲を囲まれた浅い礁池に生息するが、そこは通常生存できるよりもはるかに高い水温になる。熱耐性を持つサンゴは紅海のもっとも高温の場所や、おそらく太平洋の各地にも分布する。これらは気候変動が引き起こす海洋温暖化に直面するサンゴにとって「生存のための種子」かもしれない。第11章参照。
写真撮影：Dan Griffin, GG Films

⑫トビウオが水面に描くジグザグを捉えた写真
トビウオは実際には飛んでいるのではなく、下からの捕食者から逃れようとして滑空している。尾びれの下葉で水面を１秒間に 50 〜 70 回叩いて推進力を得る。しかしもっとも速く泳ぐ魚はついていくことができ、運がよければ落ちてきたところを捕まえられることもある。第７章参照。

⑬カリフォルニアコブダイのオス（写真中央）
メスとして生まれるが、性転換して色も形態も変え、若いメスのハレムを支配して後半生を過ごす。
縄張りのオスが死ぬと大きなメスがオスに変わる。第10章参照。
写真撮影：Phillip Colla

⑭ゲンゲ科ナガガジ属の魚ゾアルケス・アメリカヌスは大西洋の凍てつく水の中に棲む。
その血液中には不凍タンパク質が含まれ、氷の結晶ができないようにしている。このタンパク質は現在アイスクリームに使われ、低脂肪製品の保存性を高め、味を濃厚にするのに役立っている。第9章参照。
Animals Animals/SuperStock の許諾により転載

⑮米領サモアの世界最大級のサンゴ。1000歳以上と推定される。第6章参照。
写真撮影：Rob Dunbar

⑯氷と星の間。氷がロス海の海面に浮いており、一方、水があまりに冷たいので海底に氷の結晶が形成され、海面に向かって伸びている。第９章参照。
写真撮影：John Weller

海の極限生物

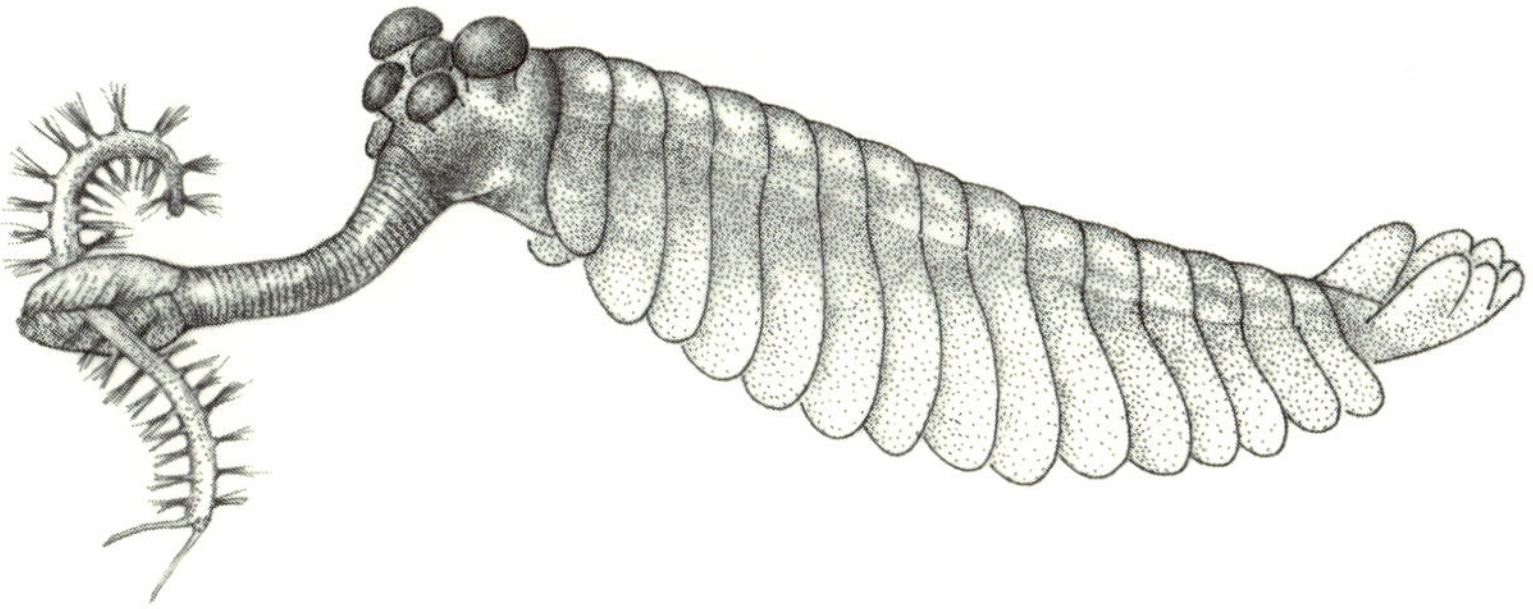

スティーブン・パルンビ＋アンソニー・パルンビ［著］
片岡夏実［訳］　大森 信［監修］

築地書館

THE EXTREME LIFE OF THE SEA

by Stephen R. Palumbi and Anthony R. Palumbi

Japanese translation published by arrangement with Princeton University Press
through The English Agency (Japan) Ltd.
Translation in Japanese by Natsumi Kataoka
Published in Japan by
Tsukiji-Shokan Publishing Co., Ltd., Tokyo

まえがき 無邪気な驚き

本書は、よくあるように、確立された手順の隙間から生まれた。地球の海はこの上なく豊饒な舞台であり、驚くばかりの多彩な登場人物たちが、日々のドラマの中でその生活を演じている。だが海について、あるいは何にせよ自然の生物生息地について書いたものは、たいがい次のようなシナリオに沿っている。固有の種の多様さを記述する。種のリストを列挙して驚かす。それから生息地で起きている人為的な災害を解説して、警鐘を鳴らす。ここに確立された手順の隙間がある。人物造形に欠けているのだ。海の生き物のすばらしさにただ無邪気に驚く感覚が、大きく抜け落ちている。

人類はあらゆる生息地に相当なダメージを及ぼしてしまっており、警鐘は鳴りっぱなしだ。しかし私たちは、ほかに重点を置こうと思っている。出演者に感情移入して初めて、観客は劇の結末に集中できる。どこに棲んでいるのか？　何と共に暮らしているのか？　その生活の葛藤や美点は何か？　したがって私たちは海の登場人物たち、その生活、繁栄のための戦術に焦点を絞ることにする。本書で私たちは、小説のような語り口と、こうした題材に要求される科学的な正確さを合わせて、登場人物たちを生き生きと描くように努めた。そして海でもっとも極端な生物を選んで、その優れた能力を紹介している。

それでも、不正確な点があるかもしれないことをあらかじめお詫びしておく。全世界に友人や同僚のネットワークがあっても、二〇〇を超えるテーマからなる概論から一切の間違いを除くことはできないし、その一方で研究は日々進み、新しい知見がもたらされている。一貫して私たちは、科学論文に書かれた事実を基礎として、その上に物語を組み立てている。しかし優れた語部《かたりべ》は、題材をありのまま、躍動的に、命がけのものとして見せようとする。そして、こうした要素のために私たちは、データとはまったく矛盾しないが、おそらくまだ誰も見たことのない場面を創作したこともある。

使った資料の多くには出典を明記したが、調査の最中に私たちは面白い問題に出くわした。スタンフォード大学の教員であるスティーブンは、大学の図書館を自由に使え、公表されている全世界の科学論文を好きなだけ読むことができる。作家であるアンソニーにはそれができない。私たちは当初この本を、一般のインターネット・ユーザーがアクセスできる範囲の文献で書けるかどうか試してみた。しかしそうした資料の中には、不完全だったり不正確だったりするものがあるので、広い範囲の公開論文をもとにするように方針を変えた。公開されている正確な学術論文のパブリック・アクセスは難しく、もどかしかったが、最終的に私たちは、読者にとってのそうした情報源の役割を果たすように、読者がその気になれば、興味深い引用の跡をたどれるように心がけた。間違いがないと思われればインターネット上の情報源も挙げ、今も意義があれば著作権切れの研究も紹介し、見つかれば無料で閲覧できる科学論文を示している。

小説家と科学者の出会いは、結果的に私たち二人にとって、いかなる親子関係よりもはるかに面白いものだった。このような組み合わせによって、将来的に環境文学が、読者にとっても著者にとってもより魅力あるものになるかもしれない。加えて、著者が楽しんで書いた結果生まれた本書を、読者も楽しんで読み、考えてくれることを願っている。

本書の企画の全体を通じて、私たちに援助と助言を与え、導いてくれた家族たち、特にメアリー・ロバーツとローレン・パルンビに感謝する。各章冒頭のカットは、ローレン・パルンビによるものである。またプリンストン大学出版局の支援、編集部のピーター・ストラップの微に入り細をうがつ作業、私たちですらまったく自信がなかった段階で、この企画の可能性を見出した出版局のアリソン・カレットにも御礼を述べたい。

私たちは大勢の同僚、学生、友人、寛大な家族の力添えに恵まれた。ファルーク・アザム、スコット・ベーカー、マーク・バートネス、シェリル・バトナー、グレッグ・カイユ、ペニー・チザム、クリス・チバ、アン・コーエン、ダン・コスタ、ラリー・クラウダー、マーク・デニー、エメット・ダフィ、ロブ・ダンバー、シルビア・アール、デイビッド・エペル、ジム・エステス、ジェド・ファーマン、ビル・ギリー、スティーブ・ハドック、ロジャー・ハンロン、メガン・ジェンセン、レス・カウフマン、リサ・カー、バーニー・ル・バフ、サラ・ルイス、ジェーン・ルブチェンコ、ジョン・マコスカー、ロバート・ペイン、ジョン・ペイン、ジョン・ピアース、ダン・リッチョフ、クレイ・ロバーツ、マギー・ロバーツ、メアリーアン・ロバーツ、ポール・ロバーツ、シェリー・ロバーツ、カール・サフィナ、デイブ・シーメンス、ジョージ・ソメロ、ダナ・スターフ、ジョン・スティルマン、ダン・チャーノフ、スチュアート・トムスン、シンディ・ファン・ドーバー、シャルロット・ビク、アマンダ・ビンセント、ボブ・ウォーナー、クレイグ・ヤング、この一人ひとりが、助力と、知恵と、忠告と、激励を与えてくれた。

もくじ

まえがき　無邪気な驚き　iii

プロローグ　大いなる海　1

第1章　一番古いものたち　5

毒に満ちた始まり……5　最初の最初……6　大酸化イベント……6　古細菌……8
カンブリア爆発……9　空き樽……12　捕食の発明……13
勝者と敗者の肖像――ピカイアとオパビニア……14　試合のテープを再生したら……17
多様性と大量死……18　「ありえない」生命と「あるべき」生命の姿……19

第2章　一番原始的なものたち　21

三葉虫の天下……22　オウムガイ――気室の秘密……24
カブトガニ――地球最古の生命体……26　シーラカンスの復活……29

サメの登場……30　歴史の通りすがり……37

第3章　一番小さいものたち　40

夜空の星より多く……40　小さな入れ物……41　小さいけれど、たくさん……42
好き嫌いなし……44　微生物のループ……45　海のゾンビ……47　勝者を殺せ……48

第4章　一番深いところのものたち　52

深海の家主……55　唇か葉か……56　クジラというオアシス……58
メスばかりの眼のないゾンビ・ワーム——オセダックス……60　深海での気体と体積……62
深海の発泡スチロール……63　深海のマーガリン……63　深海の巨大生物……65
並はずれて大きな頭足類……67　魔法の光——生物発光……70　すべての光……72

第5章　一番浅いところのものたち　75

流線型のウニ……75　海を遠く離れて……78　助け合いが決め手……80
マングローブ林……81　中つ国——潮間帯……85　生命のカーペット……88
海の端で生きる……91

第6章 一番長生きなものたち 93

水爆の遺産――爆弾炭素……93 炭素年代測定……94
ホッキョククジラの年齢測定……96 ウミガメ――試練のあとの安定……99
クロサンゴ――もっとも長寿の動物……103 不死のクラゲ……104 長老たちの村……106

第7章 一番速く泳ぐものと一番長く旅するもの 108

ニシンのスピード……108 帆を張った最速の魚……109 カジキのファストフード……111
トビウオ――空を飛ぶための驚異的技術……112
ジャンプするイルカとクジラのでこぼこのひれ……114 イカのジェット推進……116
ロブスターの逃避反射……118 早撃ちナンバーワン……120
長距離走者たち――クジラの大移動……122 風に乗るアホウドリ……125

第8章 一番熱いところ 129

深海の熱水……129 アルビン号とポンペイ・ワーム……130
見えないものを見る見えない眼……131 サンゴ、温暖化と死……133 赤熱の海……137
コガシラネズミイルカ……139 煮える寸前で生きる生物たち……142

第9章 一番冷たいところ 144

海の一角獣……144　ラッコが冷たい海で生きられる二つの理由……148　南極の不凍液……150
ナンキョクオキアミ……152　捕鯨とオキアミ余剰……155　冷水からのエネルギー……156
ガラスの海綿……158　未来への航路……159

第10章 もっとも奇妙な家族生活 162

ディズニー映画の不都合な真実……162　チョウチンアンコウ――オスの運命……163
パロロの産卵……166　海のお父さんたち……168　母の献身……175
ホヤの分割統治……176　さまざまな幸福……178

第11章 極限生物の行く末 182

一℃の違いで起きること……183　熱く酸っぱいスープ……184　増税反対……187
膨張する海、上昇する海面……187　壊れる海の生態系……189
第一の導火線――魚戦争……190　第二の導火線――大量の微生物……194
生産力爆弾一号――クラゲの海……196　生産力爆弾二号――窒息するサンゴ……197
未来の極限生物……199

エピローグ　大きな約束　201

索引　1
註　16
訳者あとがき

プロローグ　大いなる海

海岸に立ち、夕日や、遠くかすかなクジラの噴く潮に目を細めながら水平線に目を凝らすと、だいたい五キロ先まで見える。天気がよければ、二五～五〇平方キロメートルの海面が見られるだろう。たいていの野生生物の基準では、かなり広い生息域だ。だが実は、地球全体の海の大きさは、水平線までの視界の広さの一〇〇〇万倍で、水面下には平均三キロメートルを超える深さの水がある。海のすごいところは、まさにその計り知れない大きさにある。

その膨大な容積——地球上でもっとも大きな生息地——の中には、多彩な動物、植物、微生物、ウイルスが生きている。それだけではない。海は自然界でもこの上なく魅力的で、奇想天外な生き物をはぐくんでいるのだ。

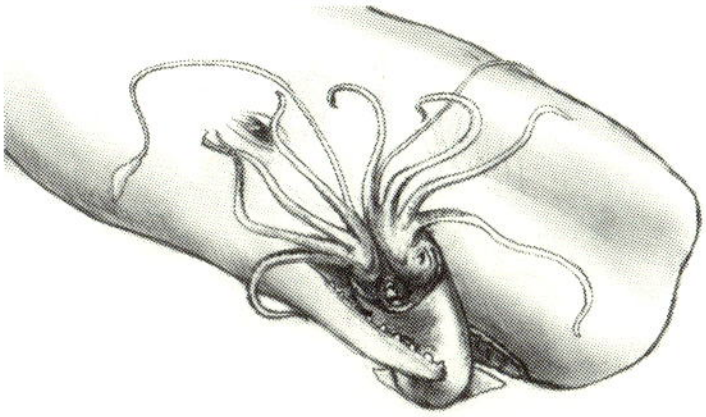

彼らは多種多様な生息域を占め、さまざまな生存戦略をくり広げている。のんびり暮らしているものなどはいない。浜辺の別荘のテラスから見ると、海はのどかかもしれない。だがそこは、たいてい熱すぎたり冷たすぎたりするし、微生物がうようよしていて、捕食者がごまんといるところなのだ。

しかし極限生物は海の中で繁栄している——スピードや狡猾さや赤外線視覚によって、驚くほど特殊化した適応の力で。詩人のウォルト・ホイットマンは「ぼく自身の歌」で、「ぼくは大きくて、いろんな中身をどっさり詰めこんでいる」と記しているが、この有名な一節は海を完璧に言い表わしている[1]。暗く、深く、見たこともないような生物でいっぱいの海は、私たちを息苦しくさせ、ぞっとさせる。それは精神にはたらく引力を持ち、荒れ狂う海と戦った太古の物語へと人間の想像力を引き戻す。この本が目指すのは、もっとも極限的な環境や、もっとも見慣れた環境で海が突きつける難問に立ちむかっている生物たち、海中で奇抜きわまりない生き残り作戦を使っているものたちに光を当てることだ。一番速いもの、一番冷たいところや一番熱いところに棲むものを紹介し、その生活をできるかぎり詳しく描写するだけでなく、海の中で彼らが果たす役割についても説明していく。

　海中の生物たちには、嵐の航海を扱った文学や、センセーショナルに恐怖をあおるテレビ番組の「シャーク・ウィーク」（訳註：ドキュメンタリー専門チャンネル「ディスカバリーチャンネル」で毎年夏に放送されるサメ特集）などよりもっと複雑で抗いがたい魅力がある。いずれにしてもたいていのサメは、少数の大きく獰猛なものを除けば、実はそれほどの極限生物ではない。地球上の水のどんなに小さな一角でも、よく見れば、生物たちが魅力的で壮大な躍動をくり広げているのがわかる。電光石火のシイラの追跡を逃れたトビウオが波間に閃《ひらめ》く。遠くで小さなテッポウエビが発する強力な音響兵器の爆発音が、さんご礁に鳴り響く。黒いワニトカゲギスが赤外線視覚を使って、深海で不運な通りすがりを待ち伏せる。[2] 生命は闘争と成功の、美と美しき醜さの回転木馬だ。

　この数十年、海洋科学はかつてない多くの目を海の生物へと向けさせている。それは積み重ねた科学的手法と先進的機器を使って謎を解き明かし、多くの解答をもたらした。一九三〇年、有名な科学者で探検家のウィリアム・ビービが潜水球に乗りこんで、暖かなバミューダ海域に潜ったときには、闇を照らすためのサーチライトと、見たものを海上に伝えるための電話線しかなかった。現在では潜水艇、ＤＮＡシーケンサー、波をすくい取る自動化学実験装置、一匹のフジツボの呼吸を測定できるほど小さな呼吸室などがある。ビービの時代から私たちは八〇年あまり、基礎的な科学知識を蓄積してきた。それなくして生物学の大きな謎はほとんど解けなかった。

　スキューバのタンクとマスクをつけていざ海に飛びこもうとするとき、こうした道具のどれがサンゴの白化現象のような単純なものを理解するために役に立つか、予想するのは難しい。しかし確かに必要なものが二つある。生きとし生けるものたちのあらゆる謎に対する驚異を楽しむことと、一つひとつの発見に喜びを感じることだ。その二つを読者にもたらすのが本書の目的だ。

世界最大の捕食者、
もっとも恐るべき獲物に出会う

　暗く冷たい深海。マッコウクジラが墨のような水の中を、世界の底めがけて潜っていく。狩りの最中だ。力強い筋肉と熱い血液が協調して、冷たく酸素に乏しい深海で数少ない獲物を追いつめるために働いている。下降と上昇、潜水と浮上、各サイクルの合間に水面に臭い噴気口を出して荒い息をつく。長い寿命と巨体に支えられた強い忍耐力で、取るに足りない小物には目もくれず、もっと食べでのある餌を探す。幅広い尾びれとがっしりした筋肉は、安定した巡航速度を生む。前ではなく下を見るようについた、ウシのものより少し大きいくらいの小さな眼は、深みを増す青を透かし見る。闇の中で、忍耐は実を結んだ。水深一五〇〇メートルで、世界最大の捕食者は、もっとも恐るべき獲物に出会った。[3]

　その銀色の怪獣はよく知られた巨大深海イカで、全長六メートルから一七メートルもある。[4]八本の短い腕に加えて、先端が平たくなった二本の細長い触腕《しょくわん》を持ち、これを鞭のように使って、恐ろしげにとがったくちばし（顎板《がくばん》）へと獲物を運ぶ。魚屋の店先でよく見かけるイカの腕と触腕には柔らかい吸盤がついているだけだが、深海の怪物どもはもっとすごい武器を持っている。あるものは触腕の先に回るかぎ爪を持つ。またあるものは肉をずたずたに切り裂く丸鋸《まるのこ》のようなぎざぎざの吸盤がついている。[5]深海ではきわめて希少な獲物に、わずかでも逃げるチャンスを与えるわけにはいかないのだ。[6]

　我らの雄クジラも同じ方針に従っている。その場面を想像してみよう。四〇トンの肉と熱い血が秒速三メートルで全長九メートルの母イカに衝突する。[7]彼女の体重は五〇〇キログラムでしかないが、その質量の多くは純粋な筋肉だ。雄クジラは、大きな頭の中にある強力な反響定位装置から、おそらく衝撃波を前方に発しながら、頭蓋骨の先端を破城槌《はじょうつい》として使う。イカは速度を落とし、腕を暗闇の中でパラソルのように大きく広げて回転させ、戦闘配置につける。衝突の際、イカの骨のない体は衝撃を吸収する。打撃でイカの体は回転し、腕をクジラの頭と顎に巻きつける。かぎ爪が皮膚を長く深く切り裂き、白い古傷の上に新しい傷を重ねる。クジラにとってこの種の戦いは初めてではなかった。

　クジラは顎の間にイカの腕を感じてかぶりつき、二本を完全に嚙み切る。イカとクジラの青い血と赤い血が黒い水の中で混ざり合う。[8]棍棒のような触腕の一撃でクジラの歯が一本折れるが、嚙む勢いを衰えさせるには至らない。顎が動くたびにひどく傷つき、その闘志も空しく、イカに勝ち目はない。カミソリのように鋭い吸盤はクジラの肉を痛々しくそぎ取るが、ダメージは表面でしかない。イカは逃れようとするが、腕の半分は失われるか、リボンのように垂れ下がっている。漏斗《ろうと》は力のかぎり水を噴射して、体を安全地帯へと運ぼうとする。だがそれも力およばない。クジラはあまりに強く、速かった。海面で吸いこんだ濃い酸素がその血を燃やしていた。[9]次の一撃で黒っぽい液体とピンク色の肉片が飛び散り、イカの命はつきた。クジラはひれを潜水艦の水平舵のように水面へ向け、泳ぎ去った。次の呼吸のため水面に向かう間、獲物の残りが口からぶら下がっていた。

この壮大な物語は、勝利を得たクジラの肌の上に古傷として書かれ、公開されている。その傷跡にはイカの名が記されている。ダイオウホウズキイカは長く平行した切り傷を残すが、ダイオウイカ属のノコギリ状の吸盤は不気味な真円を刻む。[10]ダイオウイカを狩るマッコウクジラが直接観察されたことはない。私たちは傷跡を読み、クジラの胃の中に残るイカの顎板を数えて、深い海の底で戦いが続いていることを知る。

これは突拍子もない空想ではない。一世紀にわたる入念なリストの作成と、偶然の遭遇の上に積み重ねられてきた説明だ。ヤドカリの貝泥棒からホヤの生殖腺をめぐる争いまで、それに匹敵する戦いはほかにもあまたある。それは先祖の適応を、現代の餌を求める闘争にぶつけるものだ。この種のことは海の極限生物にとっては日常茶飯事だ。

第1章

一番古いものたち

生物の歴史は、見きり発車ととっぴな実験に満ちている

毒に満ちた始まり

この惑星は、生命のゆりかごとして始まったわけではない——その最初期、そこは地獄絵図だった。私たちがそれを見たとしても、地球とは気づかないだろう。タイムトラベルしてきた人間は、宇宙服なしでは一秒と生きていられない。大気は二酸化炭素と窒素が混ざった希薄なもので、酸素はまったく存在しない。大地には溶岩が走り、空を火山雷が切り裂く。アンモニア、硫酸塩、ホルムアルデヒドのような有毒物質が水面にぶくぶくと泡立ち、空気中へ消える。[1] 地殻から凝集したり雨として空から降ったりするほかに、氷を含んだ小惑星の衝突により水が少しずつもたらされて、海が成長した。[2] そして深宇宙から来たその氷には、複雑な化学物質がわずかに含まれており、若い惑星に生命の原料となる分子の種をまいた。[3] その地球外から来た化学物質を含んだシチューの中に、まさに最初の生命の構成要素、核酸とタンパク質が現われた。マグマが冷えて地殻ができてからわずか二、三億年で、生命が地球に棲みついた。

その生命が繁栄するまでには危機があり、試行錯誤の末の成功があった。そして、そうした初期の年代に、海は生命を包みこみ、はぐくみ、試し、生命が存続する条件を整えていった。やがて生き物たちは、海水の化学的組成を変えるほどに増え、地球の大気自体を改変し、海の中に複雑な種間の網目関係が築かれて、多様性が一気

に増大した。生命はその能力を陸上に持ちこみ、こちらの領域も一変させた。しかし、トビハゼに近い種が海岸に棲みつき、やがて人類へと連なる一方で、生命は海のすみずみで進化し、食物源を見出し、食物源となり、あらゆる環境で繁栄する能力を発達させた。

最初の最初

“Omne vivum ex vivo《オムネ・ウィウム・エクス・ウィウォ》”——すべての生物は生物から——と、かつてルイ・パスツールはもっともらしく宣言した。[4] 直感的には、最初の生命は例外だと思われるだろうが、それはすべて生命の定義次第だ。一番最初の自己複製する有機的形態は、本質的には生物ではなかった。それらは大きな分子——分子機械——にすぎず、おそらくは海で発生したものだ。[5]

そのプロセスは急速だった。最初の生命の痕跡——岩の中に見られる炭素同位体比の変化——は三八億五〇〇〇万年前、グリーンランド西部のイスア表成岩帯に現われた。[6] ようやくマグマが冷えて地殻ができてからわずか五億五〇〇〇万年後だ。生命は急に増えただけではない。過酷な条件に耐えられるほど頑丈だった。

初期の太陽系はさながら工事現場であり、惑星建設の使い残しが小惑星となって散らばっていた。月のクレーターを注意深く分類すると、小惑星と彗星が私たちの若い惑星に降り注いだことがはっきりとわかる。このような初期の年代に起きた、たび重なる小惑星の衝突は地殻変動をともない、若い惑星の海洋を蒸発させ表面を不毛にするほどの威力があった。[7]

初期地球の新しいモデルは、生命がこのような激変を生き延びてきたであろうことを示唆している。もっとも、そのときすでに生命が広く存在していたとすればだが。地球全体に広がった微生物の群集は、おそらく深海の裂け目に隠れて、壊滅的な惑星殺しの小惑星の衝突から守られ、融けたマントルからにじみ出る化学物質を養分とすることができた。細胞生物は浅い潮だまりから深海まで多様な海洋生息域に手を伸ばし、そして初期の太陽系から初期の残骸がある程度片づいてしまうと、地球上の生命は永続的な足がかりを得た。

大酸化イベント

地球に生命が現われるまでは比較的速かったが、初歩的なものを脱して進化するには長い時間がかかった。確認できる生きた細胞は三四億年前に存在し、微小化石を形成するほどに広まっていた。[8]南アフリカの三四億年前の岩には、浅瀬で形成される微生物マットを示す層と糸状構造が折り重なっている。[9]それでも世界にはまだ微生物しかいなかった。二〇億年の間、この惑星の上に生きているものは単細胞生物だけだった。そのぷつぷつ泡立つ程度の代謝には、もっと大規模なものを維持できるほどの力がなかった。生命は、一つ上の段階で競争するための、新しい形の代謝エンジンを必要としていた。それは地球で最初の有毒廃棄物に対応して、初めて創り出された。その嫌な毒物とは酸素であり、光合成微生物という原始時代最悪の汚染者が大気中に放出したものだった。[10]

光合成は太陽光線を利用して、二酸化炭素から糖を作る。光合成の初めの形態は、早くも三八億年前には現われるが、現在一般的なものとは根本的に異なっていたと考えられている。何より重要なのは、それはまだ酸素を生産しなかったことだ。[11]酸素は家庭の破壊者だ。酸素原子はほかの原子とすぐに結びつき、化学結合を分断する。出会うものほとんどすべてに小ずるく取り入ってセレブ同士の結婚よりも早く結合を壊してしまう。オキシジェン（酸素）という語は、ギリシャ語で「酸」を意味するoxysに由来する。その化学的性質によって、酸素はデリケートなRNAとDNAの分子を破壊し、より安定した細胞生物のタンパク質すら引き裂く。

シアノバクテリアと呼ばれる単細胞微生物が、二五億年以上前に日光を食べて酸素を作り出すようになり、[12]おそらく窒素濃度が高かったであろう初期地球の大気に不快なoxysを排出し始めた。[13]大気中と土壌中のさまざまな化学物質が、その酸素を吸収して「減少」させ、生命の脆弱な足がかりを守った。しばらくはバランスが保たれていたが、シアノバクテリアが増殖し酸素生成が急増すると、それも続かなかった。約一〇億年後、酸素はガレージにがらくたが溜まるように溜まりだした。[14]

大酸化イベントは初期地球の生命にとっての大惨事だった。この今ではありふれた「毒」を利用する用意のある生物は、ごくわずかだったのだ。しかし、映画『ジュラシック・パーク』の中でイアン・マルコムが言うように、生命は道を見つける。それは、酸素を餌とする道だった。その激しい結合の化学エネルギーを使って、新しい強力な代謝エンジンを動かしたのだ。酸素抜きの代謝をのどかな船外機だとすれば、酸素を燃やす代謝は、咆

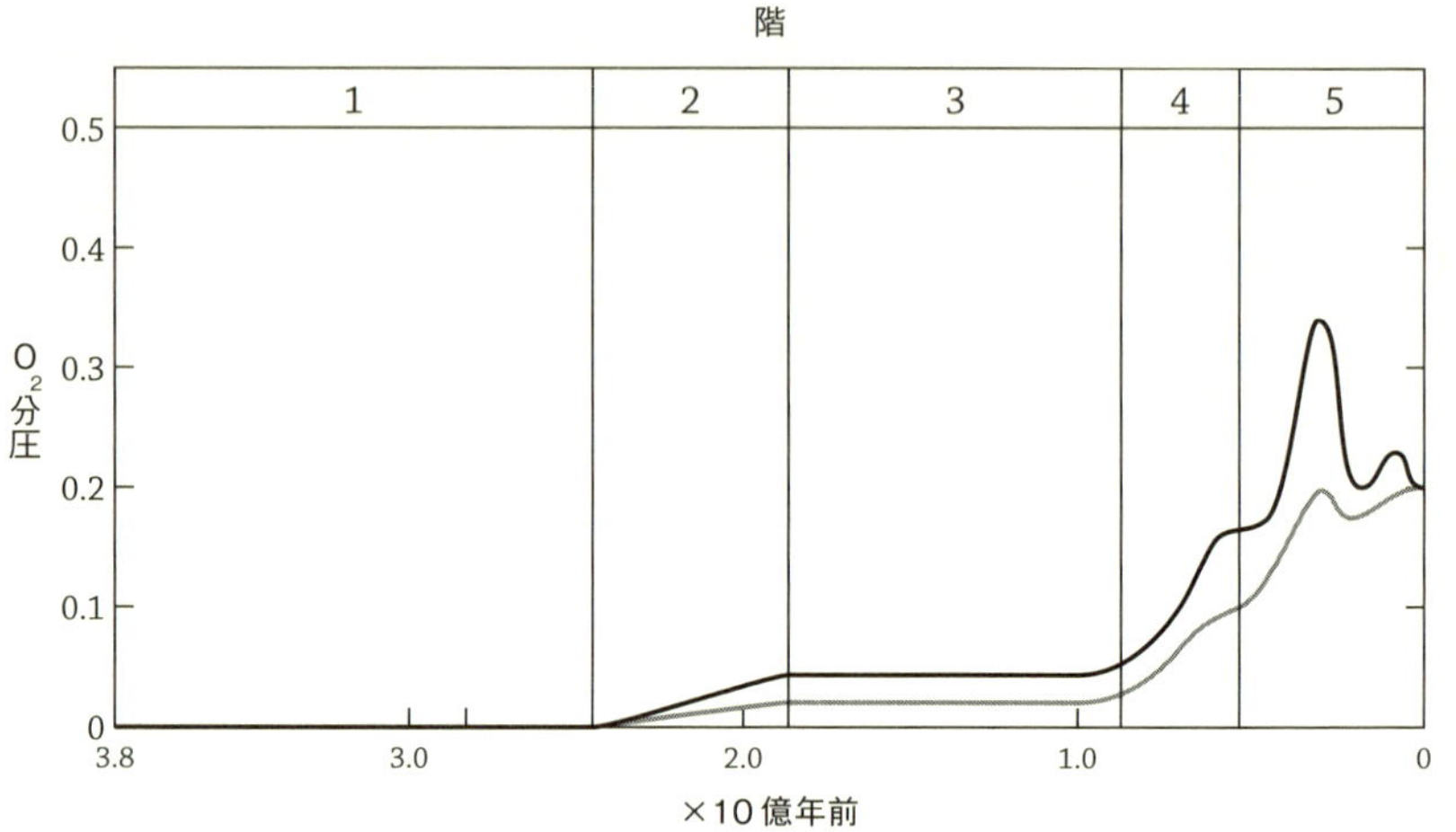

曲線は10億年単位で見た大気中に含まれる酸素量の最大および最小の推定値を示す。現代の大気の酸素分圧は0.21気圧である。
Holland, H. D. 2006. “The oxygenation of the atmosphere and oceans.” *Philosophical Transactions of the Royal Society B* 361: 3903-915をもとに作成。

哮するフェラーリのスポーツカーだ。

私たちが「進んだ」細胞の特徴と考える、真核生物と呼ばれる細胞の系統に実現されたものの大部分は、この酸素代謝への移行の結果現われたものだ。その特徴の一つとして重要なのが、ミトコンドリアという細胞内の小器官だ。これが酸素を捉えて化学的に燃焼させ、細胞が利用するエネルギーを放出するのだ。ミトコンドリアは、かつて酸素代謝をして自由生活をするバクテリアだった[15]。それが、私たちのもっとも古い祖先の細胞に吸収され、その酸素を燃やす能力も細胞に提供するようになった。人類の種としての存在は——それどころか、私たちが知るような地球上の生命体すべてが——酸素という有害廃棄物が排出され、それを利用するようになった結果、意図せず生まれたものなのだ[16]。

古細菌

大酸化イベントのはるか前、地球上の生物の系統樹の幹はふたまたに分かれていた。もちろん、いずれの枝も微生物で成り立っていた。その頃、ほかに生き物はいなかったのだ。第一の枝はシアノバクテリアやその他「普通の」細菌性微生物でできている。第二の枝は同じ頃に出現したもので、過酷な環境に耐えるように[17]、あるいは太陽光線なしで化学物質を餌として生きるように進化した微生物からなる。それは古細菌――極限環境微生物――史上もっとも頑丈な生物だ[18]。

その見かけは特にどうということはない。電子顕微鏡で見ると、小さい楕円の塊だ。長年それは、ただの細菌だと思われていた。遺伝子配列が解明できるようになると、塩湖や深海の硫黄噴出孔に見られるこれら極限環境微生物と、標準的な細菌との間に大きな遺伝的なへだたりがあることに生物学者は気づいた。これに応じて、分類学者はこのまったく新しいドメイン（訳註：分類学上の階級でもっとも上位のもの）のために古細菌という名前を作った[19]。この種の生物は、ほかの生物がほとんど生存できない世界の果てで続々と見つかっている。イエローストーン国立公園の温泉[20]に、海底の熱水噴出孔に、酸素の乏しい深海に。初期地球の生物である古細菌は、後に生まれた微生物に押しのけられやすい。だから失われたかつての地球の姿によく似た、極端な環境にとどまっているのだ。

古細菌は沸点を大きく上回る一一〇℃を超える温度でも増殖できる。古細菌のピュロロブス・フマリイは、水深一八〇〇～二五〇〇メートルの熱水噴出孔をびっしりと覆っている。百数十℃の硫黄やその他の有毒な化学物質が地殻から噴き出している場所だ。この種の生き物は高温耐性の世界記録を保持している。一二一℃のオートクレーブ（高圧蒸気滅菌器）の中で一時間生存することができ、九五℃では寒すぎてうまく繁殖できないことがわかっている[21]。多細胞の動植物にこのような高温で繁殖できるものはなく（第8章参照）、したがって地球でもっとも熱い場所は古細菌だけが占有している。しかし古細菌はかつて、高温の場所だけでなく、至るところを支配していたのだ。

カンブリア爆発

進化の歴史上しばらくの間、地球全体で、ちっぽけな微生物がもっとも複雑な生物だった。やがて、より大きな構造を作ることのできるものが現われた。細菌細胞と、それらが分泌した石灰岩の薄い膜が上へ上へと積み重なって盛り上がったストロマトライトと呼ばれるものは、三〇億年たった今も残っている。それでもこれらは微生物による構造物だった。一個の細胞より大きな生物は、数十億年間地球上に存在しなかった。

正確にいつどのようにして微生物から動物への飛躍があったのか、記録は残っていない。化石記録は古いテレビの画像のようにとぎれとぎれなことで評判が悪い。遡れば遡るほど雑音は大きくなる。エディアカラ生物群という総称でひとくくりにされた何種類もの大きなゼリー状の生物は、五億七五〇〇万~五億四二〇〇万年前の泥の堆積の中に見られる。[22] また別の初期の細胞集合は、大型生物の胎児のように見えるが、単なる単細胞原生生物の集団であろう。[23] クラゲの傘のような小さな泳ぐ円盤が海中を漂っていた。海底には円盤、袋、ドーナツ、キルトのような形の柔らかい生物がいた。[24] こうした系統が多様化して現代の地球の生物になったのかどうかは、結局わかっていない。それらは失敗作――系統樹から切り落とされた枝の根元――かもしれないし、現代の動物すべての祖先なのかもしれない。

こうした多細胞生物誕生期の新趣向に対する私たちの解釈が完全に変わったのは一九〇九年、古生物学者のチャールズ・ウォルコットが、カナダのブリティッシュ・コロンビア州にある採石場に足を踏み入れたときのことだ。ウォルコットは興奮していた。その目の前には、泥が固まった太古の堆積物が広がっていた。一街区ほどの大きさのある五億年以上前のものだ。バージェス頁岩《けつがん》と呼ばれるそれは、今日に至ってもなお地球上でもっとも保存状態のよい古代の海洋生物の記録である。この太古の海底の厚切りは、おそらく現代古生物学で一番重要な発見だろう。[25] それは地球規模の生物学的革命を、まさしく初めて記録したものだった。

バージェス頁岩のような発掘現場に埋まった化石を調べあげるためには長い時間と膨大な手間がかかる。ウォルコットとその家族、そして大勢の古生物学者がせっせと掘り出した発見物をたんねんに記録するにつれて、六万五〇〇〇点を超える標本をもとに、新たに発見された種への驚きが増していった。バージェス頁岩の生物たちは、現存する無脊椎動物の通常の分類に当てはめるのが難しかった。その体は、ありあわせのスペアパーツで組み立てた一点製作もののポンコツ車のようだった。奇怪に伸びた捕食器官、長いとげ状の脚、骨張った切れこみのあるひれ、半端な数の複眼、その他もろもろが泥に閉じこめられ、現実の生き物というよりもSF漫画じみた動物の上に、でたらめに貼りつけられていた。

この不思議なディッキンソニアの化石は、ごく初期の多細胞生物エディアカラ生物群を代表するものである。しかしこれが動物なのか真菌なのか地衣類なのか、あるいは今日の生物とはまったく違う何かなのか、未だにわかっていない。写真撮影：Meghunter99

ウィワクシアは鱗に覆われた小さなナメクジのような生物で、花びらのような薄板《はくばん》がところどころに生えている。マレーラは、オートバイ用ヘルメットをかぶったブラインシュリンプ（訳註：塩水湖に生息する小型のエビの総称）のような姿で、優美な触手が口から尻尾より先まで伸びている。オダライアの魚雷型の体は、両側が半透明の甲羅で守られ、何となくホットドッグ用のパンに挟まれた魚を思わせる形をしている。そこに多数の個眼からなる二つの複眼、口の近くの小さな採餌器官、奇妙な三つのひれを持つ尾をつければ、地球上のものとは思えないオダライアの姿ができあがる。

現代の無脊椎動物の世界は、奇妙な解剖学的特徴を昔から共有しており、生物学者と分類学者は、その分類に心血を注いできた。バージェス頁岩はまったく新しい珍種をテーブルに載せ、分類学に恐慌を引き起こした。こうした新種はいずれも、カンブリア紀が自然史の中で特異な、数知れぬ風変わりな形態が地質学的には瞬く間に出現した時代だったことを示している。これがカンブリア爆発と呼ばれる世界的現象だ。[26]

空き樽

バージェス頁岩は五億五〇〇〇万年ほど前に撮られたスナップ写真のようだ。きわめて短期間にいっせいに出現したさまざまな形態の生物が、海にのたくっていた最高潮の時期を捉えている。突然、何のはっきりした促進要因もなく、それまで不可能と考えられていた進化速度で、海は高等生物を誕生させていた。どうしてこれほど多種多様な生物が、前触れを示す化石記録もなしに出現しえたのだろう?

ウォルコットがバージェス頁岩に足を踏み入れる約三〇年前にダーウィンはこの世を去っていたが、その進化論は二〇世紀の科学と一体になって、カンブリア爆発の起源として可能性があるものを暗示している。一つの説得力がある説は、著名な古生物学者スティーブン・ジェイ・グールドが広めた、空き樽理論と呼ばれるものだ。この説は一番最初の生命が起点となる。それは微生物だ。なぜならそれ以外にありえないからだ。大気中の低い酸素濃度は代謝を制限し、大型の多細胞生物には厳しい環境だった。強力な代謝を支えうる十分な酸素ができると、細菌という食料と代謝エネルギーという繁栄に必要なものをたっぷりと得て、より複雑な多細胞生物にとって環境は大幅に快適なものとなった。

餌となる細菌が大量にいたことと、ほかに動物のいない海では初めのうちは競争という過酷な足かせに縛られなかったことが追い風となって、爆発的な進化が起きた。自然選択は効率の悪いものを淘汰するはずだというのが、ダーウィンの考えの一つだ。だがカンブリア紀初期の海では、どんなに出来の悪い遺伝子と構成要素の寄せ集めでも、餌を採れれば多細胞動物として成功を見ることができた。不合理ゆえに居場所がどこにもないものなどまずいなかった。海は空《から》の樽だった。生命はすさまじい速度と驚くばかりの多様さで、そこに満ちていった。

五億年ごとに恐るべき大量絶滅が起きても、海の世界が再び空になったことはない。カンブリア爆発の産物は定着し、競争と捕食を通じて互いのゲノムを微調整した。生態学的ニッチは、常に少なくとも部分的には占有されていた。個体数は増えたり減ったりしたが、消え去ってしまうことは決してなかった。アンドルー・ノールは『生命　最初の30億年』の中でこう述べている。

「原生代の頁岩や石灰岩が重なる分厚い地層を見て回ったことのある人なら、カンブリア紀の出来事が地球を変容させた事実に疑いを抱くまい。カンブリア紀の……進化に五〇〇〇万年かかったとはいっても、その五〇〇〇万年が、三〇億年以上におよぶ生物の歴史に変革をもたらしたのである」[27]

捕食の発明

空き樽理論以外に、バージェス頁岩が突然多様性を持つようになったことを説明できる理論がもう一つある。それはまったく異なる生物学の研究分野、遺伝学で新たに得られたデータから発生したものだ。先進の遺伝子解析により、新たな研究の道が開け、主要な分類群が進化した時期を推定する別の方法が与えられた。

二つの群が分かれると、遺伝子は異なる突然変異を蓄積し始める。このような突然変異が積み重なる速度がわかり、二つの群をへだてる変異がいくつあるかがわかれば、どのくらい前に二つが分かれたかを推定できる。このメカニズムは分子時計と呼ばれる、DNAによって時間を測定する方法だ。小さな突然変異を秒針の音のように数え、例えばヒトデからロブスターに至る進化のギャップの長さを推定するのだ。[28] それによれば現生の無脊椎動物のDNAは、バージェス頁岩の時代から突然変異を積み重ね始めたにしては、門（訳註：生物分類の階級のひとつ）と門の間で違いが大きすぎることがわかった。類型の異なる無脊椎動物は、そのはるか昔――おそらくは数億年前――に分かれているはずだ。[29]

しかし、生命にこのような深い歴史があり、節足動物と軟体動物がカンブリア紀以前に存在していたとすれば、なぜこれらの異なった形態が化石記録に現われなかったのだろう？　可能性はいくつか考えられる。①それらは最初から存在し、化石になっているが、まだ発見されていない。②それらは存在したが、化石化する構造が体に備わっていなかったので、化石にならなかった。

骨格はもっとも化石になりやすい。軟組織はすぐに腐るが、硬い部分――カニの甲羅、巻貝の殻、魚の骨など――は長く持つ。カンブリア紀以前の海に体長一センチメートルほどのタコがたくさんいたとしたら――果たしてそれがわかるだろうか？　タコには、爪に似たタンパク質でできた硬いくちばしがあることがわかっていて、それは化石になりやすい。だからわかるだろう。だが、殻を持たない長さ一センチの巻貝では、あるいは泥に穴を掘って棲む蠕虫《ぜんちゅう》（訳註：ミミズ、ゴカイなど細長く蠕動する動物の総称）では、あるいは柔らかい肉質の腕を持った小さなヒトデではどうだろう？　こうしたものたちはどれも、砂の上を歩いた痕跡以外に何も残さないだろう。

　実際、約六億年前に始まるこのような生痕化石はたくさん見つかっている。[30]蠕虫の複雑な三次元の巣穴や、世界初の爪のついた付属肢によるひっかき傷が泥のメダルに刻印されている。だから、多くの種類の生物がカンブリア爆発の前に存在していたが、硬く立派な骨格は持っていなかったということで、部分的に説明がつくだろう。それから何が起きたのか？　おそらくは地球初の軍拡競争だ。

　動物は、大きく移動力のある姿に進化するにつれ、無力な微生物をあさるより、互いを餌にするようになった。[31]捕食者は獲物を引き裂く鋭い爪と強い手足を必要とした。獲物は、食べられたくないので、貝殻、甲羅、毒など防御の手段を進化させた。すると捕食者は、より強い顎と歯で対抗した。それに対して獲物はさらに防御手段を進化させた。少しずつ段階的に、動物はバージェス頁岩の見事な化石に豊富に見られるような武器と装甲と防御手段を発達させてきたのだろう。生命を破壊するのではなく多様化させた爆発的な軍拡競争だった。

勝者と敗者の肖像
――ピカイアとオパビニア

バージェス頁岩は、何千もの種をそこそこ大きな泥の駐車場に詰めこんだ、生命の骨董市のようなものだ。長年にわたる分析で古生物学者は、のちの生命の物語にとってもっとも基本的と考えられる、少数の生物を分離した。その中には勝者もいれば、大いなる敗者もいた。しかしそれらはすべて、一時は繁栄したのだ。その共通点のない特徴は、生物を好き勝手に進化させると、どれほど予想もつかない事態になるかを物語っている。

　一九一一年、ウォルコットは環形動物と考えた生物に、想像される優美な動きを意味するピカイア・グラキレンスという名をつけた。長さ約五センチメートルで全体に繊細な体節のあるそれは、三〇種ほどの別の蠕虫の化石と一緒にされて、のちにサイモン・コンウェイ・モリス

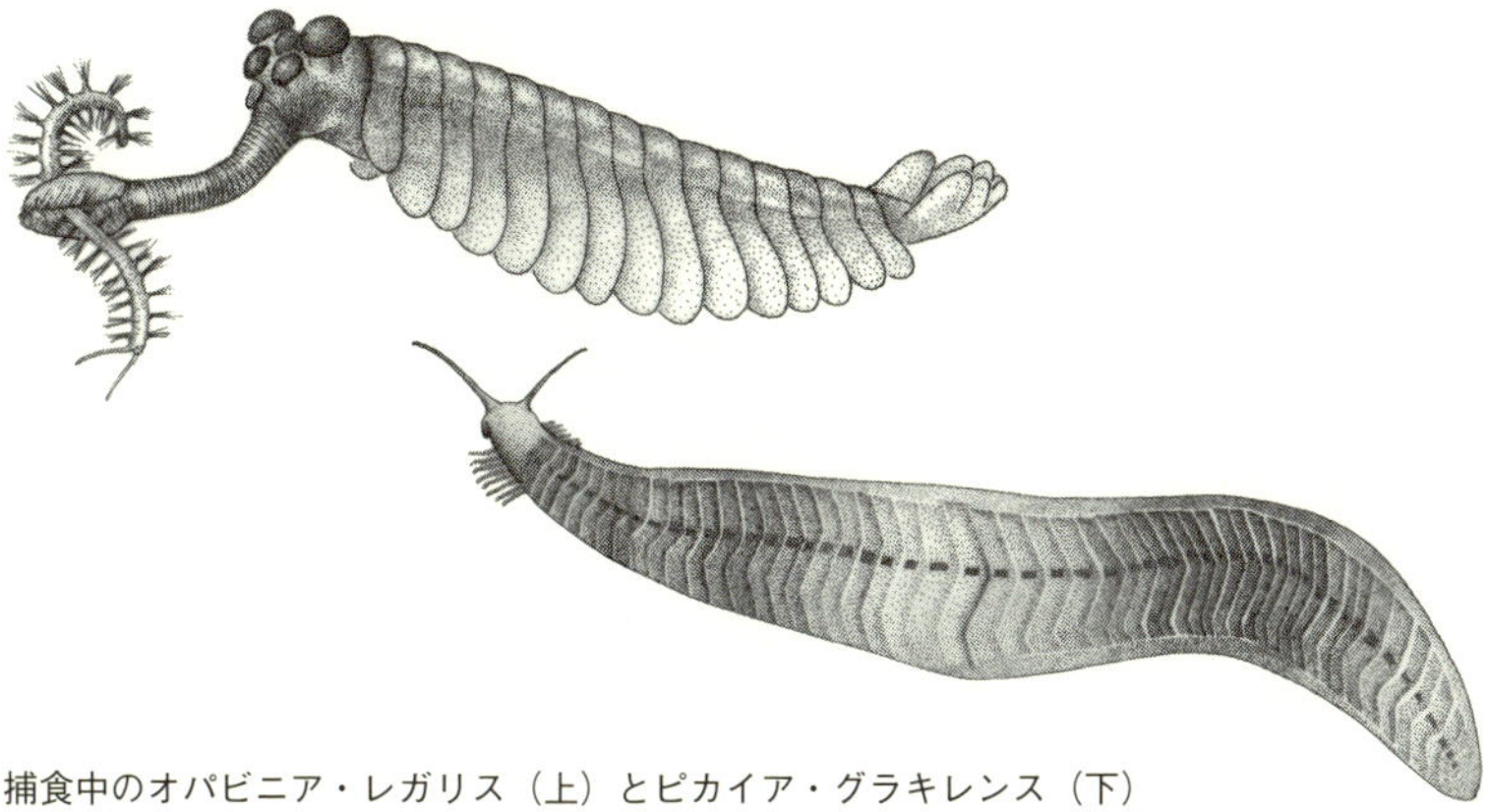

捕食中のオパビニア・レガリス（上）とピカイア・グラキレンス（下）
カンブリア紀中期のバージェス頁岩より発見された２種類の謎の動物。
提供：Burke Museum、作画：オパビニア・レガリスはMary Parish、ピカイア・グラキレンスはLaura Fry

という若いイギリス人のもとに送られた。しかし、三次元化石発掘技術の先駆者だったコンウェイ・モリスは、これが蠕虫などではないことにすぐ気づいた。硬い中心構造が端から端まで伸びていて、筋肉組織のジグザグの縞が両脇を取りまいている。コンウェイ・モリスは原始的な背骨をそこに見た。やがて私たちの神経系統の要《かなめ》となる柱に発展する形質だ。ピカイアの縞模様は、単純な環形動物に見られるようなものよりも、脊椎動物の背骨のくり返し構造に似たところのある筋肉だった。[32]

ピカイアが五億年前の海の中でどうしていたのか、正確なところは謎のままだが、それはかなり珍しいもので、その後間もなく姿を消している。グールドはピカイアが脊椎動物の共通の祖先だとは考えていなかったが、それはカンブリア紀の生物では私たちにもっとも近い親戚のようだ。グールドにとって、ピカイアとその親戚は、カンブリア爆発の中心から以後の進化の舞台まで、人類に連続性を与える細い生命の糸だった。カンブリア紀中期のこの細い脊椎の原型は、脊椎動物の体制《ボディ・プラン》（生物の設計図）――現在きわめて優勢なものだ――が、生命の初期の万華鏡で回る一つの色の点にすぎなかったということを示している。[33]

ピカイアと比べると、オパビニア・レガリスはさらに奇妙だ。長さわずか六、七センチながら、一九七二年にオックスフォード大学で開かれた古生物学会で、その新しいスケッチが初公開されたときには、失笑を招いた。[34]真面目な科学者の集まりがそれ以外に反応のしようがないほど、オパビニアは珍妙な姿をしていたのだ。この動物は、葉巻を少し太らせたような楕円形で、シダの葉に似たえらが甲羅のてっぺんから垂れ下がっている。葉のような尾で海底に沿ってゆっくりと進み、五個の眼（節足動物では身体部分が対になる傾向にあるので、こういうことはまれだ）が太く短い柄《え》の上についている。腸は尾から頭まで見慣れた形で走っているが、頭のところで奇妙なUターンを描いて、後ろ向きの口を形作る。そして節がある掃除機のホースのように頭から突き出しているのは、ものをつかむ細い吻《ふん》だ。このノズル状の器官の先にはぎざぎざしたハサミがついていて、また後ろに回せばちょうど口に届く長さがある。オパビニアはカンブリア紀の海の泥底をうろつき回り、泥の中から小さな生物をあさっていたらしい。[35]

ピカイアの場合と同じように、初めの頃の研究者はオパビニアをすっきりした分類学上のグループにこじつけようとした。ウォルコットはこれをまごうかたなき初期の節足動物だと考えたのだ！[36] しかし、オックスフォード大学の古生物学者ハリー・ホイッティントンがのちに行なった復元で、この小さな生物が節足動物だろうとする予断に当てはめられないことがわかり、こじつけは改められた。オパビニアは頑として分類に抵抗し、生命の体系から事実上仲間はずれにされている。

とりわけスティーブン・グールドは、オパビニアを目覚ましい因習の改革、カンブリア爆発全体を理解するための鍵として見ている。ひと言で言えば、オパビニアは現世の何ものにも似ていない。その特徴は節足動物にあるはずのものとはあまりに異質でかけ離れており、そのため古生物学者たちは、生物が繁栄するために何が必要かという前提を捨てざるを得なかった。バージェス頁岩の住民たちは、今日の目で見れば異様かもしれないが、今日の生物たちと同じように生き、食べ、戦い、死んだのだ。どれが生き残って繁栄した動物の系統に属し、どれが死に絶えたグループに属するかは、その基本的な生物学的特徴によってあらかじめ定められていたのかもしれない。しかし、このような展開に必ずしもならなかった可能性も、同じくらいあるかもしれないのだ。

試合のテープを再生したら

偶然の果たす役割を強調したことは、グールドによる大衆向け進化思想への特筆すべき貢献である。グールドは、大聖堂について語るのとスポーツの喩えを使うことを好み、『ワンダフル・ライフ』では「テープ」という考えをくり返している。自然史は、もしも再生されたとすれば、まったく違った結果を生むだろうというものだ。ある有名なアメリカン・フットボールの試合を考えてみよう。二〇一〇年二月に行なわれた第四四回スーパーボウルでは、ニューオーリンズ・セインツがインディアナポリス・コルツを敗《やぶ》った。もしこの試合を再生して見れば（記録はどの化石層と比べてもはるかにそろってい る）、セインツのほうが強いチームだと自信を持って言うことができる。このタッチダウン、あのキャッチ――当然の結果に至るあらゆる出来事を指摘することができる。三一対一七でニューオーリンズの勝ち。しかしもちろん、このような当然の反論があるだろう。「それは同じ試合だからだ」。もし再試合をすれば、違いはいくらでもあるはずだ。

あの試合の中から一つのプレーを検討してみよう。ザ・フー（訳註：イギリスのロックバンド）の華やかなハーフタイムの演奏が終わると、セインツはポゼッションを奪おうとしてオンサイドキックを試みた。オンサイドキックは一般に一か八かの作戦であり、チームが負けていて残り時間が少ないときに使われ、たいてい失敗する。今回もそうなるはずだった。ボールはからかうように弾んでセインツ側から逃げ、待ちかまえていたコルツの選手の腕にまっすぐ飛びこんでいった。ところが彼はボールをフェイスマスクに当ててしまい、コントロールを失って、結局セインツにポゼッションを渡してしまった。これは、勢いを逆転させ、セインツに後半の主導権を与えた重大なプレーだった。しかしそうした出来事を一〇回くり返したとして、セインツはボールに何回追いつくだろう？　コルツが絶妙のフィールドポジションでリカバーしていたら、すぐにペイトン・マニングがタッチダウンにつなげたのではないだろうか？　何とも言えない。

生命の試合は途方もなく複雑だ。成功と失敗は膨大な数のさまざまな要素にかかっており、その数と重要さは前もって知ることができない。そのため、結果は（多かれ少なかれ）気まぐれであるにもかかわらず、常に「自然」に見える。隕石の落下、藻類の大発生、エルニーニョによる一時的な気候変動は、それさえなければ前途有望だったはずの種を滅亡させるかもしれない。ピカイアは、人類の歴史と共に消え去っていたかもしれない。
グールドはバージェス頁岩のすばらしい化石を見て、あるがままに受け止めた。すでに進行している壮大な試合の小さなスナップ写真の一枚であると。カンブリア爆発の勝者は、いま地球上にいる種に進化しており、敗者は成長を止めた残骸となって太古の石の中に押しつぶされている。もし勝者と敗者が逆になっていたとしたら?グールド自身の言葉ではこう説明されている。

進化は実際にたどられた経路とはぜんぜん別の道をたどることになるはずなのだ。しかしリプレイの結果が毎回異なるからといって、進化は無意味であり、意味のあるパターンを欠いているということにはならない。リプレイによって展開されるさまざまな進化の経路は、進化の歴史で実際に起こった経路と同じように、解釈することも、事実を踏まえたうえで説明することも可能なはずだからである。……一つひとつの段階はそれぞれに原因があって踏み越えられていくのだが、開始時点で最終到達点を特定することはできないし、同じことが同じしかたで二度くり返されることもない。……初期の段階でちょっとした変更が加えられると、その変更がいかに小さかろうと、また、その時点ではぜんぜん重要そうにみえないとしても、進化はまったく別の流路を流れ下ることになる。[37]

多様性と大量死

現在地球上にいる数十万種の甲殻類は、すべて四つの大きな分類群に分けられる。それらはカニとシーモンキー(アルテミア、ブラインシュリンプとも呼ばれる)のように違うが、脚が対になるとか、筋肉に節があるなど共通の特徴がある。バージェス頁岩は、巨大な惑星のちっぽけな片隅にある一街区ほどの地滑り現場のような場所だ。だがそこから見つかった節足動物は、二四の異なるグループに分類される。[38] 多細胞生物はいくつもの経路から流れこんできたが、それに続く進化は、もっともうまくいった少数の解剖学的デザインを採用し、その後あらゆるものの基礎として利用したのだ。

カンブリア爆発の創造力に富む混乱はあらゆる方向に進化を広げた。それから絶滅のプロセスが幅広い生命の川を、今日見られるようないくつもの支流に分けた。オパビニアはこのプロセスの犠牲者だったが、将来進化する資格は、おそらくピカイアと同様にあったのだ。しかしテープは現実にあったように再生され、私たち（進化の初期の勝者から多少の恩恵を受けている者たち）は、太古の墓場を調査しながら、敗者について思いをめぐらしている。[39]

グールドはこのように主張する。「解剖学上の多様さの幅が最大に達したのは、多細胞動物が最初の多様化を終えた直後のことだったのである。……バージェス時代の海とくらべると、今日の海洋に生息する動物は、種数こそ多いものの、それらの土台となっている解剖学的な設計プランの種類ははるかに少ないのだ」[40]

勝者は必ずしも長期的に見て最善の適応をしていたわけではない。たぶん短い特定の期間にもっともよく適応しただけだろう。しかしそこから選別が始まった。最初に爆発した遺伝子の創造力は、その後の長きにわたる絶滅と環境の変化に削られていった。カンブリア爆発によって奇妙で複雑な生物——いわば実験的生物——が世界に棲みつき、そのあとで、生存競争と自然選択がじわじわとのしかかり、ほとんどを絶滅させた。勝者は、現在海で見られるさまざまな種類の生命体へと多様化を始めた。だから現在膨大な数の異なるボディ・プランがあり、世界中の数えきれない環境で、さまざまなニッチのすべてを埋めていようとも、それは初期のカンブリア紀の動物相に比べれば見劣りがするものなのだ。

「ありえない」生命と「あるべき」生命の姿

空き樽と試合のテープというグールドによる二つのたとえをまとめてみよう。空き樽は極限生命体が、まだ大きく複雑な生命が存在しなかった世界に、そのまま受け入れられたということだ。試合のテープのたとえは、多彩な生命が空っぽの海でほとんど競争もなく進化していたとき、極限生物にもほかの生物と同じように、成功の可能性があったことを気づかせる。生命の舞台にはびっくりするようなものが現われることもある。その多くは、目のあたりにするまで実在が信じられない。私たちはこのような形態をありえないと言うだろうが、それは現在の世界で見られないからにすぎない。そしてそこからわかるのは、私たちが「ありえる」と思うようになったものは、私たちが見ている形であって、必然的にあるべき生命の形態ではないということだ。

　私たちが今日見るいかなる生物も、カンブリア爆発に何らかのルーツがある。生命は海に起源を持ち、激変の間海に守られ、その液体の支配から何とか抜け出せるくらいに進化したのは、ずっとあとのことだ。カンブリア爆発の数千万年、自然と進化の働きで、この舞台には多くの生物が棲みついた。カンブリア爆発は海に最初のスーパースター、海を支配した三葉虫を生み出した。そして四億年前の海でもっとも獰猛な捕食者となる軟体動物の頭足類、さらには、我々脊椎動物のボディ・プランの最古の下書きに至るまで、さまざまな生命体を生み出し、それは代わる代わるあとを引き継いだ。複雑な海の生物の行進が始まったのだ。

第2章

一番原始的なものたち

生きた化石は今も有効な古いボディ・プランを使っている

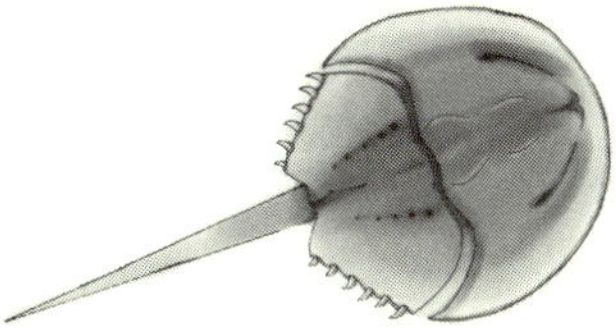

大目玉のようなヘッドライトとドーム型の屋根を持つフォルクスワーゲン・タイプ1は、ほかに例を見ない不朽の名車だ。一九三八年に生産が始まってから一九六〇年代まで商業的大成功を収めたこの偶像的な車は、広く使われ、世界中の愛好家を魅了し続けてきた。客観的にはどう見ても新型のほうが優れている――速く、かっこよく、安全で、燃費がよく、操縦性が高い。それでも、フォルクスワーゲンの「ビートル《かぶと虫》」は消え去ろうとはしない。

タイプ1は七〇年以上前に生産に入ったものかもしれないが、今日なお魅力的な特徴と個性を見せている。なぜならそれは、ありがちな問題を解決しているからだ。空冷にすることでエンジンの大きさと重さが抑えられ、同時に故障の可能性がある部品の数が減る。リアエンジンと後輪駆動の組み合わせは、悪天候下での運転に最適だった――駆動輪の上にエンジンが位置するのでそこに荷重がかかり、車重が軽くても大きな駆動力を与えることができる。[1] 最後に、ドイツ工学伝統のジッヒャー《信頼》ハイト《性》に手ごろな価格が相まって、タイプ1は世界中で労働者階級の家庭の堅実な選択となった。一時期、この車はどこにでもあった。だから古いビートルがバタバタと音を立てて道路を走っていく姿に魅力がなくなったとしても、そのもともとの特徴はより進歩した世界でも引けを取らないのだ。

同じように地球上の「生きた化石」、すなわち数億年前に進化し、長きにわたり大きく変化せずに栄えてきた生物を際だたせるのは、その特徴である。数十年前のフォルクスワーゲンのように、そうした生物は現在どこにでもいるというわけではないが、世界から無視されながらも生き延び続けている。今日なお生き続けるすべての古代生物がそうしてこられたのは、何らかの核となる特徴を備えているからであり、それが生存を保証するだけでなく、その生物を定義し続けているのだ。

　このような生きた化石には、昔から数少なかったものもある。だが中には華々しい過去を持つものもいる。海を支配していた生命体、浅海と深海に満ち、初期の海で生態系の相互関係を左右していたものたちの一員だ。しかしやがて進化の車輪が回り、新たな形態が海を支配するようになった。現代の海を見て、速く泳ぐ魚、巨大なクジラ、跳躍するイルカに満ちているのがまったくの自然だと思っていると、昔の海がそれとは様子が違うことを知ってショックを受けるだろう。

三葉虫の天下

　陸地に複雑な生物が棲みつく以前、世界が温暖化したり寒冷化したり、大陸が巨大な水銀の玉のように分かれたりくっついたりしていた頃、三葉虫は繁栄していた。三葉虫はどこの海にも見られ、捕食者、被捕食者、屍肉食などさまざまな生態学的ニッチを占めていた。それは頑丈な殻と鋭い爪を持ち、海底を這う多足生物だった。仲間には、体長が最大二・五メートルになり尾の先にとげを持つ、広翼類のウミサソリがいた。[2] このような原始的な節足動物は、今日のクモ、サソリ、ダニ、カブトガニの共通祖先である。これらは三葉虫と共通の強力な生存のための道具を持ち、同様の繁栄を謳歌した。

　三葉虫はフォルクスワーゲン・ビートルではない——五億四〇〇〇万年前のカンブリア紀の海という舞台に突如姿を現わした多種多様な生物の集団の総称、つまり生産ライン全体であって、ただ一つのモデルではなかった。バージェス頁岩《けつがん》（第1章参照）の時代には、分化したとげ、脚、複雑な眼を持つ多彩な種へと進化していた。[3] 岩の中にいい状態で保存されていたために、三葉虫はほかの化石群ではほとんど見られない形で、その世界を私たちの目の前に現わしている。彼らは「捕食者、泥食い、濾過摂食者」[4]として、太古の海にあった初期の食料源を分け合った。彼らは装甲された針山のようなとげ張った殻を持ち、驚くとおびえたダンゴムシのように体を丸めた。脱皮すると現在のカニと同じように抜け殻が残るので、一九世紀の古生物学者は、これを小さな幼生から完全な成体まで、成長の順を追ってたんねんに集めた。[5]

この初期の節足動物の、もっとも驚くべき適応形態は、おそらくその眼だろう。[6]数百の小さな方解石《ほうかいせき》のレンズからなる大きな複合構造だ。[7]方解石は炭酸カルシウムの結晶形（カニの甲羅や熱帯の海岸の砂と同じ材質）で、透明度は普通レンガ並だ。だが三葉虫の眼の炭酸カルシウムは透明で「結晶学的にきわめて正確に配向された方解石（結晶）からできているため、光学的にはガラスで作られたように作用する」[8]。この動物は不透明な殻を透明に変え、その独特なレンズを通して数億年にわたり世界を見ていた。それから、この結晶学的な魔術を墓場へ持っていった。

五億年ほど前のカンブリア紀後期に見られる三葉虫類のリストは見事なものだが、絶頂期が訪れるのはもっとあと、四億九〇〇〇万～四億四五〇〇万年前のオルドビス紀だ。この時代、三葉虫は「陽光きらめくさんご礁から薄暗い深淵」[9]まで、海のほとんどの領域を占めていた。後の時代では、相次ぐ大量絶滅で三葉虫の多様性と数は減少し、衰退している。やがて三葉虫とウミサソリは死に絶える。彼らが海から姿を消したのは約二億五〇〇〇万年前のペルム紀末で、このとき起きた空前絶後の大量絶滅により海の生物の九六パーセントが消滅している。大量絶滅までは、三葉虫の五つの属は勢力を増していた。古生物学者のＲ・Ｍ・オーエンズが述べたことは、示唆に富む。「ペルム紀の終わり頃、海洋生物相全体に極度のストレスが加わらなかったとしたら、三葉虫はおそらくもっと長く生き続けただろう」[10]。

三葉虫は短命に終わった一発屋ではない。二億年の間、人類が誕生してから現在までの一〇〇倍に当たる長きにわたって、海洋生物の中で優位を占めていた。彼らはカンブリア紀の空き樽から這い出して、海全体に帝国を築くことに初めて大成功を収めた。彼らはもしかすると、アンモナイト類やオウムガイ類やサメ類の登場のきっかけとなり、魚類のような新参者と競争していたかもしれない。しかしそこにいる間は、海は三葉虫が支配していた。しかし彼らは、二億五〇〇〇万年前の生きた化石であって、現代のものではない。なぜならその系統は完全に途絶えてしまったからだ。別の系統は、同じように成功し彼らを思い起こすよすがとなる生物種を、いくつか私たちに与えてくれている。

オウムガイ——気室の秘密

特徴的な螺旋《らせん》型をしたオウムガイのバラ色の殻は、海の繊細な美の縮図だ。標本を展示するとき、普通は縦半分に切り、真珠色の輝きに包まれて曲線を描く小部屋を見せる。青白い光沢を持つ真珠層が殻の内側を覆ったさまは、人間もかく謙虚にありたいというお手本だ。小さく密な芯から作り始めて、この生物は柔らかな体を保護する渦巻き型の管の材料を分泌していく。体が成長するにつれて、管も成長しなければならない——どんどん幅広く、長く、何度も何度も渦を巻いて。

この殻を作る動物の姿は、あまり繊細ではない。石膏色の渦巻きの中にぐちゃりと詰めこまれた、図体の大きな縞模様の生物だ。幅の広い頭巾のような外套膜（訳註：軟体動物の体表を覆う膜）が殻から突き出し、のたくる短い触手の束の上に載っている。頭の両脇でひくひくと動く異星人のもののような二つの眼は、レンズの代わりに原始的なピンホール開口を使って獲物や敵を探す。

古代の海にはオウムガイのほかに、絶滅したアンモナイト類と呼ばれる近縁種など、こうした生き物が数知れぬほどいた。サメや魚が登場する数億年前、これら殻と触手を持つ生物は、この時代もっとも高等な捕食者だった。その殻の直径は最大三メートル近くにおよんだ。[11] 直径三メートルの殻は動きの邪魔であっただろうから、そうしたアンモナイト類は、三葉虫のような動きの鈍い底生動物を捕食していた可能性がもっとも高い。中には殻がきわめて奇妙な形にねじくれていて、いったいどのように泳いでいたのか想像しにくいものもいる。このような奇妙で並はずれて大きな動物が数億年間、豊富な種類と膨大な数を保っていたのだ。

がっしりした殻はオウムガイを定義づける特徴、先祖代々伝わる遺産だ。小部屋は、ただの飾りでも、殻の空きスペースという単純な問題を荒っぽく解決したわけでもない。オウムガイが成長するにつれて、殻も成長するが、オウムガイは常に開口部にいなければならない。だからそれまで住んでいたスペースを引き払って、殻の口へと移動し、古い部屋を真珠質の膜でふさいで「気室」と呼ばれるものを作る。気室それ自体が驚くべきもので、ほとんど完全な対数螺旋を描いて端から端まで並んでいる。[12]

気室は、この動物の生存の要《かなめ》であり、殻を持ったこと

オウムガイの殻の内側。写真撮影：Chris73 ／ Wikimedia Commons

で必要になったものだ。分厚い殻は身を守ってくれるが、引き換えに重量がかさむ。これほど重いと、オウムガイは海底へと沈んでいくはずだ。なぜそうならないのか？　気室がその答えだ。それは中空であるかもしれないが、空っぽではない。

　オウムガイは潜水艦と同じ方法で、つまりバラストタンクに水を出し入れして浮力を調節する。それぞれの気室には連室細管という肉質の糸が通り、気室を運河の閘門《こうもん》のようにつなげている。この糸は気室の中に体液をにじみ出させたり吸収したりして、潜水艦がバラストタンクを調節するように、オウムガイの浮力を変える。[13] 変化はゆるやかだが、日が沈んでから夜になる間に数十メートル垂直に上下する程度の速度は出せる。昼間、彼らは水深三〇〇メートル近い深海のさんご礁の暗い斜面で時を待っている。夜になると、海面近くに上がってきて餌をあさる。もっとも、このやり方には重大な弱点がある。オウムガイは気室を加圧するためにガスを加えることができず、高い水圧が加わると——

ある実験では水深四八〇メートルあたりが閾値《いきち》だとされる——殻がつぶれてしまう。[14]

オウムガイはほかの多くの頭足類と同じような方法で、つまり外套腔から水を噴射できる漏斗《ろうと》という長く伸びた管を使って泳ぎ回る。取りこんだ水を噴き出すことで、外套膜と漏斗は原始的な水中ジェットエンジンとして働く（人間が管のように丸めた舌から空気を噴き出すようなものだ）。

四億年の間、海はオウムガイ類と、その親戚筋で今は絶滅したアンモナイト類の天下だった。約六五〇〇万年前に恐竜が滅んだとき、アンモナイト類は死に絶えた。オウムガイ類も数を減らし、最終的に現在生息している六種まで衰退した。三葉虫のように、その歴史は過剰な多様性、生態の多様化、長い年代にわたって出現する化石の歴史だ。それは時には捕食者であり、時には獲物だった。サメの咬み跡がついた化石や、戦いの傷跡がある化石があり、モササウルス（ワニに似た大きな絶滅爬虫類）の咬み跡も見つかっている。[15]

数億年前、ほとんどすべての複雑な動物が底生生物だった頃、オウムガイのような機能性のある生物が海を支配した。オウムガイが今日まで生き残ったのは、最初に成功を収めた適応形態と同じ、ジェット噴射する漏斗と気室を持つ殻のおかげだ。[16] 離島のさんご礁の深みに潜《ひそ》むオウムガイは、「クルミの殻に閉じこめられた」王なのだ。[17]

カブトガニ——地球最古の生命体

メリーランド州オーシャン・シティは、自然と人工を分ける境界だ。砂浜が多い中部大西洋岸の砂州の突端に作られたこの町は、海との絶え間ないせめぎ合いにさらされている。西の端では、川の水が溜まって汽水の入り江を作り、スパルティナが海岸まで生えている。東の端では、夏には観光客で賑わうケイ酸塩の砂浜に、大西洋の波が激しくうち寄せている。高層ホテルとマンションが海岸線に林立し、海水浴客の群れを毎日吐き出す。南のはずれにはきらびやかな歓楽街があり、ゲームセンターと観覧車を完備して、古き良きアメリカの栄光の理念を体現している。大西洋岸の古びた板張りの歩道ほど象徴的な場所も少ない。親たちは、興味なさそうな子どもたちに、ここがどんなにすごい場所だったかを説明する。至るところ足の裏がべたべたし、店先には安っぽい土産物が並び、郷愁をそそられるのと同じ程度に、俗悪さにうんざりさせられる。

板張りの歩道は古いようだが、せいぜい一世紀前のものだ。しかし長い砂浜には、地球で最古の生命体がいる。砂州の間、波のすぐ下にカブトガニの名で知られる本当の「生きた化石」が棲んでいる。地球上に登場してから数億年、この動物は、太古の化石層の岩の奥で見られるものとそっくり同じ体型を維持しており、基本的にはほとんど変化していない。

カブトガニについて知るのにもっともいい方法は、海岸で見つけたらひっくり返してみることだ。ただし注意――この動物は無害だけれど、ほとんどの海水浴客には裏側のかぎ爪はショックが大きすぎる。細長い先に爪のついた一〇本の脚は、石灰化した死人の指のように伸びたり折れ曲がったりしている。脚はつやつやした昆虫のような胸部から生えており、その後ろにはがっしりした腹部、前には先に爪のついた頑丈な鋏角《きょうかく》を備え、異星人のヘルメットのような甲羅を上に頂いた、平たい頭部がある。顎と歯がないので、カブトガニは食物を脚ですりつぶして小さな吸口に何度かに分けて運ぶ。この生物は何よりもほかの惑星から来た異星人にそっくりだ。[18]

現代の世界でも、彼らは孤独だ――長きにわたる進化によってへだてられているのだ。カブトガニは正確にはカニではなく甲殻類よりもクモに近い。厳密に言えば甲殻類ではなく鋏角綱に属し、世界にわずか四種しか残っていない。[19]どれも全身を覆うドーム型の硬い甲羅を持つ。それは鎧というよりも区分された体の上にかぶせた強固なテントだ。呼吸を行なうのは、脚と釘のような長い尾の間に本のページのように折り畳まれた、紙のように薄い板状の呼吸組織だ。後足についたこの「書鰓《しょさい》」と呼ばれる一種のえらによってカブトガニは、本格的なえらがなくても呼吸ができる。このような適応形態は大昔には普通だったが、今日ではカブトガニが、この時代遅れの特徴を備えた地球上で唯一の動物だ。

設計は旧式かもしれないが、カブトガニには、のちに生まれた多くの親類に勝っている部分がある。例えば眼だ。現代のカブトガニの眼は比較的単純で、二つの大きい主要な眼のほかに、感度と大きさがさまざまな七個の眼が、体のあちこちに配置されている。しかし最近の研究で、この古い生物が高度な視覚を持っていることと、彼らがどのようにして単純な脳で複雑な視覚信号を処理しているかが明らかになった。特に、カブトガニの眼は、夜には昼間の一〇〇万倍も光に対して敏感になる。超高感度の眼は、夜間には網膜の感受性を増し、昼には感度を落とす。おそらくは夜間の干潮時につがいの相手を見つけるためだ。[20]

体の作りは原始的だが、それでもカブトガニのえらは酸素を血液に運び、一〇本の脚は砂を選《よ》り分けて食物を探す。オスはメスのあとを追いかけ、捕まえて交尾する。長年にわたって同じモデルの新しい世代が作られ、自然選択はそれを受け入れ、生き残った四種の形態と習性は変わらぬままだ。フォルクスワーゲン・ビートルのように、彼らは場違いではあるが、質実剛健を貫いているのだ。

アメリカカブトガニは比較的新しい種[21]だが、科としてのカブトガニが地球上に最初に現われたのは四億五〇〇〇万年前だ。[22]四億四五〇〇万年前の化石には、太い尾だけでなく、現生のカブトガニに特徴的なドーム形の甲羅がある。[23]身体的にほとんど変化せずに生き残ってきたことで、カブトガニは生きた化石の典型となった。その複雑なボディ・プランは、ほかのほとんどの種よりも長く存続しているのだ。長い間には、少し形態の違う親類が出現して、その中にはもっと強いものや、短期間にはもっと繁栄したものもいたが、結局、時の流れに負けて、ほかはすべて死に絶えた。

最後の三葉虫

現存するカブトガニは四種類いるが、三葉虫は一種類もいない。だから三葉虫が海を支配していた――カブトガニはしたことがない――にしても、生存という観点からは、カブトガニが勝者だ。しかしある意味で三葉虫は残っている。現生のカブトガニの、ダンゴムシに似た幼生という形態で。砂に埋まった卵から孵《かえ》ったカブトガニの「三葉虫」のような幼生は、三葉虫王朝の唯一の生きた痕跡だ。つまりカブトガニは、実は成体と幼生の両方に生きた化石としての要素を持つのだ。

もっと繁栄していた三葉虫が一掃されたのに、なぜカブトガニは絶滅をまぬかれたのかはわからない。しかし彼らは、魚やクジラや現生のサンゴが出現する前の古代の海へと遡る手がかりを与えてくれる。そして、綿菓子とジェットコースターの混雑した世界にある、保護区のわずかな砂浜に今日も生きている。

シーラカンスの復活

もし自分が、三葉虫が今も生きていることを発見したとしたら、どんな気分だろう？　この栄誉を誇ることができる者は誰もいないが、もう一つの生きた化石の象徴で、まさしくこのドラマがくり広げられた。化石記録ではおなじみの、絶滅したと何世紀もの間思われていた動物が、何と再び見つかったのだ！　それはシーラカンス、深海に棲む珍種であり、その発見は人智の限界を暴露した。

シーラカンスの名は、それが属している「肉鰭《にくき》亜綱」中の目《もく》から取られた。もっとも初期のサメよりも少しあと――およそ四億年前――に出現した目だ。種の数は決して多くはないが、少なくとも一種は北米からアジアまで広い範囲に生息していた[24]。その厚く骨のある指のような「肉鰭」は、どちらかと言えば原始的な遊泳器官であり、進化的には脊椎動物の四肢の原型だ。今日生息している鳥、爬虫類、哺乳類はどれも何らかの形で、この海に棲んでいた祖先の古い系統に由来する。古生物学者はこのことを昔から知っており、大型のシーラカンスの化石は少なからぬ博物館で永久保存されている。彼らはまた、最後のシーラカンスが六五〇〇万年ほど前の白亜紀に死に絶えたことも知っていた[25]。一九三八年に、ある若い女性が獲れたばかりのシーラカンスを南アフリカの魚市場で買うまでは。

マージョリー・コートニー＝ラティマー博士は、シーラカンス復活の日をこう回想する。「一九三八年一二月二二日、陽炎の揺らめく暑い夏の一日が始まった……。電話が鳴り、トロール船のネリネ号が港に入っていて、自分のための標本をいくつも持ってきたことを告げられた……。そこで私はタクシーを呼び、漁港へ向かった[26]」

ラティマーはたまたま、のちに自分の名前を冠してラティメリア・カルムナエと呼ばれることになる動物を手に取った。南アフリカの沖合、インド洋の水深六〇メートルほどから引き揚げられた、脂ぎった大きな魚だ。魚類学者にとってそれは、アマゾンで生きた恐竜を見つけたようなものだった。標本はただちにヨーロッパに送られ、二万人とも言われる熱狂的科学愛好家の前に展示された。ラティマーの、そして共に発見にたずさわった科学者たちの名は世界に轟きわたり、海洋生物の進化の歴史は再考されざるを得なくなった。シーラカンスの場合、数えきれない漁師が遭遇していたはずだ。特に、のちに標本の大部分が見つかったマダガスカルに近いコモロ島沿岸では。しかし商業的価値に乏しかったり、どちらかと言えばまれにしか獲れなかったりしたので、ヨーロッパの科学者は関係づけることがなかった。[27]

魚そのものは原始の祖先からあまり変わっていないようだ。太い肉質のひれと重い体のために、シーラカンスは自然の生息地でも動きが遅く鈍重だ。小さな脳は頭蓋腔の二パーセントにも満たない。残りは浮力をつけるための脂肪が詰まっている。肉は密で、油っぽく、尿素を含んで臭い——実際この種に商品価値がまったくないことが、今も生き残っている理由の一つかもしれない。シーラカンスは水中を飛行船のように重々しく泳ぎ、餌となる小魚を静かに待って漂っている。幅が広く平べったいひれは、ひっくり返る寸前のように不規則に前後へ振れる。もしサメが、進化の上で波刃の肉切り包丁に相当するとすれば、シーラカンスは棍棒だ。

シーラカンスは今も絶滅の瀬戸際におり、存続しているのはただほかの生物から隔絶していたからだろう。この魚はおそらく進化の偶然によって生き残ったにすぎない。彼らは急な火山海岸に沿った、水深一〇〇〜二〇〇メートルの間の水温が低い狭い範囲に棲み、冷たい湧《ゆう》昇《しょう》に押し上げられたときを除けば、海面近くまで来ることはめったにない。シーラカンスは卵胎生で、非常に大きな卵をごくわずか作る。一メートルの魚が大きさも色もオレンジそっくりな卵を持つのだ。古いボディ・プランを持ちながら、シーラカンスは、より進化した魚を効率よく捕食しているが、かつて生息した世界の片隅で生き永えているにすぎない。

サメの登場

美しく、力強く、スリリングなサメは、人間の想像力を常にかき立てる。食う機械、研ぎ澄まされた死の道具、残忍な捕食者の理想像、そのようにサメは言われてきた。その著書『デーモン・フィッシュ』の中で、ジュリエット・アイルペリンはギリシャの詩人オッピアノスを引用して、サメは「止む事なき熱狂をもって餌に我を忘れ、常に飢え、恐るべき胃袋の貪欲は衰えることを知らない」と描写している。[28] その体は頑丈な筋肉でできた流線型の魚雷で、楽に泳ぐにも、殺しのために爆発的スピードを出すにも同じように向いている。その口は道具ではなく、武器だ。波刃のナイフのような歯が次々とせり出して、先週の昼飯の骨に当たって欠けたところに入れ替わる。奇妙な感覚器官で、はるかかなたで流れたほんのわずかな血を探知し、獲物の心臓が発する電気パルスを「聞く」ことができる。皮膚の楯鱗《じゅんりん》――まるで小さな鋭い歯のような特殊な鱗――は、体表に沿って微小な低水圧の部分を作り出す。ゴルフボールのくぼみ《ディンプル》のように、低圧部は抵抗を減らし、大洋を泳ぎわたる際のスピードを増す。平たく黒い眼は衝突の瞬間に反転し、必殺の意志をはからずも知らしめる。私たちはサメに恐怖し、おののき、それでも彼らが見せる原始的な獰猛さに魅力を感じる。スキューバで深く潜り、薄暗い海中でようやく見ることのできるサメは、照らしても照らしつくせない世界の最暗部を象徴している。だがこの種の誇張された「シャーク・ウィーク・サイエンス」は、サメについてわずかな断片を言い当てているにすぎない。ほとんどのサメは昔からこうした基本的要素（強力な歯、肉食性）を持っているが、脅威度ではかなり低い位置にあり、普通は泥を掘って小動物をあさっているのだ。[29]

　サメは、硬骨魚類の祖先と共通した最新の発明品――顎――を引っさげて、四億一八〇〇万年前に進化の舞台に突如姿を現わした。その骨格は、骨よりも軽く柔軟な軟骨でできていた。ロレンチーニ器官という特殊な器官がサメの頭部にはあり、特殊な繊毛細胞を使って微弱な電界を感知する。[30] 実験室では、サメは隠れている獲物の魚を、それが発する電気信号だけをたよりに見つけることができ、獲物の電気信号を電極で模倣すると、まったく同じ行動を示した。[31]

　こういったことはいずれもサメの定義に役立つ。だがもっとも重要なのは、歯があることだ。噛みつくための一番鋭い器官が、ほかには頭足類のくちばししかなかった世界に登場した、食うという仕事のためにうってつけのノコギリ状の道具だ。サメが約四億一八〇〇万年前に進化したとき、くちばしとかぎ爪と吻《ふん》とやすりはあったが、歯を持つものはほかにいなかった。歯は驚くべき発明品であり、サメに決定的な優位を与えた。

鋭い歯のできかた

　生え替わる鋭い歯こそが、黎明期の海で進化した捕食者の新世界で、生物としての市場占有率とブランドをサメに与えた発明だ。新機軸は、新しい集団が成功するための鍵になる。ラリー・ペイジとセルゲイ・ブリンが開

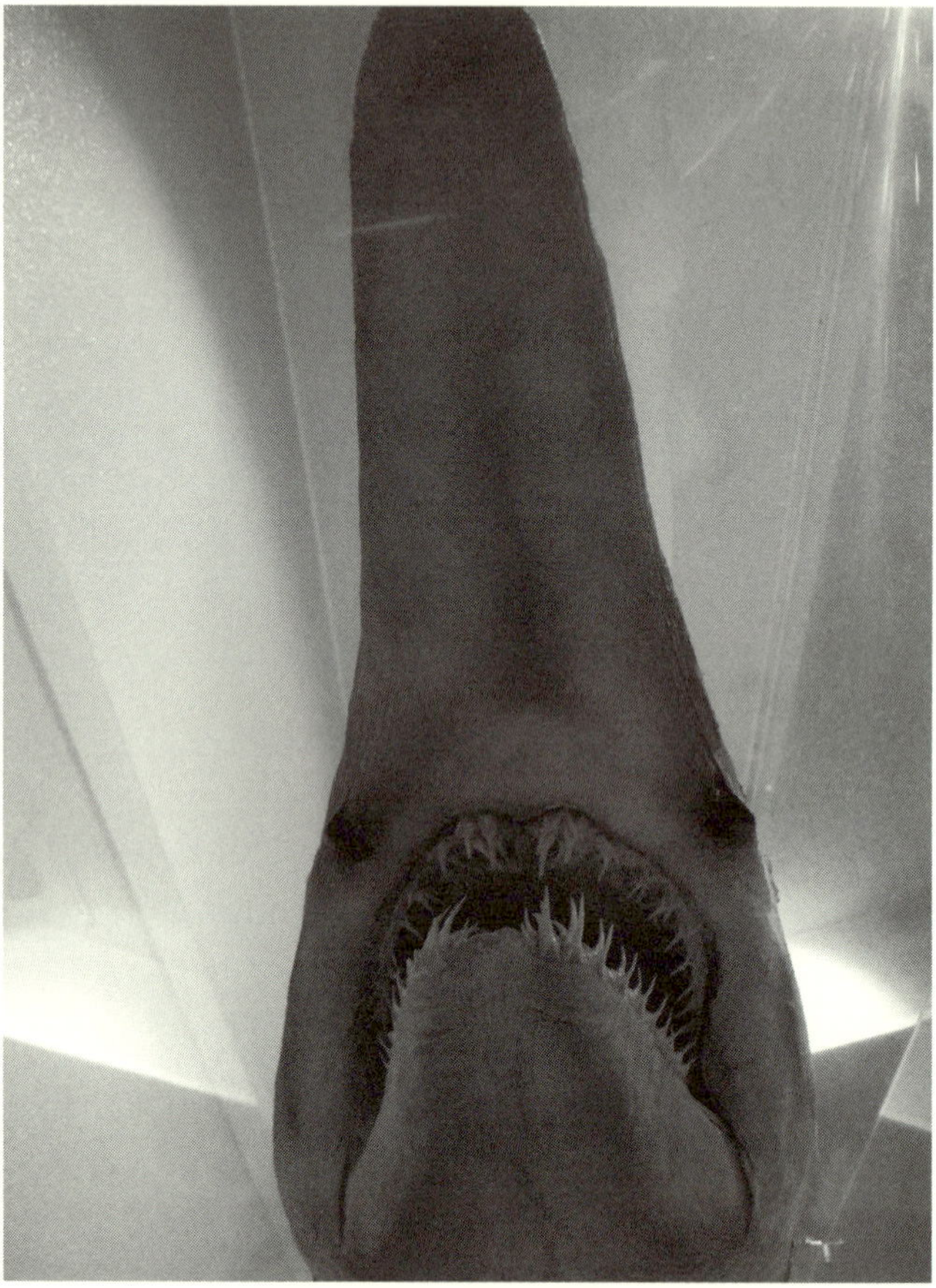

ミツクリザメの吻。しながわ水族館にて撮影。
写真撮影：Hungarian Snow

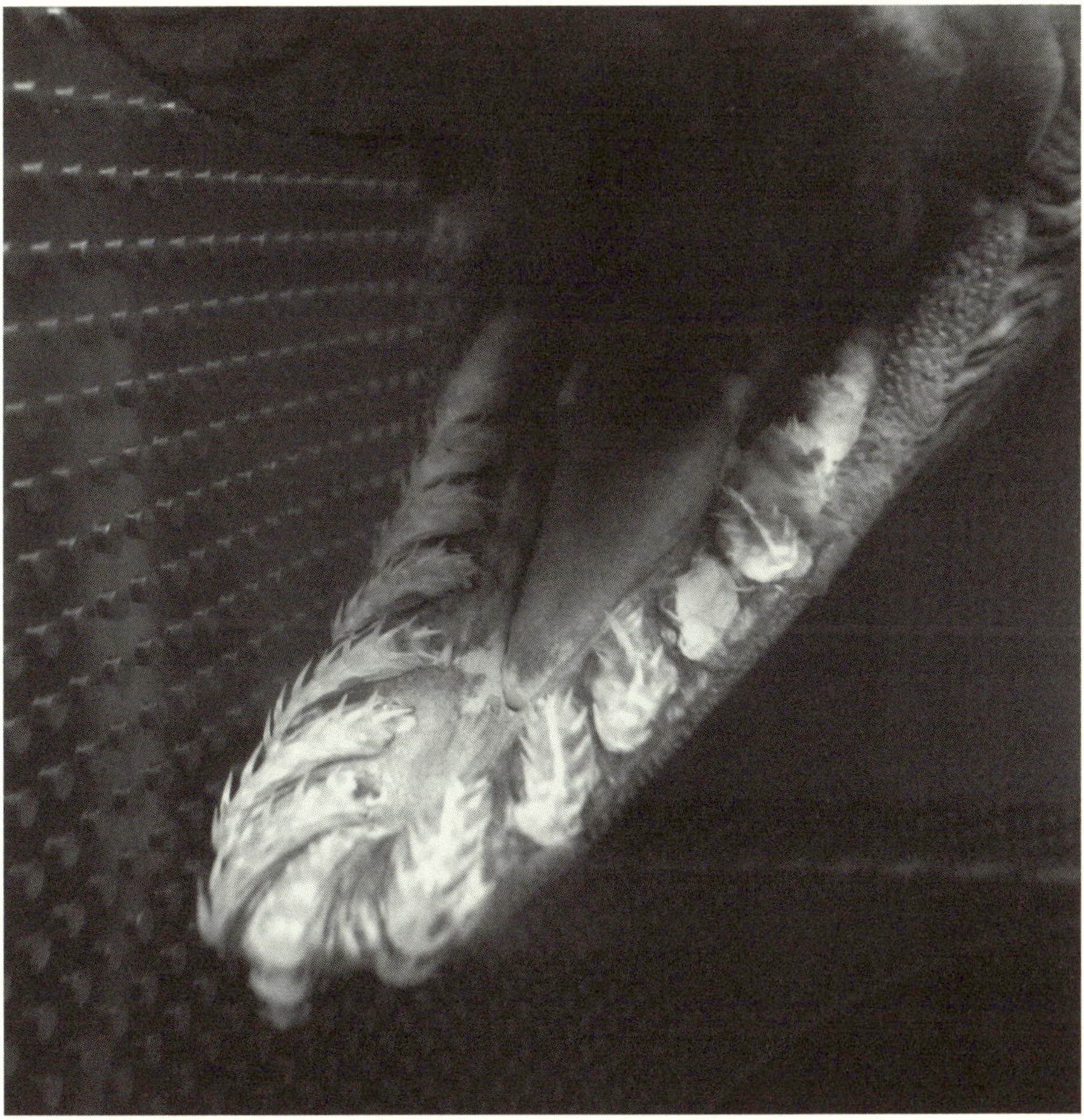

針のようなラブカの歯の列は、イカのような柔らかい獲物を捕らえるのに使われる。
下関市立しものせき水族館「海響館」にて撮影。
写真撮影：User:OpenCage

発したページランク（グーグルのためにウェブページの重要性をランクづけする新しい方法）にしても、[32]動物が武装を強化していく世界での歯にしてもそれは同じだ。サメの歯は、四億一八〇〇万年たった今でも効果を上げている。

サメは絶えず歯を生やし――七～一〇日で一セット――古いものを鈍ったカミソリのように捨てている。[33]その歯はこの上なく鋭く、厚さわずか一〇〇〇分の数ミリメートルの刃がついている。自然の構造物としては、地球上で屈指の鋭さを持つものだ。[34]化石のサメの歯であっても、油断するとケガをする。この恐ろしい武器は、長く血塗られた遺産を築いてきたのだ。

だが、サメはどのようにこれほど鋭いものを作るのだろう？　人間が何かを鋭くするときは、それを薄く作り、薄い刃がさらに薄くなるまで叩くか研《と》ぐかする。だが生体構造は、同じように叩いたり研いだりできない。最初から鋭く作る必要があるのだが、その役割を果たす細胞や組織は、柔らかいものを作るのにはるかに向いている。硬く鋭利な構造は、四億一八〇〇万年前には新発想だった。そしてサメはある設計を思いついた。それは細胞工学の小さな奇跡だった。

サメの歯は奥からできる。口の奥に芽生えるそれは、初めは喉の柔らかい細胞の低く硬い畝だ。畝は次から次へと続けて発生し、海岸に波が打ち寄せるように口まで上がってくる。[35]一本一本の歯は、初めは形の定まらない組織の塊として発生する。次に歯は畝の頂上にある細胞の細い線によって高さを増し、繊維でできた薄い扇形のものが上に伸びる。こうした薄い繊維は歯の鋭い縁《ふち》を形成する。繊維を塊ではなく密な細い線に保つことが、歯がきわめて鋭くなるか否かの分かれ目となる。歯がきっちりと一列に並ぶと、繊維の間の小さなすき間が骨のような材質で埋まり、ゆっくりと蓄積してもっとも鋭利な天然のナイフになる。[36]最後に、さらに硬い「エナメロイド」の被覆層が刃先を包み、強度を増す。細長い構造は壊れやすいので、幅の狭い繊維の筋に波形をつけてノコギリ状の刃を作り、それによって分厚くすることなく強くする。この時点で歯列は口の中まで移動してきており、今使っているものの後ろに並んで、前の歯が骨や石や鉄を嚙んで砕けたら、配置につくように準備されている。

四億一八〇〇万年前のサメの歯は、非常に鋭いが長さが三ミリしかなかった。[37]こうした歯を作ったサメは化石記録の中に見ることが難しく、初期のサメの体を初めてかいま見られるのは、四億九〇〇〇万年前の二三センチメートルの標本からだ。[38] サメの化石で特に意義深いのは、三億七〇〇〇万年前のもので、クラドセラケというサメの先祖が、つかみ取るのに向いた湾曲した歯を使って原始的な魚を捕らえていた当時を、ほぼそのまま（胃の内容物までも）残していた。[39] 基本的なサメのボディ・プランはできていたが、洗練されていなかった。クラドセラケは痩せた体に大きすぎるひれがついた、貧弱な体形のサメだった。これは初期型にすぎない。

今も少数のサメはこのような姿をとどめている。ミツクリザメは深海に棲み、長く伸びた巨大な「鼻」を不ぞろいな歯の生えた口の上に持っている。アイスピックのような歯を持つ突き出した顎は、輪ゴムのように柔軟な靱帯で支えられている。靱帯はぴんと張って口を引っこめ、獲物が近くに来るまでその位置に保たれる。解放されると口は前に飛び出し、体の柔らかな底生の獲物をつかんで、同じ速さで頭蓋骨の中に引っこむ。[40]

ラブカも、そのくねくねした長い体と古い顎の構造から、生きた化石と言われている。最近の研究でもっと新しいサメのグループに入れられたようだが、ラブカは古代のサメがどのように生きていたかを、二メートルのウナギのような体と、小さくすばしっこい獲物を素早く確実に捕らえることができる針のような歯で示している。[41]

サメは生きた化石か？

現代の海に棲むサメは、最初に現われた四億年前のものとあまり似ていない。カブトガニとは違い、サメの基本的なボディ・プランは進化の時間の中において安定したものではなかった。むしろ、底生無脊椎動物の捕食者から現代の海の殺戮機械へとサメが進化する過程には、絶滅と洗練の物語があった。

二億五〇〇〇万年前、記録上もっとも壊滅的な大量絶滅が地球に起きた。ペルム紀―三畳紀境界（Ｐ／Ｔ境界）の大量絶滅[42]と言われるそれは、海洋生物種の何と九六パーセントを消滅させた。[43] 生態系と気候の急速な変動が原因だろう。巨大隕石の衝突から大規模な火山現象まで、科学者は幅広い仮説を提示している。[44] 初期のサメは死に絶えたが、新サメ類という小さな分類群を生み出し、これが現生のサメの祖先となった。それは、回復に五〇〇万から一〇〇〇万年を要した暗黒で空虚な海で発達を遂げた。[45] 条件は過酷だった。餌が少ないのだ。それでも新サメ類は、さらに強力になった体と、改良を重ねた歯列を利用して生き残った。彼らは多様化し、大型化し、やがて私たちを震え上がらせる現生のサメへと進化した。

例えば、ネズミザメ目のホオジロザメのようなサメは、六五〇〇万年前に初めて登場した。彼らは歯列を完成させ、顎を押し出すように口の構造を変えた。[46] 攻撃の最中、ちょうつがいが花びらのように開いて、内部の凶暴な歯がむき出しになる。堂々たるカルカロドン・メガロドンは全長一二メートル近くにもなり、体重はゾウ八頭分に匹敵（七七トン）する。[47] その顎は、さしわたしが最大一八〇センチあり、噛む力は一八トンを超える。二七六本の歯があり、その中で最大のものは、長さ一七センチだった。[48] メガロドンはおそらく大型のヒゲクジラ類を常食とし、それが進化するのに合わせて約三〇〇〇万〜二〇〇〇万年前に出現した。[49] それは現生のサメの進化すべて——速く、強く、巨大な獲物を捕食する——を一つの体に詰めこんだものだった。メガロドンは二〇〇万年前の氷河期のさなかに姿を消した。その原因は今のところわかっていない。

ラブカのような、きわめて原始的な特徴を維持していると考えられていたある種のサメは、遠い祖先のボディ・プランをもう一度進化させた高等な科であることが、

復元されたサメの一種カルカロドン・メガロドンの化石。1909年にアメリカ自然史博物館においてバッシュフォード・ディーンが復元したものだが、多少大きすぎるとされる。

今ではわかっている。サメの歯も、エナメロイド層を一層しか持たないものから三層持つものへと進化している。[50] カブトガニやオウムガイと違い、サメは現代の海でも大いに繁栄を続けている。これらの進化は、有袋類の祖先から細々と始まった哺乳類が、生態系での重要性を増し、陸上を支配する大型動物になったことにも劣るものではない。

さて、サメは本当に生きた化石なのだろうか？ その基本構造とボディ・プランは四億九〇〇〇万年前から変わっていない。歯が生えたり生え替わったりする様子や、機械では簡単にまねできない電気感覚器官は、遠い昔から、そして今もサメに固有の特徴だ。おそらくもっとも一貫している点は、動物の時代の始まりから海の捕食者であり続けたことだろう。陸上にはヤスデくらいしかいなかった頃から、三葉虫とアンモナイトの全盛期の間、ほかに歯を持つものがいなかった海の初めの時代を通じて、サメは海を泳ぎ回っていた。大陸そのものが移動する間も、サメは陸地のきわを泳ぎ、豊饒と絶滅による欠乏を交互にくり返す海で獲物を探した。生きた化石？ いや、生きた不思議だ。

歴史の通りすがり

生きた化石たちは、それぞれに独特の構造から想像する以上に似通っている。それは、その生態学的ニッチに必死でしがみつき、少数のきわめて洗練された生物学的特徴によって成功した古代生物だ。確かに、こうした分類群の中でも種分化と適応は、長い年月の間に起きている。しかし、変わったものは変わらなかったものに比べると取るに足りないものだ。数百万年以上存在できる種はほとんどない。ボディ・プランがその一〇〇倍の期間、根本的に変化することなく、壊滅的な大量絶滅や人類の文明の勃興を切り抜けて存続したことは、驚くべきことだ。だが、その証拠は私たちの目の前にある。

一般的な認識とは裏腹に、進化は進歩につながらない。どちらかと言えば進化は、短期的な成功には報酬を与えるが、長期的な計画を欠いている。ある種が次世代を生み出すことに成功すれば、進化はその種に少なくとも合格点を与える。それなら、なぜ成功したボディ・プランが長続きしないのだろう？ 二つの答えが浮かんでくる。一つ目は、環境の変化。二つ目は、競争者や被捕食者との共進化が、革新の継続を促すからだ。生きた化石の場合、長期的な成功が変化をやめたことと密接に関係しているようだ。大量絶滅の波は海を浅瀬に至るまで席巻した――これまでに五度、もっとも人類が今、六度目を引き起こそうとしているが。[51] こうしたゲームチェンジャーは生命の流れをリセットし、海洋生物種の大部分が棲む環境を激変させた。しかしそれほどかき乱されない環境もあった。冷たく、深く、広大な深海の環境は、世界でもっとも安定している。それは、シーラカンスやオウムガイのような古い形態が生き残れるほど安定して広い。

そしてまた、種の間には共進化競争がある。進化という劇は、さまざまな出演者の行動――捕食者が被捕食者を消費し、競争者がもっとも弱いものを追い払う――に台本がかなり左右される。ある出演者が新しく効果的な戦略を進化させると、それは他者に対して、同じように進化する圧力になる。あるものは対応できる遺伝子の道具箱を持ち、繁栄と変化を続ける。あるものは運が悪かったり、個体数が少なかったり、あるいは進化を促す遺伝的変異がなかったりで、道具箱を持たない。一方、生きた化石は、何らかの理由で、このような共進化競争がほとんど行なわれなくなったものたちなのだろう。

シーラカンスとオウムガイは、ほかの生物から孤立した生態学的ニッチに守られている。現在知られている二種のシーラカンスは、数千キロの海でへだてられたごく狭い範囲に棲んでいる。[52] 四種しかいないカブトガニは、大西洋と東アジアの沿岸にとどめられている。おそらく六種のオウムガイがインド洋と太平洋を泳ぎ回っているが、その分布は熱帯の深海に限られている。[53] 一方で、人間による乱獲にもかかわらず、四〇〇種を超えるサメが地球の海を泳いでいる。ネコほどの大きさのおとなしい磯の住人から、悪夢のような、そしてダイヤモンドのように希少なミツクリザメまで、これらの魚は――その進化的寿命と多様性の維持を考え合わせると――現在地球上に生息するもっとも成功した多細胞生物なのかもしれない。

願わくは、こうしたことから多少なりとも謙虚な気持ちが生まれてほしい。「生きた化石」は、サメを除いて、目立つ生物ではない。それはあまりに奇妙で、そのすみかと生態学的ニッチはきわめて辺境にあり、人間の活動に影響することはめったにない。彼らが生き残ったことは自然が生んだ奇妙な偶然かもしれず、それが消えたとしても世界はほとんど気づくことはあるまい。しかし、環境に大きく依存するニッチ生物として、その特異性は脆弱さと切り離すことはできない。アメリカカブトガニは年々その数を減らしている。アメリカ東海岸の沿岸開発が原因だ。そしてその減少は、食物連鎖の上位にも下位にも影響する――渡り海鳥にまでも。[54] 人類は若い種であり、進化の時間からすればわずかな期間に出現した霊長類の新参者だ。私たちは単なる歴史の中の通りすがりだ。オウムガイやサメや不格好な肉鰭を持つシーラカンスは、歴史そのものなのだ。

第3章

一番小さいものたち

海のもっとも小さな生物たちは海の化学と生命に大きな影響力を持つ

夜空の星より多く

今この瞬間、あなたの座っている場所には一〇〇兆個の細菌がいる。あわてて消毒スプレーを取りに行かなくてもいい。そのたくさんの細菌は、あなたの中にいるのだ。人間の体には、自身の生きた細胞の一〇倍の微生物が棲んでいる。それは、生命がいくら進化しようと、地球が今も微生物の世界であることを、直感的に思い出させてくれる。[1]

微生物は、肉眼では見えないほど小さな単細胞生物だ。このグループには細菌と、細菌に似たグループで厳しい生息地に棲むことが多い古細菌と呼ばれるもの、そしてもう少し高等な単細胞生物がいる。微生物群は最初の生物である。それは三〇億年前、地球がその形を整えた地殻変動のすぐあと（第1章参照）、世界の舞台に突如現われた。その現代の子孫は地球上でもっとも多様化した生物であり、この世界の生物圏を支配する圧倒的な力を保っている。彼らは生きる方法を、ほかのいかなるタイプの生物にもまして探求してきた。そして今日、あらゆる環境のあらゆる場所にひしめいている。人間の口の中のジャングルから、手のひらの乾いた砂漠、地球上の水の一滴一滴に至るまで、微生物はまさに私たちの鼻先で世界を支配している。海の化学的作用自体も細菌が精巧に作ったものだ。また、その維持のために、地球で最小の生物たちは、きわめて大きな役割を果たしているのだ。

小さな入れ物

微生物は、数は多いがとても小さい。一〇〇〇個の細菌をひとつながりに並べても、終止符《ピリオド》の直径分あるかどうかだ。アメーバと原虫はもっと大きく、一七世紀には博物学者は初期の顕微鏡を覗いて、池から採った水のサンプルにこの小さな巨人たちがうごめいているのを見ることができた。[2] しかしその初歩的なレンズでは、それより小さなものを見つけ出すことができず、数世紀の間、細菌に科学の光が当たることはなかった。その存在を証明したのはフランスの偉大な生物学者ルイ・パスツールで、同時に微生物がさまざまな病気を引き起こしていることを指摘した。この「細菌説」は、病気の説明としては呪術や体液のバランスの乱れ（訳註：古典的な病気の説明で、血液、粘液、黒胆汁、黄胆汁の四体液の乱れから病気が起きるというものがあった）ほど派手なものではなかったが、正しいという点で有利だった。ほどなくして、もっとも強硬な懐疑派も屈服した。パスツールは伝説となり、その理論は現在、生物学のあらゆる分野に影響を与えている。[3]

この名高いフランス人の没後一世紀を経て、海の微生物を的確に研究できる技術が現われた。イギリスのチャールズ・ダーウィンは、微生物がより大きな生物の餌として重要であることを認識していたが、細菌自体の生存のことで途方に暮れていると告白している。一八四五年にダーウィンはこのように書いている。

「多くの下等な海洋動物が「微生物」を食べて生きていると、私は推測する。それが外洋に豊富であることはわかっているが、これらの「微生物」は、青く澄んだ水の中で、何を食べて生きているのだろうか？」[4]

一九七〇年代頃から、海洋微生物の理解は根本的に見直された。ローレンス・ポメロイとファルーク・アザムらの研究グループは、海水中の微生物を数えるための新しい方法を編み出した。[5] 彼らの先進技術は、細菌の種類だけでなく想像を超える個体数まで明らかにし、大きな驚きをもたらした。その結果を海洋全体に置き換えると、微生物学者を啞然とさせるようなことがわかった。細菌は海のバイオマスに大きな割合を占めていたのだ。クジラ、魚、ロブスター、その他の人目につく動物はすべて、広大な微生物の海に浮かぶ肉の氷山だった。

ポメロイらは海洋細菌の個体数を一〇の二九乗個と推

定した。一のあとにゼロが二九個つくという、生き物よりも宇宙の星の数を連想させる途方もない数だ。[6] これは予想外の数であり、一夜にして海洋生態学の様相を変えた。開けた沖合の水柱（訳註：水面から底までの概念的な水の柱）――かつて生産力が低いと考えられていた環境――は、実際にはほかの生物よりも多くの代謝エネルギーを細菌を通じて伝達しているのだ。この代謝活動は多様な化学交換によって起きる。微生物の中には溶存炭素のごく小さな塊を消費するものや、海水からミネラルを取り出すものがいる。とにかく数が多いので、その活動の量は膨大なものになる。そして個体数も膨大なものだ。すべての海洋細菌をつなげて並べると、天《あま》の川《がわ》銀河を三〇周する長さになるのだ！[7] ダーウィンの言う「青く澄んだ水」は、決してそうではなかった。それは泡立つ生命のシチュー鍋だったのだ。

　微生物は、その数と効率の力で、海の化学作用をコントロールする潜在能力を持つ。海水一リットルの中には、インドの人口とほぼ同じ一〇億の細菌がいる。一〇億個の細菌の重さは約〇・一ミリグラムしかないが、[8] 光合成をするものならば、それはけた外れのエネルギーを生み出すことができる。代謝率が非常に大きいため、人間一〇〇人分の質量がある光合成細菌のコロニーは、理想的な条件下では、原子力発電所と同じエネルギーを生産できるのだ。[9] 条件がよければ細菌の群れは代謝エネルギーを利用して爆発的に増え、ブルーム（訳註：細菌や微生物の異常発生）となって荒れ狂い、海の化学的バランスを変えてしまう。[10]

小さいけれど、たくさん

　地球上でもっとも数の多い光合成生物は、みにくいアヒルの子のように、認識され評価されるようになるまでずいぶん長く待たされた。それは最初、北海で採取された水サンプル中に異常な色素による汚れとして、それから電子顕微鏡の中に謎の塊として、[11] そしてのちには海洋微生物を探す高性能機器の「ノイズ」として現われた。この細胞はその後マサチューセッツ工科大学の海洋学者ペニー・チザムらにより、プロクロロコッカスと名づけられた。プロクロロコッカスは海洋生物でも最小の部類で、少なくとも名前がつく程度に知られている生物の中では、おそらく世界中にもっとも多いものだ。[12] 世界の広大な海には、この種の個別細胞が一兆の一兆倍個存在すると推定されている。[13]

数字があまりにも大きすぎて、私たちの頭脳ではなかなか処理しきれない。こう考えてみよう。地球上の全人類からすべての体細胞を取り出して（一人あたり約一〇兆個、そして世界の人口は七〇億人）海に広げたとすると、七〇〇億の一兆倍個になる。プロクロロコッカスの数に釣り合わせるためには、このような地球が一五個必要になる。プロクロロコッカスの細胞がこれほどまでに多いので、その光合成作用と酸素生産は、地球上のほかの生命の相当な部分を支えている。海洋学者はあまり断定的なことを言わないが、地球の大気中に含まれる酸素の一〇パーセントはプロクロロコッカス由来だと推定されている。[14]

いったんこの驚異的な力を持つ小さな動力が認識されると、海洋学者はそれを至るところで見つけるようになった。それは南極海と北極海を除くあちこちに生息し、そのためさまざまな海域に適応するよう遺伝的に分岐しており、チザムが細胞の「連邦」と呼ぶものを形作っている。わずか数十年前まで、その存在を示す手がかりもなかったのだ。

プロクロロコッカスは、その大きさゆえに——というより小ささゆえに——風景に溶けこんでいる。わずか六〇〇ナノメートル（一ナノメートルは一メートルの一〇億分の一、一マイクロメートルの一〇〇〇分の一）というサイズで、大部分の培養瓶の細菌と比べて半分から三分の一の大きさだから、微生物を探しているときであっても背景にまぎれてしまう。原子の中をめぐる電子のように、それはあまねく存在しながら空間をまったく占有していないかのようだ。平均的なタンパク質の分子は直径約五ナノメートル[15]だから、プロクロロコッカスの細胞には、タンパク質の分子をすきまなく一列に並べて一二〇個がやっと収まる程度の大きさだ。細胞内部の空間は貴重なので、DNAでさえ詰めこまれ、わずか一七〇〇の重要な遺伝子を残して削られている。[16]

自然界にはもっと小さなゲノムもあるが、その数はごく少ない。霊長類の生殖器に生息する小さな寄生細菌は、わずか六〇〇という遺伝子の少なさを誇りつつ、日の当たらない身の上を嘆いている。[17] しかしそうした寄生細菌は養分を吸い取るための宿主を必要とする。つまり、数があまり多くなることはないのだ。プロクロロコッカスは太陽光線から養分を作り、数の上で進化競争の真の勝者と言えるほど、広い海に普通に見られる。どうしてこんなにも少ない遺伝子で、ほかの生物種の大きなゲノムよりも繁栄できるのかは、まだわかっていない。

好き嫌いなし

ダーウィンのジレンマは、彼が海で見たすべての細菌は栄養分、つまり一〇〇〇兆の一兆倍個の細胞を養う何かを必要としたことだった。プロクロロコッカスは光合成をするので、日光と二酸化炭素から栄養分を作ることができる。しかしもっとも小さくて単純な細菌は、それができない。従属栄養生物と呼ばれるそれらは、日光を利用して二酸化炭素分子を結びつけ、糖のような大きな分子にすることができない（この能力を持つことが植物性の独立栄養生物の定義だ）。従属栄養細菌は大きな有機分子を食べて分解しなければならず、通常その過程で（われわれ哺乳類のようなもっと大きな従属栄養生物がするように）酸素を燃焼させる。このときの効率は驚くほど高い。従属栄養細菌は単糖類をはじめ、ある大きさを下回るものはまったく見境なしに何でも食べられる。大きな分子――例えばタンパク質や脂質――は海苔巻きのように切り、構成要素のアミノ酸に分割してから食いつくす。多くの細菌は複雑な油を食べるほどに特殊化しており、その中には二〇一〇年のディープウォーター・ホライゾン石油プラットフォーム爆発後、メキシコ湾の浄化に一役買ったものもある。[18] 底生の細菌は細胞膜を通して、異種のＤＮＡの断片を吸収することさえできる。たぶんそれを分解し、リンと炭素の原子を呑みこむのだろう。あるいはその情報を得るためにＤＮＡをまるまる盗んで、自分のゲノムに新しい形質を荒っぽいやり方で貼りつけているのかもしれない。[19]

このようにまったくえり好みをしない従属栄養細菌は、世界でもっとも偉大なゴミ収集業者だ。そしてそれは、これほど多くの細菌の細胞が海で生きていけることの説明でもある。甲殻類プランクトンが落とす顕微鏡サイズの糞の粒を、すぐに細菌が取り囲んでコロニーを作る。貴重な物質の源を新たに感じ取ると、彼らは代謝を最大限に高める。粒は溶け、どんどん小さな粒子に分解される。もっとも小さなかけら、この時点では顕微鏡サイズの炭素分子の鎖は、溶存有機炭素（ＤＯＣ）として大まかに分類される。ＤＯＣは溶けている栄養素と固く結びつき、良好な食料源なので、微生物が驚異的な速度でカロリーを摂取できる高効率の流動食となる。[20] 海中には七〇〇〇億トンの溶存物質がある――陸上の動植物すべての質量を合わせたよりも多い[21]――ことを考えると、DOCは、世界一あり余った食物の代表だ。ラスベガスのビュッフェにあるものを除けばだが。

微生物のループ

あなたがビーガン（訳註：乳製品も含めた動物質のものを一切摂らない菜食主義者）で、典型的なアメリカのバーベキューパーティー会場にいるとしよう。たぶん空腹だろうが、まわりじゅう肉と乳製品ばかりで、何も食べられない。大型の海洋動物も同じジレンマに直面する。溶存有機炭素に結びついた大量の栄養――海のバイオマス全体の大部分を占める――を、クジラ、サメ、魚、小さなカイアシ類は消費できない。DOCを餌にできる小さな細菌は、小さすぎてほとんどの捕食者は食べることができない。代わりに、この勤勉な微生物は海の中のあらゆる生物に間接的に大きな利益をもたらしている。海のリサイクル業者として働くことで。

従属栄養微生物は何でも食べるので、生物学的な「廃棄物」はたいていリサイクルされる。細菌はもっとも小さな有機分子を食べ、エネルギーとバイオマスを残らず呑みこんで、際限なく急速に増殖する。死ぬとその小さな体はまたDOCになる。多くの細菌群は七日以内で倍増する。[22]この顕微鏡サイズの銀行を通じて循環するバイオマスの量は驚異的である。

海中の細菌バイオマスの総量は約一一〇億トンだ。[23]それぞれの微生物が七日ごとに増殖するとすれば、一分で約一一〇万トン増えることになる。人類は年に約九九〇〇万トンの水産物を海から獲っており、このペースは上げられそうにない。したがって、人間が一年間に消費する水産物の世界的生産高を、海中の細菌は九〇分で生産してしまうことになる。

細菌がこのペースで永遠に増加し続けるとすれば、海はあっという間に水ではなく細菌でいっぱいになってしまうだろう。しかし、セレンゲティ国立公園を忍び歩くライオンのように、たちまちのうちに細菌を食べて、その数を間引く生物がいる。この「ライオン」は鞭毛《べんもう》というたてがみを持ち、爪も牙もないが獰猛な捕食者だ。海水の一リットルは一〇億の微生物が棲む世界であり、その一滴一滴がその猟場なのだ。[24]捕食者はアメーバやゾウリムシのような単細胞の原生生物で、細菌の現存量が増

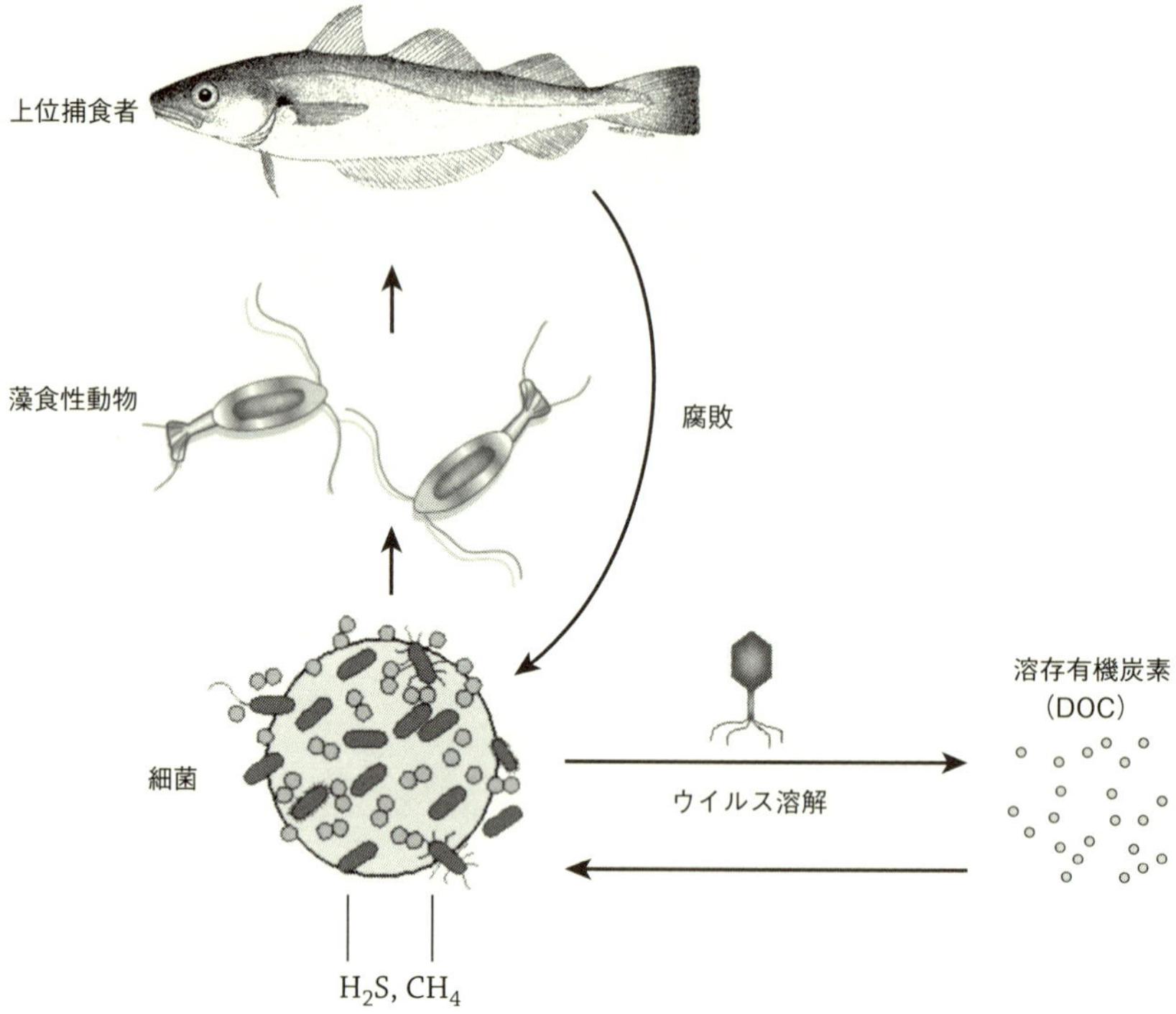

微生物ループ／ウイルスループの概念図。Chris Kellogg, U.S. Geological Surveyより

えるのと同じ速度で嚙み砕いていくことができる。これは海のほかの住民にとって幸いなことだ。細菌の増えすぎだけでなく、多様性の低下からも救われるからだ。原生生物はこの養分とエネルギーを、海の食物連鎖の上位へと伝える。海で一番小さな生き物が、最大のもののための流通手段として機能し、海の驚くべき生命機械のために不可欠な基礎を築くのだ。

開けた海での微生物生産の規模は、いくら強調しても足りない。海洋微生物の隠された世界に関する有名な発見から数年後、ローレンス・ポメロイはこのように書き記している。

「地球の海洋は微生物の海だ。微生物がいなければ、海はまったく違った場所になり、すべての生命にとって今ほど適したものではなくなるだろう。それどころか、このような生物の活動がなくなれば、自然の循環はたちまちのうちに停止してしまうだろう[25]」

捕食を通じて栄養分をより大きな生物に送り、それによって外洋を支える微生物の生産力がなければ、食料品店で目にするマグロは存在できない。「青く澄んだ水」に棲むマグロは大きく力強く見えるが、数兆もの目に見えない生き物に支えられているのだ。

海のゾンビ

細菌は代謝の裏技をたくさん持っており、その中にはたいてい、食物がなかったり栄養バランスが悪かったりするときに休眠状態になる能力がある。[26] 細菌は餓死することはなく、眠ってやり過ごす。また、老衰で死ぬことはなく、分裂してDNAを再構成し、若返る。細菌は消極的な意味で死ぬことはめったにない。それは殺されるのだ。

死はたいてい、先に書いたようにして、つまりほとんどの細菌より細胞が大きく、繊毛の毛皮や鞭毛で飾られた、からみ合う原生生物によりもたらされる。水中を巡回する原生生物は、獲物を捕まえて呑みこむ口は持っていない。代わりに細菌はねばねばした粘液にぶつかり、逃れられなくなる。そして生きたまま、ゆっくりと原生生物の体に取りこまれていき、消化酵素のスープの中で分解される。

だがこれはましなほうだ。

死は下から、細菌よりはるかに小さいウイルスからももたらされる。海洋ウイルスはけた外れに数が多く、被捕食者の細菌の一〇倍もいる。[27] 自己複製する生物学的存在という生命の定義をかろうじて満たし、[28] 大きなタンパク質分子ほどのサイズしかないウイルスは、それ自体ではほとんど運動能力がない。それは、中に思いもよらないやっかい者が入った複雑なタンパク質の瓶だ。ウイルスのゲノム――DNAにもとづく情報の短い糸――は犠牲となる細菌を乗っ取ろうと待ちかまえている。

こうしたウイルスは、人間に鼻風邪を引き起こすものと同様に、細胞に取りついて自分のDNAを宿主に注入することで機能する。ウイルスの遺伝子は細胞の正常な機構を利用して、遺伝子がどこでもやっていることをする。つまりタンパク質を作る指示を与えるのだ。この場合、タンパク質とはウイルスのタンパク質――細胞の代謝を誘拐してさらにウイルスを作り出すために利用するタンパク質だ。細胞は得るところが何もなく、もう分裂することもない。それどころか、それは生ける屍《しかばね》となって、ウイルスの支配の下で奴隷工場にされるのだ。

ただちに、細胞は新たなウイルスの外被を大量に作ることを強いられる。それからウイルスのDNAが複製され、螺旋《らせん》に巻かれ、単純な鞘の中に納められる。偽のナッツの缶からばね仕掛けのヘビが飛び出すびっくりおもちゃのような感じだ。今やウイルス工場にされた不運な細菌は、膨れあがってゆがんだ球体になる。子ウイルスがウジが湧いたようにつまってはち切れそうだ。やがて略奪されつくした細胞は耐えきれなくなり、あっけなくはじける。新しいウイルスは海中に放たれて拡散し、もう次の世代の獲物を求めている。

ウイルスの犠牲者は疫病以外のものも海中にまき散らす。細菌だったものの代謝機構は侵略者によって破壊され、使いつくされて、その他の死骸と同じようにまわりの水に溶ける。タンパク質、脂質、炭水化物、さまざまな希少な栄養分は、従属栄養性の腐食性動物に拾われる。残りは溶存有機物となって微生物ループに養分を与え、捨てられた死骸と海全体とをつなぐ[29]。

これが、ウイルスが細菌に忍び寄り、破裂させ、水中の栄養源が増えていく世界で一番小さな捕食者と被捕食者の循環だ。これについて研究を始め、どれだけのバイオマスが関係しているかを計算したとき、科学者たちは仰天した。海洋のバイオマスの最大三〇パーセントが、毎日（そう、毎日）この小さく目に見えない捕食者と被捕食者の輪の中を循環していたのだ[30]。一九八〇年代まで、このシステムも主な参加者も共にまったく知られていなかった。

勝者を殺せ

細菌は信じられないほど多様だ。おそらく一〇億種の細菌が地球上に棲み、その相当部分が海に棲む[31]。しかし無数の種がかつて海中で生き、死に、湧き上がり、消えていったが、永久に優位を勝ち得たものは未だかつてない。プロクロロコッカスのように超多数の属でさえ、生態学的にはそれほど優位ではない。それは数千もの遠い親戚と共に存在するのだ。今日に至るまで、ただ一つの種や集団が、それ以外のものを押しのける状況が見られることはまれだ。見られたとすれば、それは海がバランスを失ったことの徴候であり、微生物の爆発的な増加は大災害を引き起こす。海岸は閉鎖され、水産物は毒を持ち、こうした有毒なブルームは付近の空気まで生命に危険なものにする[32]（第11章参照）。

海が一種類のスーパー細菌でいっぱいになるのを防いでいる、目に見えないメカニズムは何だろうか？　多様性の爆発が微生物の本来の特徴のように思われるのはなぜだろうか？　一つの答えは細菌の最小の捕食者、細菌を探し出して破裂させるウイルスが素早く進化することにあるかもしれない。極度に速いライフサイクルと遺伝子操作によって、それはこの世でもっとも速く進化する捕食者となっているのだ。

細菌や、それに似た微生物の大きな個体群は、ウイルスにとっての大きな餌料源である。したがってもっとも繁栄した微生物が、最大の標的でもあるわけだ。ウイルスが標的の細胞に侵入するには、それをできるようにするための特殊な表面タンパク質が必要だ。このようなタンパク質は、一種類あるいは二、三種類の微生物に特化する傾向にある。大きな微生物群を標的にできる新しい表面タンパク質を進化させたウイルスには、明るい未来がある。膨大な潜在的餌料源と、巨大な潜在的増加率を持つのだ。このサイクルには、突然変異、捕食、勝者に対しての繁殖する上でのきわめて大きな報酬という古典的な自然選択の要素がすべて入っている[33]。そしてこのサイクルは、潜在的に微生物の多様性にも大きく影響する。海洋学者はこのサイクルに名前をつけている。「勝者を殺せ」だ。海で大規模な微生物のブルームが発生したとしよう。一つひとつは目に見えない小さな細菌の体が、数キロメートルにわたって水の中にひしめいている。ブルームの中の細菌は、海の状況に驚くばかりの適応をしたおかげで成功を収めた。しかし、まさにその成功によって、みずから標的となった。ウイルスは突然変異を起こし、その変異で獲物となる細菌の大群を攻撃できるようになって、ブルームに侵入する。死んだ細菌から飛び出した生まれたてのウイルスは、数マイクロメートル移動するだけで次の細菌にたどりつき、次の殺しのサイクルを始める。

したがって、この理論によれば、大きな微生物個体群はウイルスの集中攻撃にさらされることが避けられず、ブルームは必然的に収束する。ただし、ある程度までだ。数えきれないほどの宿主の細胞が死ぬと、細菌の個体群は希薄になり、ウイルス感染の効率はもはや高くなくなる。ウイルスはまだ殺しに備えているが、自力では動けないため、獲物に偶然ぶつかるのを待たなければならない。以前爆発的に増えた細菌種が数を減らすと、死亡率は低下し、個体数は安定する。

「勝者を殺せ」は成功に対する自然の安全弁――単一の微生物が環境を支配することを防ぐ自動的なメカニズムだ。繁栄しすぎた微生物は間引かれて、個体群の規模が縮小する。私たちはこれが作用しているところを見ている。円石藻《えんせきそう》という大型の単細胞微生物が、海で異常発生することが時々ある。その増え方はきわめて爆発的で、発生現場は文字通り宇宙から見えるほどだ。微生物学者は人工衛星を使って、それに続くウイルスの攻撃を観察できる。生命に満ちた塊に、端のほうからすき間と穴が開き始める。一週間のうちに、大量発生した円石藻は激減し、風が強い日の上層雲のようにちぎれ去る。[34]

　勝者を殺す絶え間のない戦争は、微生物とウイルスの間に適応と対抗適応をめぐる軍拡競争を引き起こす。ウイルス感染した円石藻細胞の中には、アポトーシスという細胞の自殺プロセスを開始するものがある。自分を殺して、たとえて言えば手榴弾の上に身を投げ出して、ウイルスの自己複製を防ぐわけだ。[35] 爆発した細胞は死ぬが、娘《じょう》細胞、つまり前の細胞分裂で増殖したコピーは救われる。だが進化はウイルスにも起きている。もっと進んだウイルスはアポトーシスを抑えるタンパク質を含み、宿主細胞の自殺を防ぐ。もっとも狡猾なものは、この「自殺」機構を乗っ取って、ウイルスの増殖をさらに加速するために利用することもある。[36] さらに別の回避戦略を、円石藻の一種エミリアニア・ハクスレイが示している。ウイルスの攻撃に遭うと、細胞はＤＮＡを半分だけ持った動く脱出カプセルに変身する。[37] 攻撃、防御、反撃のシナリオは、海のすみずみにわたり長い年月にわたって、極小の生命に驚くほどの多様性を創り出すように展開している。

　単細胞生物とウイルスは、地球上でもっとも速く進化する生物であり、[38]「勝者を殺せ」は地球の唯一最大の大博打だ。それは海水一滴一滴の中で、毎日、おそらく過去三〇億年間行なわれてきた。また、それは一つの微生物種が繁栄しすぎたり優勢になりすぎたりすることを防いでいるので、海の多様性のバランスを保つ役割を、ある程度果たしているのかもしれない。

　過去からのヒントは、微生物の世界が混乱したときどれほど恐ろしい結果となるかを示している。一つの例が二億五〇〇〇万年前の大量絶滅だ。このとき地球上の種の九六パーセントが消え去った。地球全体で起きた大規模な火山活動により、大気中に二酸化炭素の巨大な塊が形成された。その結果、極度の地球温暖化が起こり、風呂の湯のようになった海は微生物のブルームで満たされた。海の食物連鎖と、その生態学的な抑制と均衡のシステムはことごとく混乱し、微生物が爆発的に増殖して海から酸素を一掃した。正常な海の生態系は、五〇〇万年間戻らなかった。[39]

どこかで聞いたことのある話かもしれない。海洋生物学者は今日、二酸化炭素濃度の上昇と海の温暖化を心配している。[40]過去からの証言と、平行する現代の海の生態学的な研究は、もし再び微生物が海を支配するようになれば、海は将来危機的な時代を迎えることを暗示している。

第4章

一番深いところのものたち

高い水圧と低い餌の供給量は日々の生活を困難にする

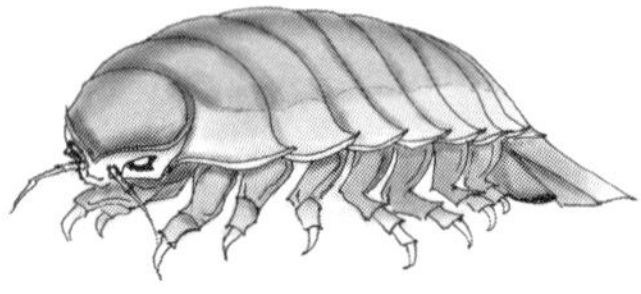

一九三〇年六月六日、二人の男が鋼鉄でできた中空の球体に乗りこむと、きっちりと入り口を締め、向こう見ずにも大西洋に潜っていった。数時間後、目もくらむようなバミューダの陽光の下に戻った二人は、自分たちが見たものにすっかり取り憑かれてしまっていた。

博物学者のウィリアム・ビービと技師のオーティス・バートンは青黒い深みへと下降し、人類史上もっとも深く潜ったのだ。彼らの乗り物、潜水球《バチスフィア》は、直径一五〇センチメートル足らずで、外を見るために石英ガラスの丸窓が一つあるだけだ。鋼鉄製ケーブルとゴム製の送気管が一本ずつ海上へと通じていて、潜水球と墓穴をかろうじて分けている。彼らは水深二四〇メートルに達し——二人の名前を歴史書に記した不朽の業績だ——そして「何となく私の気持は……そこで止めるように促した」[1]ために帰還した。

だが、わずかな水漏れはあったものの潜水球の実用性は証明され、ビービとバートンはさらに深く潜り続けた。新たな潜水は毎回命がけの実験であり、そのたびに機器と方法が共に改良された。一九三四年八月一五日、ビービとバートンは水深九二三メートルに到達した。これをもとにビービは体験記『海底探検記』を著し、大好評を博した。

ウィリアム・ビービはただの科学者ではなく、探検家の魂と詩人の文才の持ち主だった。彼はその二つを共に陸揚げして、世界でもっとも暗く深い場所の優美なバレエと歯をむく恐怖を、鈍重な地表の住民に紹介した。ビ

潜水球の横に立つウィリアム・ビービ（左）とオーティス・バートン（右）

ービが波の下で見たものは、人間の経験にまったく反するものだった。漆黒の水、奇怪な姿の生き物、繊細なクラゲ、暗闇の中で止むことなくゆらめく小さな明かり。半海里の底、何トンもの水圧の下で、ビービは何よりも完全な孤独の重さを感じていた。人間の世界を通り過ぎ、誰も見たことがない光景を見ていることに気づいたのだ。

この潜水球にのって、深海の暗黒のなかに入ってきた時ほど、まったく隔離された気持ちになったことはなかった……私たちは生まれる前の胎児のようだった。この先何億年もの地質学的時間を経てこの世に生まれ落ち、人の歴史のつかの間に、取るに足らない変化をもたらす小さな役割を定められた胎児だ。[2]

闇は私たちを不安にさせる。それが階

段の下の空間であれ、キャンプファイアの光が届かぬところであれ、見えないものが潜《ひそ》み、不意打ちを食らわすのではないかとおびえる。海の最深部はほかの惑星と実に似ており、地球の表面からは想像もつかない条件下にある。のしかかる水圧、極寒、永遠の闇が世界の底を支配する。

ビービはすぐに自分が果たしたことの意味を理解した。潜水球は単純な乗り物だ——小さく自力では動けない球体で、呼気の二酸化炭素を吸収するソーダ石灰が入った口の開いた瓶以外何も積んでいない——が、それでもそれは、冒険好きな二人を人間の経験がまったくおよばない別世界へと運ぶのだ。深さ一八〇〇メートルから、送気管に沿って伸びる銅の電話線で送られたある簡単な通信が、頭上の何トンもの塩水のようにビービの精神を圧迫する重圧を伝えている。「これより深くもぐった者は死人しかいない」[3]

深海生物は途方もなく変化に富み、ありとあらゆる魅力的な（時には悪夢のような）形態と適応を見せており、周囲の水圧と水温に合わせて生活を形作っている。太陽が昇ることのない無光の深みでは、かみそりのような歯を持つ魚が策を弄して獲物を狩り、巨大な蠕虫《ぜんちゅう》が煮えたぎる化学物質のスープを餌としている。単純な美の静かな流れがある——ゼリー状のものでできた繊細な体が、人に見られることなく独りはかない命をつむぐ。そしていつも、ビービが述べたように、緑色の生物発光——生物が作り出す光——がきらめいている。クラゲは鮮やかなアクアマリン色のストライプを見せびらかし、魚は獲物を集めるための疑似餌をぶら下げ、計算された間隔で発光させる。逃げられない生物は攻撃されると花火のように独特の光を発して、さらに大きな捕食者を引き寄せ、生きるか死ぬか捨て身の策を講じる。

ビービの旅は草分けであり、その発見は基礎となるものだが、科学的手法は単純だった。観察、報告、生還だ。ビービの科学的な装備は、カメラ、写真の腕、網や採泥器で引き揚げた深海生物への博識だった。[4] ビービの潜水から八〇年で、さまざまな現代技術の恩恵により、この偉大な博物学者がとうてい知りえなかった深海生物の生態について、私たちはいっそう詳しく理解するようになった。

深海の家主

海でもっとも大切な食料源——太陽——は、深海には完全に欠けているものだ。光の届かないところで光合成は問題外だ。だから深海に「野菜を食べなさい」と叱る母親はいない。だって植物がないのだから。[5]代わりに深海の闇の中では、どの種も殺し屋か、屍肉あさりか、家主だ。

家主は地球のひび割れた底あたりに棲む。地中のすさまじい熱にかき乱され、大陸の裂け目からは硫黄系の毒物が混ざった熱水が噴き出す。裂け目は熱水噴出孔、あるいはもっと臨場感のある表現でブラックスモーカーと呼ばれている。

熱水噴出孔の最初の調査は一九七六年に行なわれ、遠征に参加した科学者たちは多様な新種が高い密度で生息していることに驚愕した。[6]食物が運ばれてくる速度が遅いので、深海の生物は一般に少ない割り当てに頼ることになり、どの種も普通は数が少ない。噴出孔には一見何も変わったところはない。現代の潜水調査艇の投光器で照らすと、それは積み上がった堆積物の塔から、黒い雲が噴出しているように見える。[7]この化学物質は地球上に棲むたいていの生物にとって有害で、腐った卵のような臭いがする。[8]しかし熱水噴出孔の生物群は、もっとも深い海の暗闇に満ちあふれる生命、世界でもっとも不毛な砂漠に隠れたオアシスだった。この豊かな場所に、どこから餌が供給されているのだろうか？

餌と腐った卵の臭いはどちらも単純な化学物質、硫化水素から来ている。有毒ではあるが、この分子の硫黄結合はことのほかエネルギーに富んでいる。熱水噴出孔とそのまわりに棲んでいるのは、化学合成、つまり硫化水素の化学エネルギーを細胞エネルギーの原料に変換する方法を身につけた細菌だ。化学合成細菌は有毒な硫化物の分子を分解して、その結果放出される化学エネルギーを成長のための燃料とする。[9]この能力で細菌は地殻から沸き立つ化学エネルギーを分解して、新たな細胞を作り、代謝に使うことができるのだ。

熱水噴出孔にはきわめて異様な場所に棲む興味深い細菌が集まっている。しかし、こうした深海生物群を構成するものはまだほかにもいる。この豊富な微生物を利用するように、独特な動物が進化したからだ。蠕虫と二枚貝とエビはいずれも、硫黄を餌にする微生物を餌にする。

深海生物を研究する生態学者のシャノン・ジョンソンは、それを簡潔に言い表わしている。深海の闇では「生存のためにあらゆるものは細菌と共に生きるか、それに頼って生きるかしかない」[10]。だが彼らは細菌を消費しているだけではない——細菌にすみかを貸しているのだ。

唇か葉か

微生物からの受益者でもっとも目を引くもの——深海のもっとも繁栄した家主——は、リフティア・パキプティラ、別名「生きた口紅」と呼ばれるジャイアント・チューブ・ワームだ（口絵⑤）。この生物の白い体は、花のつぼみのような鮮やかな赤色の羽根毛を冠している。噴出孔の近くに根を下ろし、青白いキチン質の管を作ってその中に棲み、最大長一八〇センチメートルにまで成長する[11]。羽根毛はすぼめた唇に似ているが、リフティアは口を持たない——腸すらないのだ。代わりにこの生物は、羽根毛の近くに栄養体部《トロフォソーム》という器官を持つ。それは肉の袋で、体重の相当部分を占めるほど多くの微生物が中に入っている。チューブ・ワームが生きていけるのは、すべて入居している細菌のおかげだ。細菌は熱湯の中の硫化水素を処理して、余剰の生産物をチューブ・ワームの体に送っているのだ[12]。

唇のような構造は、深海で日光を集める葉に相当するものだ。大量の硫化水素、二酸化炭素、酸素を赤い羽根毛の毛細血管に富む組織に吸収し、その分子をおなじみのタンパク質、私たちの血液にも含まれるヘモグロビンに結合させる。ヘモグロビンは羽根毛から、これらの分子を栄養体部の微生物に運ぶ[13]。硫化物、酸素、二酸化炭素は、栄養体部の工場を動かし、間借人を満足させておくためにうってつけの代謝燃料だ[14]。

リフティア属のチューブ・ワームには口も腸もないので、餌の供給は微生物に頼りきっている。しかし体内に微生物を持って生まれてくるわけではなく、幼生の段階で取りこむ。数十年来生物学者は、チューブ・ワームの幼生が、幼生だけにある小さい口のような穴を使って、単純に必要な細菌を呑みこむのだと考えていた[15]が、近年の研究で事実が明らかになった。細菌は幼生の皮膚から侵入し、その後、チューブ・ワームは細菌を保持するために栄養体部を形成するのだ。しかるべき細菌が乗りこんだ幼生は、消化管を捨て、栄養体部で増殖する細菌の余剰に頼って生きる[16]。

南極海の南極大陸近くで、熱水噴出孔のまわりに集まる新種のカニ
Rogers, A. D., Tyler, D. P. Connelly, J. T. Copley, R. James, et al. 2012. "The discovery of new deep-sea hydrothermal vent communities in the southern ocean and implications for biogeography." *PLOS Biology* 10(1): E1001234. doi: 10.1371/journal.pbio.1001234

多くの利潤追求の取り決めがそうであるように、これは家主にとって夢のような取引だ。深海に棲む生物はほとんど、寒さと餌の欠乏に妨げられて、成長と繁殖が遅い。チューブ・ワームはこの傾向に逆らい、驚くほど速く成長する。

太平洋の底に置かれたカメラで、チューブ・ワームが新たな場所にコロニーを作る様子が記録されている。チューブ・ワームは定着・繁殖・成長して、二年とかからずに高さ一・五メートル近い茂みのようになる。[17] 地球上の無脊椎動物の中で特に成長が速いものの一つで、親戚筋のある種とはまったく対照的だ。別のチューブ・ワームは熱い噴出孔を避け、非常に深い海の「冷水湧出孔」、同じような化学物質がゆっくりと出ている湧出孔に向かう。彼らも同じくらい見事な大きさに育つが、それには二〇〇年以上かかる。[18]

熱水噴出孔の極限的な条件は危険きわ

まりないが、地球でもっとも生息に向かない場所で、目覚ましい成長の触媒となっている。熱水噴出孔が発見されてからの数十年で、五〇〇種を超える新種が、その周囲に確認されている。[19] 南極海の南極大陸の近くでは、すでに一番冷たい海の一番熱い場所に棲む多くの新種が発見されており、さらに多くが見つかる可能性がある。[20]

クジラというオアシス

意外な生物があふれる深海のオアシスは、熱水噴出孔だけではない。生命は資源があるところならどこにでも栄えるし、すべての底生生物群が化学合成を基礎としているわけではない。中には数千メートル上の太陽光線が届く層の豊かな生産力を糧とするものもある。組織の断片、ちぎれた藻、排泄物などの表層の生物残渣《ざんさ》(デトリタス)は、白い破片となって人知れずゆっくりひらひらと海底へと落ちていき、その様子から「マリン・スノー」と呼ばれる。沈下には二週間かかることがあり、物質のほとんどは底につく前に水柱の上部で消費される。細菌はこの少しずつ降る雪の大きな受益者だ(第3章の溶存有機炭素についての考察を参照)。だが雪が海底に届いたとき、それは清掃動物の貴重な食料源にもなる。それでも、マリン・スノーは、大型の動物が常食とするには不足であり、一般に多くの種の密度の高い群集を支えられないのが普通だ。[21]

しかし、たまに深海の住民に、宝くじに当たるような思いがけない幸運がもたらされることがある。クジラの死骸が海底にオアシスを作るのだ。

クジラは雪のように降るのではない。[22] ある一カ所にどさっと降ってきて、大きな肉の塊を海底に届ける。大型のクジラは外洋を泳ぐので、冷たく深い海で死ぬことが多い。その体が低いごぼごぼという音を立てて泥の海底に到着すると、深海の清掃動物が仕事にかかる[23](口絵⑨)。海という広大な荒れ野の中で、どうしてか――深夜の巨大空港でただ一つ営業中のコーヒーショップを見つけるのに似た不思議な手順で――たちまち死骸のありかを突き止めたヌタウナギ、サメ、イカの大群がやって来る。何トンものクジラの死骸は、二、三カ月で軟組織をほとんどはぎ取られる。[24] 本当の底生生物――軟体動物、蠕虫、甲殻類、その他比較的単純な生命体――は、泳ぎの速い動物たちが死骸を引き裂いている間はほとんど姿を見せない。これが移動性の清掃動物による分解段階、沈降したクジラが分解される三つの段階の最初だ。[25]

肉がなくなってしまうと、次は栄養便乗者の食事の時間だ。今度は底生性の清掃動物が死骸に棲みつく。節足動物とゴカイのような多毛類がこの段階を作るが、移動性の清掃動物の第二波もやって来て仕事に取りかかる。彼らはクジラの死骸には目もくれず、そこに集まった底生性の清掃動物を餌にする。清掃動物の生物群とその捕食者は、数カ月から数年間クジラを栄養源にし、最後には巨獣の骨格だけが残る。

第三の、そして最後の段階では、不気味な（にぎやかではあるが）墓場が、意外なことに豊かなオアシスに変わる。クジラの肉はとっくの昔になくなっているだろうが、骨には貴重な油が詰まっている。細菌が先陣を切って、骨を溶かしながら中の脂質をごちそうになる。こうした微生物は古細菌ではないが、類似した化学合成プロセスを使い、溶存硫酸塩を利用してクジラの骨を消化する。[26]

鯨骨《げいこつ》生物群集のオアシスは、海底の生態系において特別な、そしてこれまで軽視されていた役割を果たすものかもしれない。それは、より大きなオアシスの間の足がかりとして機能しているかもしれないのだ。熱水噴出孔は短命だ。発生から停止まで、時にはわずか数年の間隔しかない。新しい噴出孔は、何千キロもへだたっているかもしれない。気まぐれな地殻のみぞ知るだ。同じ種が世界中の噴出孔で見られることもあるので、中には新天地に移住するため砂漠を横断した勇敢な生き物もいたに違いない。鯨骨生物群集のオアシスがそのギャップを埋めているかもしれない。それは、熱水噴出孔に似た生物の孤立した集団で、より活発な噴出孔生物群の間の大きなすきまに点在しているからだ。研究者の推定によれば、地球の海中には常に五〇万個以上のクジラの死骸が落下していて、特にクジラの主な回遊ルートに沿って、数キロに一つ沈んでいるという。[27] これらは出張所であり、滞在者が棲みつき、繁殖することもある暗闇の中継地点だ。その子孫たちは、最初の入植者が死んだはるかのち、さらに砂漠へと乗り出すのだろう。[28]

深海の生物が常に噴出孔と鯨骨に集中しているとすれば、その存在はやっかいな問題を生む。捕鯨は深海の生態系にどのような影響を与えてきたのか？　人類は、控えめに見積もっても、地球上の大型クジラ類の四分の三を殺してしまった。この恐ろしい数値から推定して、海底には昔に比べるとごくわずかな数の死骸しか届いていないはずだ。今では希少なオアシスも、かつてははるかにありふれたものだったのかもしれない。大型のクジラを狩ったことで、私たちはクジラの死骸に依存していた生態系を数世紀にわたって飢えさせ、根底から変えてしまったのだ。[29]

メスばかりの眼のないゾンビ・ワーム——オセダックス

二〇〇二年二月、遠隔操作式の潜水調査艇ティブロンを操縦していたモンテレー湾水族館研究所のロバート・フライエンフックは、水深三〇〇〇メートル付近の岩棚でコククジラの骨を見つけた。骨は、見事に完全な形で残っていたが、ティブロンのライトに照らされても、独特の鈍い白色に光らなかった。それは苔むしたようで灰色をしており、謎の赤い茂みがその下一面を覆っていた。

近くに寄ると、フライエンフックにはその色が何から来るのかが見えた。流れがないのにゆっくりと揺れている、何百という深紅の糸状のものだった。金属の爪で触れると、それは即座に灰色の骨の中に引っこんだ。これは植物ではない。標本を採取して海面に持ち帰った勇敢なロボットは、まったく新しい種を科学界に紹介した。オセダックス・ムコフロリス、骨を食うゾンビ・ワームだ[30]（口絵⑨）。

鯨骨生物群集はきわめて多様だ。一つのオアシスに、最高二〇〇種が棲んでいることもある。[31]オセダックスは、その中でもとんでもない不気味さで突出している。ラテン語名のオセダックス・ムコフロリスは「骨を食べる鼻汁の花」を意味する。これほどそのものずばりの学名はめったにない。オセダックスは爪ほどの大きさで、明るい色をしたゼリー状の組織の塊だ。それは鼻をかんだあとのティッシュペーパーの中身にしか見えない。繊細な肉の柄《え》が一本、上へ向かって伸び、ただ一つの奇妙なえらのように酸素を取りこむ。[32]

オセダックスには口も消化管もない。親戚のチューブ・ワームのように、共生菌に頼って生きている。しかしリフティアが噴出孔付近の水から硫黄化合物を取りこむのに対して、オセダックスはクジラの骨から栄養分を抽出する。ゼリー状の体はそのもっとも肝心な適応構造、特殊化した巻きひげを下側に隠している。小さなドリルのように、虫の「根」は容赦なく骨に穴を開ける。巻きひげが木の根のように広がると同時に、効果的な酵素の組み合わせで海水が強力な酸に変わり、脂質をさらってオセダックスの体内に棲む共生菌に運ぶ。結果として非常に効率のよい食べる機械となる。オセダックスの群集はクジラの骨の端から端まで広がり、スイスチーズのように小さな穴を無数にあける。[33] その速度は細菌だけの場合よりはるかに速く、ほどなくして骨格はばらばらになり、打ち砕かれた大理石のように海底に散らばる。

小さな鼻汁の花は、動物学者を驚かせるものをもう一つ用意していた。彼らは成体のオスがなぜ捕まらないのかと悩んでいた。わかってみれば、答えは単純だった。見つけようにもいないからだ。オセダックスの成体のオスは存在しないのだ。メスだけが本当に性成熟するまで成長し、オスは幼生の段階で発育が止まる。ほとんど顕微鏡サイズのオスは、精子を生産するための微小生物として生きることを運命づけられ、はるかに大きなメスのためにつくす。一般的な大きさのメスは数十匹のオスを周囲に従えていて、卵を受精させる精子を量産できるように守っている。しかしオスは餌を与えられることはない。卵のときの卵黄を養分にして、短い生涯を生きるのだ。[34]

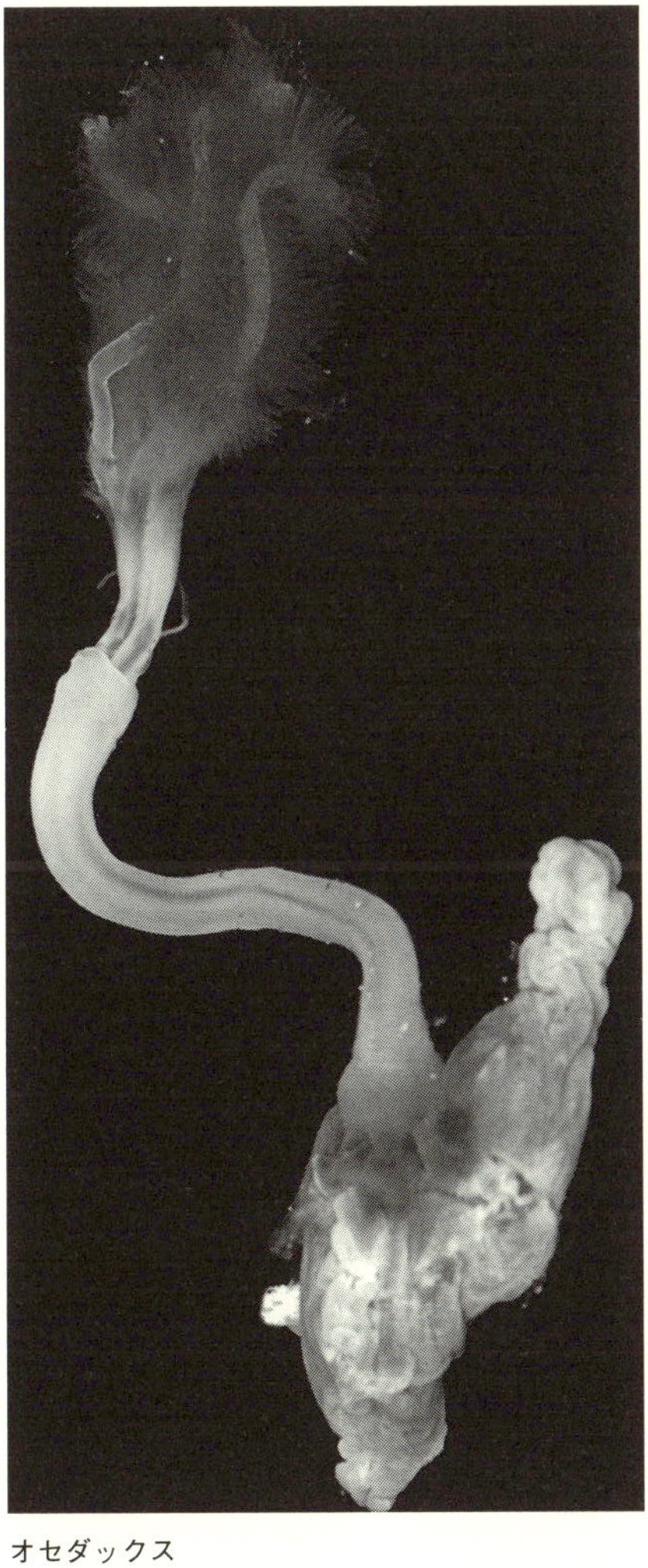

オセダックス
クジラの骨から栄養分を抽出する「骨を食べる鼻汁の花」
写真提供：Greg Rouse

初め、オセダックスは生きるためにクジラの死骸を必要とすると思われていた。その適応はとてつもなく特殊化されており、ほかの食料源ではうまく働きそうになかったからだ。しかし科学者は研究室で、この動物にウシやアザラシの骨を食べさせることに成功しており、またオセダックスに特有の「根」による枝分かれした気味の悪いトンネルは、化石化した有史以前の海鳥の骨でも観察されている。[35]最近、グレッグ・ラウズらは魚の骨を海底に沈めて、どのような生物が寄ってくるかを調べた。集まってきた生物の中にオセダックスもおり、それまで考えられていた以上に自発性を持つことがわかった。[36]海底は果てしない地下埋葬所《カタコンベ》であり、オセダックスは飽くことなく働き、暗い穴を掃除している。

深海での気体と体積

クジラの落下場所と熱水噴出孔のオアシスを離れると、深海は不毛で寂しいところだ。寒さ、闇、飢えは生命活動をのろくする。しかも、ただ寒く、暗く、空虚なだけではない――水圧がかかっているのだ。プールの一番深いところに飛びこんだことがある人なら、誰でもその感覚を経験している。押しつぶされた空気が鋼鉄の指のように耳に食いこみ、ほお骨を圧迫する。自分と水面の間にあるすべての水分子の重さを感じる。水深四メートルの水圧なら耐えられるが、深海の環境はまったくの別物だ。頭上に水が数千メートルも載っている深海の水圧は最大一〇〇〇気圧に達し、体表の一平方センチメートルに約一〇〇〇キログラム重がかかっていることになる。最新鋭の潜水艦でも圧壊深度――水圧がそのチタンの艦体を引き裂く水深――よりも上を用心しながらうろうろするしかない。

水圧に関しての特に大きな問題は、高圧下で気体が圧縮されて体積が小さくなることだ。アザラシの潜水を例に取ろう。人間は長く潜る前にいっぱいに息を吸いこむが、アザラシは逆をする。長く深く潜る前には息を吐くのだ。海面から一〇〇メートル潜ると、その肺にかかる圧力は一気圧から一〇気圧に増える。ボイルの法則によれば、この潜水で空気はもとの体積の一〇分の一に圧縮される。[37]アザラシの肺は法則に従って縮む。もともと空気が入っていないので、肺は芯まで詰まった塊同然になる。[38]これは窒素がアザラシの血液に溶けこむのを防ぐ。血液中の窒素が多すぎると、人間のダイバーでは、長く潜っていて急に浮上したときに潜水病を起こす。肺がつぶれることのもう一つの利点は、浮力がなくなることだ。するとアザラシは、海面から深く深く潜るために使うエネルギーが少なくてすむわけだ。

深海の発泡スチロール

潜水艇で作業をする科学者たちは、一般にお気楽な集団ではない。だが、深海生物学者がよくやる、ボイルの法則に完全に沿ったある奇妙な伝統がある。潜水の前に、単純な発泡スチロールのカップを船体にくくりつけるというものだ。発泡スチロールが断熱材として非常に優れているのは、気体の小さな泡が閉じこめられているからだ。その気泡がボイルの法則に従って、カップはものの見事に縮んでしまい、もとに戻らなくなる。[39]

この儀式には、これといって独創的な部分はない。単にこの記念品は、それぞれ極端にまちまちな場所で行なわれた深海探査一つひとつを思い出すためのよすがなのだろう。

深海のマーガリン

水圧がきわめて高いレベルに達すると、影響は発泡スチロールカップ以外にもおよぶ。水圧が分子同士の反応の仕方を変えてしまい、細胞の働き自体を阻害し始めるのだ。動物の細胞は脂質（炭化水素の分子は大まかに脂

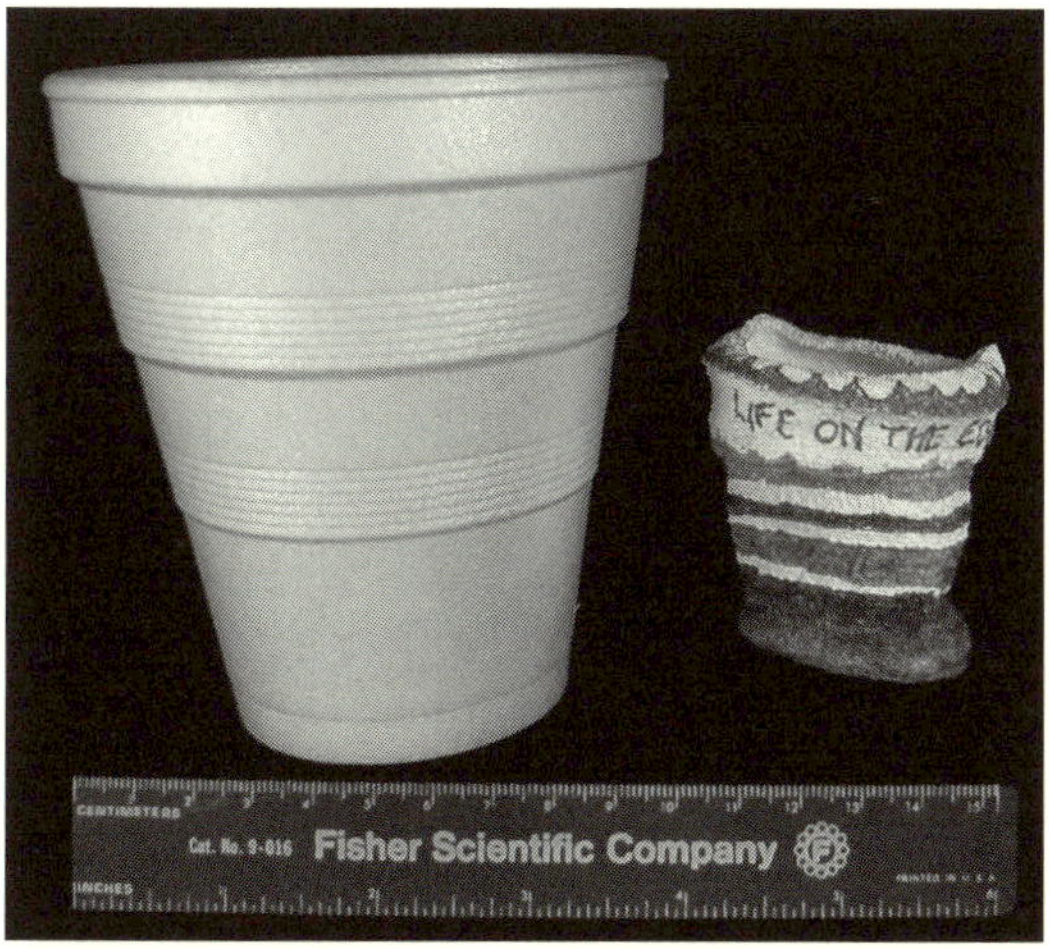

もとの発泡スチロール製カップ（左）と、潜水艇ジョンソン・シーリンクが深海に持っていったもの（右）
写真提供：Ross et al., NOAA OE, HBOI

肪に分類される）でできた外膜に包まれている。通常、細胞膜のタンパク質でできた入り口が、栄養とイオンを出し入れし、細胞の機能を調整し、必要なものを供給し、老廃物を排出する。ところが膜の脂質に極度の圧力がかかると、保存瓶のふたに固まったベーコンの脂のように厚く硬くなる。細胞膜は固まり、入り口は閉鎖される。細胞は必要なものを受け取ることも、ほかの細胞と通信することも、正しく機能することもできなくなる。[40]

これに対応するため、もっとも深いところに生息する動物は、細胞膜の化学的性質を設計し直している。深海では別の脂質が細胞に用いられていて、強大な水圧の下でも液体の状態を保つ。深海の動物がこれを実現する方法の一つは、細胞膜に含まれる飽和脂肪の量を減らすことである。

飽和脂肪は「固体の脂肪」で、直鎖の炭素鎖からなり、炭素原子間に一つしか結合を持たない。この配列では、材木置き場に積み上げた材木のように、高圧や低温下で分子ががっちりと積み重なってしまう。バター、肉、ブラックチョコレートは固体の飽和脂肪を多く含み、凝固しやすく、人間の動脈を詰まらせる。[41]一方、不飽和脂肪は隣接する炭素分子の間に一つ以上の二重結合を持ち、それが連鎖によじれを加えて、高圧や低温下でも化合物を液体に保つ。このような分子は、まっすぐな材木よりも曲がった木の枝に似ていて、簡単には積み上がらない。

マーガリンには分子がまっすぐな飽和脂肪が、脂質全体の一〇～二〇パーセントと少なく、不飽和脂肪（曲がった分子）の割合が高い。だからバターのようにすぐ固まらないのだ。この化学的特性を受けて、深海の細胞膜は、バターより含まれる飽和脂肪が少ないマーガリンに似た造りになっている。サケのような表層の魚には約三五パーセントの飽和脂肪が含まれる。いっぽう五〇〇〇メートル下では、高水圧下での進化が同じ組織を根本的に変え、魚は一〇パーセントしか飽和脂肪を含まない。[42]

深海では、さらさらの脂質は水圧で圧縮されるが、機能するために適度な流動性は保たれる。そしてもちろん、このプロセスは逆にも働く。深海生物を海面まで運んでくると、注意深く扱ってもいつも通りには動けない。低圧下では不飽和脂肪が溶けてタンパク質が機能不全を起こし、混乱が発生するのだ。したがって深海生物学者は、標本の採集を非常に注意深く行なう必要がある。きわめて深いところで採取された生物は、超高圧容器に入れて海面まで運ばなければ、生存の確率が低いからだ。

しかし、もっとも興味深い生物の多くは、船上の生物学者が深海の標本を引き揚げるのに使う小さな「浮水艇」には収まらない。なぜなら、寒さと水圧と餌不足にもかかわらず、長い時間をかけた進化の間に、いくつかの種は生存の方程式を自分に都合よくねじ曲げてきたからだ――ただ大きくなることで。

深海の巨大生物

ほとんどの深海の住人には、色、行動、遺伝的特徴の異なる親戚が浅場にいる。[43] アメリカ西海岸沿岸の白っぽく殻がもろい深海ウニ、アロケントロトゥス・フラギリスは、潮だまりで普通に見られるアメリカムラサキウニの姉妹種だ。アロケントロトゥス・フラギリスはもっとも早くそのゲノム全体の配列が決定され、浅場の親戚と比較された深海生物の一つである。その約二万八〇〇〇にも長く連なる遺伝子には、深海で必要な進化的変化が次々と起こった証拠が刻まれている。変化を必要としたのは二つや三つではなく、多数の遺伝子だった。[44]

ある種の進化的変化は種の基本的な大きさと成長のパターンを調整する。おそらく深海では常に餌不足であり、その結果として、多くの深海生物は小さなサイズに進化した。[45] だが中には、矛盾するようだが反対の方向に進化して、浅場の親戚から分かれたものもある――大まかに「深海での巨大化」と名づけられている種類の適応だ。驚くべき大きさの動物、ありふれた生き物が変異した映画の怪獣のようなものが、闇の中からすくい上げられている。

巨大な等脚類のダイオウグソクムシは、そのような種の一つだ。等脚類は重なり合った装甲板で背中が覆われた節足動物である。それは陸上にもいる――体を丸めるおなじみのダンゴムシも等脚類だ。ダイオウグソクムシは、本質的には体重一〇キロのダンゴムシだ。最大で大顎から尾まで六〇センチメートルある。[46] 幅広く硬い甲羅の下から、かぎ爪とはさみを備えた一四本の脚がわさわさと突き出している。大きな複眼は桃色をした顔面の板にはめこまれており、正面から見ると威圧的ににらんでいるようだ。[47] このホラー映画に出てきそうな生き物は、不気味ではあるけれど、素朴な生活を送っている。それは清掃動物であると同時に機会的捕食者でもあり、死骸をかじったり動きの鈍い底生無脊椎動物をあさったりして食欲を満たしている。

深海での巨大化の背景にある正確な要因は、生物学者の間で議論になっている。[48] ジャイアント・チューブ・ワームの場合は、ありがたいことに、比較的簡単だ。単純な固着性動物で、共生菌から大量のエネルギーを強制給餌されているからだ。[49] ほかの深海生物については、巨大化は寒くて酸素濃度の高い水域——特に極地——で起きる。生物、特にどちらかといえばえらの性能が劣っている甲殻類は、水中の酸素が多ければ、体内の奥深くにある組織まで楽に酸素を供給できるだろう。だがダイオウグソクムシは酸素濃度が低い水にも見られる。このことや、その他の一貫性のなさから、現在のところ巨大化の要因として「酸素仮説」は棚上げされている。[50]

海の最深部のあと二つの特徴、低温と安定した環境が巨大化を促進しているのかもしれない。[51] 低い水温は細胞が大きくなることと、体全体が大きくなることに関係があるが、理論上冷たい水に棲むすべての種が利益を得る

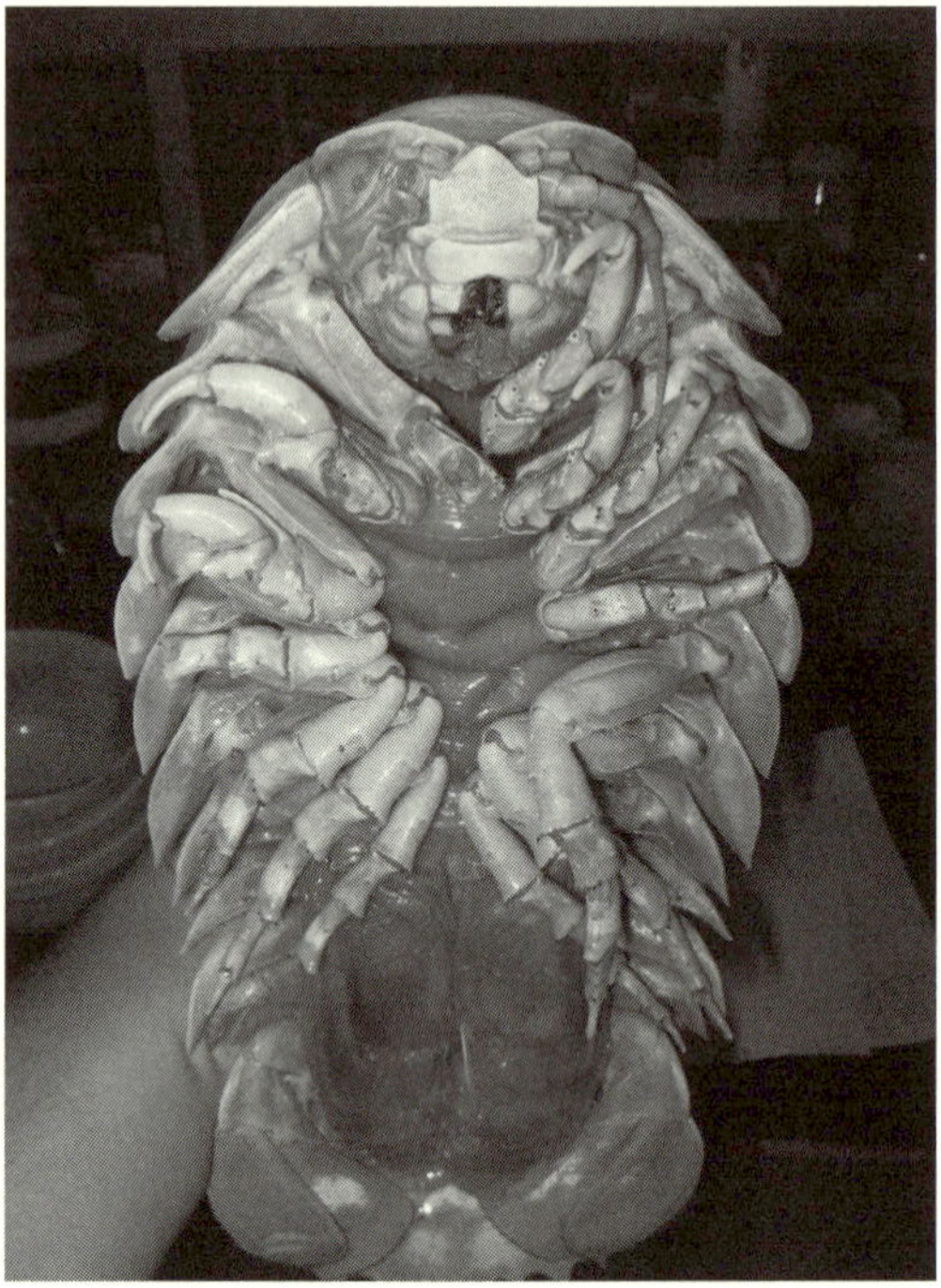

ダイオウグソクムシ
米国海洋大気庁・海洋調査プログラムにより捕獲されたもの。
写真撮影：Ryan M. Moody

はずだ。安定した環境も、深海に棲むすべての種が享受しているはずで、浅く変化の激しい水域よりも寿命が長くなるように進化する確率が高い。だが生き残りへの賭けということになると、同じ環境であっても異なる進化の戦術が成功しうるのだ。

ある種は性成熟を遅らせて、寿命の終わり近くまで成長を続けてから繁殖に精を出す。[52] 繁殖を遅らせるという代償を払っても餌のエネルギーを成長に振り向けることは、その動物が大きくなってより多くの仔を産むことができるのであれば、あとで大きな成功をもたらすだろう。[53] だが繁殖を遅らせることは常に賭けだ。動物はみな、いつ死ぬかわからないからだ。だから死亡率の高い種の中には、生殖可能な最低限の大きさまで育つとすぐに親になり、モルモットのように繁殖するものもいる。深海はこの両方の戦略をはぐくんでいる。早熟の動物は熱水噴出孔のまわりやクジラの死骸に集落を作り、一時的な資源ブームを利用して遺伝子をばらまく。また別の種は、深海のゆったり安定した環境を利用して、長く生き繁栄を願う。

並はずれて大きな頭足類

何世紀もの間、ハーマン・メルビル（訳註：『白鯨』の著者）、ジュール・ベルヌ（訳註：『海底二万里』の著者）からビービまで、作家は深海をロマンティックに描いてきた。地図の端には海の怪物が這っていた。驚きと恐れから生まれた奇怪な幻影だ。現代科学がその光明を暗闇に向けるようになると、謎は一つひとつ消えていった。しかし暗黒時代の悪魔は生き残り、伝説は完全に葬《ほうむ》られはしなかった。巨大深海イカ、それはたぶん事実と虚構が分かちがたく結びついた、地球上で唯一の生物だ。

二種類の巨大頭足類、ダイオウイカとダイオウホウズキイカがほとんど人目に触れずにきたことは、海の広大さが持つ皮肉な部分の一つだ。ダイオウイカのほうが全長が少し長いが、ダイオウホウズキイカのほうが幅広く、分厚く、はるかに重い。[54] 一九世紀から二〇世紀初頭以来の風説は、ダイオウイカの死骸を最大一八メートルと見積もっている。ダイオウホウズキイカなら二五メートルに届くかもしれない。しかし、こうした数字が確かめられたことはない。捕獲された最大のダイオウホウズキイカは、外套膜から一番長い触腕《しょくわん》の先までの全長が約一〇メートルだった。[55] ダイオウイカは最大一二メートルほどになるようだ。両方ともほぼこれくらいの大きさのものが二尾、カナダのニューファンドランド島に一八七〇年に打ち上げられたと言われ、スミソニアン博物館の、公開報告に見られるダイオウイカの記録に入っている。[56] イカの胴体は全長の半分と少し（残りは触腕[57]）なので、九メートルの標本には五メートルの胴がある――ほぼミニバンのサイズだ。これほど大きな動物で未だにこれほど何もわかっていないものは、地球上にほかにいない（と私たちは思う[58]）。

ダイオウイカは世界中の外洋を徘徊している。敏捷な捕食者で、魚やほかの頭足類を食べる。一方で彼らは被捕食者でもあり、若い個体はイルカ、魚、海鳥にまで食べられる。[59] だがマッコウクジラは人間を含めたどの種にもまして優秀なイカハンターだ（プロローグ参照）。マッコウクジラの胃にはしばしば消化されなかったソフトボール大の顎板（くちばし）が入っており、その脇腹には巨大なイカのかぎ爪と丸鋸《まるのこ》でつけられた戦傷が輝いている。[60]

近年、ある科学者集団がダイオウイカの遺伝的特徴を調べるために、世界中から標本を集めた。[61] 彼らは二つの奇妙なパターンに気づいた。第一に、全世界の海から標本を集めたにもかかわらず、イカの遺伝的特徴は、世界の離れた場所であっても独立した集団がいない、全世界的な種であることを示した。第二に、ダイオウイカには遺伝的多様性が少なかった。まるで全世界の集団が、過去わずか数十万年の遺伝的なボトルネック状態から、ごく最近になって拡散したかのようだ。このような遺伝的来歴のパターンは、ダイオウイカの主要な捕食者であるマッコウクジラのものと不気味なほど似ている。マッコウクジラもやはり地球全体で集団の差異が小さくて遺伝的多様性が低く、最近になって個体数が増加したとするとつじつまが合う。[62]

ダイオウホウズキイカはダイオウイカより重く――最大五〇〇キログラムになる――恐ろしげなかぎ爪を腕と触腕に備えている。南極海の南極大陸に近い辺境だけに棲み、採取された標本はごくわずかだ。記録上最大のものは、二〇〇七年二月にロス海で漁船に捕らえられた。イカは漁網の中でマゼランアイナメをかじっており、かたくなに、そして愚かにもそのご馳走を手放そうとしなかった。イカは冷凍されてニュージーランド国立博物館に寄贈され、今でもそこで見ることができる。[63] オークランド工科大学のスティーブ・オシェアは、それで「トラックのタイヤくらいのイカリング」が作れると冗談を飛ばした。[64]

二〇〇四年まで、ダイオウイカもダイオウホウズキイカも生きている姿が自然の生息地で目撃されたことはなかった。全世界の知識は、海岸に打ち上げられたり海面に浮かんだりしていた死骸、たまたま海面近くにいた個体、マッコウクジラの胃に小銭のようにざくざく溜まっているイカのくちばしから得たものだった。ところが日本の遠隔カメラは、世界でもっとも捉えにくい映像の一つ、四・五メートルのダイオウイカが、水深六三〇メートルの生息域で餌をあさっているところを撮影した。

国立科学博物館の窪寺恒己と小笠原ホエールウォッチング協会の森恭一は、ダイオウイカを求めて何時間も深海に仕掛けを流していたが、ほとんど収穫はなかった。ついに幸運が道を開いたとき、カメラの準備はできていた。不屈の二人組が撮った映像には、活動中のイカが映っている。餌に向かって進むにつれて、一条の投光器の光が銀色の皮膚を照らし出す。のこぎり状の歯が取りまく白い吸盤を散りばめた腕が伸び、花のように開いて完璧な幾何学模様を描く。このときの出現は驚くほど優雅であった。腕をバレエのようにくるくる回してかごの中の餌を吟味し、それからこの動物は、おびえたようにそっと去っていった。

粒子の粗い写真からは、この突然現われたものがどれほどの大きさか、正確には判断できない。腕はファミリーセダンを抱えられそうだ。それでもこの動物は、効率よく捕食するという点を除けば、決して攻撃的ではなかった。一般的なイメージとして、ダイオウイカは怒りに鮮紅色になり（海面で必死に抵抗するときにはそうなる）、触腕を鞭のように振るうものとして描かれる。窪寺と森は、迫力あるまったく平常なダイオウイカの姿を、その本来の生息域で捉えたのだ。[65]

ネモ船長（訳註：『海底二万里』の登場人物）がノーチラス号の甲板で戦ったような、本当に巨大なものはどこにいるのだろう？　並はずれた個体が存在する可能性はある。海底の悠久の暗黒のどこかで、氷冠の下に隠れて、広い太平洋の海底火口の間に。もし最大級のマッコウクジラよりも強く成長したイカがいれば、その謎めいたくちばしは、第三のダイオウイカ類の存在を示す証拠として、クジラの胃の中に残ることはない。もしそれが広い深海に潜み、潜水艇を避けているなら、私たちには知る術《すべ》もない。想像は常に現実よりも関心を引く。私たちはいつまでも地図の余白に怪物を描き続けるだろう。

魔法の光——生物発光

私たちが海の生物種について知っているのは、海面に引き揚げて名前をつけるからだ。しかし深海の生物も、互いをよく知っている。退屈な高校の同窓会みたいに、みんなが名札をつけているわけではない。多くの動物は、名札の代わりに光を身につけているのだ。

深海の果てしない闇の中で、自分がちっぽけで無力な魚になったと想像してみよう。青黒い水には床も天井もない。月のない夜空が上下に広がっているようなものだ。だが終わりなき夜は平穏ではない。わずかな光も捉えようとする何百という目に、絶えず見張られているのだ。捕食者は闇に隠れてそこらじゅうにおり、数知れぬとがった歯を噛みならしている。いつ何時、頭上から漏れてくるわずかな日光が、自分の居場所を暴くかもしれない。

だが、もう一つの光がある——月のない空に星が輝くように。青と緑の光が絶えずまたたきながら、まわりを取りまいている。ほのかで密やかな光芒は、新鮮な食事から陰惨な死まで、あらゆる意味を持ちうる。深海は、菌類だけが光っている深い洞窟を除けば、地球上で唯一、主な光源が太陽ではなく生物のタンパク質である生態系だ。

ルシフェラーゼ、つまり発光タンパク質は、高エネルギー分子を分解して光を発する——代謝エネルギーの代わりに光子を発生するのだ。[66]魚の中には、ルシフェラーゼ遺伝子を持ち、この光るタンパク質を皮膚の小さなくぼみの中に並べているものがいる。発光器と呼ばれる特殊化した器官だ。大部分の魚は独自の発光物質を分泌するが、中には共生する発光微生物が詰まった袋を発達させているものもいる。

生物発光は海中でもっとも重要な戦術的適応だ。ある種の魚の腹部には、発光器が絶妙な位置に並んでおり、頭上からのかすかな光に似せて光を放つ。すると下を泳ぐ魚が見上げても、上からの光にまぎれて見えにくくなるので、捕食するにしても捕食から逃れるにしても都合がいい。[67]単純なプランクトンは大量の光をでたらめに発し、ほとんど邪魔されることなく深海を無駄な視覚のざわめきで満たす。[68]ざわめきには、実は目的があるのかもしれない――実験によって、エビがある種のプランクトンを食べようとするとき、[69]プランクトンが生物発光で光を放つことがわかっているからだ。肉食魚がこの警報に引き寄せられて警察特殊部隊《スワット・チーム》のように急襲し、プランクトンには目もくれずエビをむさぼり食う。海洋生物学者のスティーブ・ハドックとその同僚は最近、深海魚の生物発光に関する七種もの異なる防御的役割を記録した。[70]攻撃的な役割もある。明るい光は獲物を失神させたり幻惑したりする。あるいは巨大な顎の前に垂らせば獲物を引き寄せる疑似餌になり、水柱をただようごちそうを探すための強力なヘッドライトとなる。

たぶんこうした画期的な生物の中で一番よく知られているのは、チョウチンアンコウだろう。長い肉の疑似餌で釣りをする魚だ。「チョウチンアンコウ」属は飛びきり不格好な魚の一族全部を指す。背びれが退化しているチョウチンアンコウは、一般にひれを形作るとげを前に移動させ、眼のすぐ上まで持ってきた。第一棘条《きょくじょう》は太く、大幅に長くなり、指のように突き出して、先端にエスカと呼ばれる不定型な組織のふくらみができた。生物発光する疑似餌だ。[71]

疑似餌のスポンジ状の組織には、光を生み出す働き者の微生物がくまなく棲みついている。それは宿主の魚が幻影を作っている間、誘うようにエスカを暗い水の中で光らせる。熟練したバス釣り師のように、チョウチンアンコウは疑似餌を抗いがたく魅力的に見せる。ちょっと引いて、ひょこひょこ上下させ、ゴカイが一心に戯《たわむ》れるように振り回すと、光る塊はたまらない標的になる。チョウチンアンコウよりは小さな肉食魚がエスカに近づき、持てる力を振りしぼって襲いかかる。音も目立った動きもなく、一瞬にして魚は消え失せる。大きな口に吸いこまれ、鋭い歯に刺し貫かれたのだ。チョウチンアンコウ類はそれぞれに特徴的なエスカを持ち、ものによっては体長よりも長く、すべて発光する。[72]

どのようにしてチョウチンアンコウが近くの獲物を察知するのかははっきりしていない――チョウチンアンコウの眼は小さくて弱いのだ。疑似餌に少しでも触るものがあると殺しの反射の引き金が引かれるのだとも言われる。はっきりしているのは、チョウチンアンコウがほとんどのような大きさの魚も襲うことだ。記録には、一一・五センチメートルのチョウチンアンコウが三〇センチのソコダラを口に入れていたとある。パプアニューギニアの沖合に浮かんでいるところを捕まえたとき、捕食者も獲物も死んでいた。[73]

ほとんどの発光は、深海の弱い太陽光線に合わせた青緑色だ。ところがワニトカゲギス科のオオクチホシエソ属の魚は、独特の色の光を発する。[74] 眼のすぐ下にある大きく強力な発光器からは、赤い光が水中に放たれるのだ。これをある種は特有の発光タンパク質で、また別の種は発光器を覆う赤茶色のフィルターで実現している。[75]

赤は深海では珍しい色だ。海水は赤い光を吸収し、青のほうが通しやすい。だから海中ではほとんどの生物発光が遠くまで届く青緑色なのだ。オオクチホシエソの敵も獲物も、数千メートルの海水の下で進化したため、この青と緑の光に特に敏感な眼を持つ。

オオクチホシエソは数少ない例外で、自分自身が発する赤い光を見られるように特別な進化を遂げた。眼の中にあって光を捉えるために使われるタンパク質のオプシンが、オオクチホシエソでは特別に変化している。タンパク質が光を吸収する方法に重要な影響を持つアミノ酸が、二六一の位置での突然変異により、変化を起こしているのだ。その結果、オオクチホシエソのこのタンパク質は、ほかの深海魚よりはるかに多く赤い光を吸収し、自身の独特なスポットライトに照らされた獲物を見ることができる。[76] ほとんどの深海生物は、明かりをまたたかせることしかできない——捕食者に見つかって丸呑みにされないように瞬間的に点滅させているのだ。暗い殺し屋たちの世界では、明るい信号は餌を照らし出すと同時に死を招く。海面の捕食者に比べれば小さく弱々しいオオクチホシエソは、まわりから見えない赤い光が見えるようになることでこの競争を逃れ、深海を深紅に照らしながら、気づかれずにうろついているのだ。

すべての光

もっとも深い海の本当の性質は、忍び寄る自動車サイズのイカや、ブラックスモーカーのまわりに何百と草のように生える一八〇センチのチューブ・ワームに代表されるものではない。このようなものを想像するとき、私たちは深海の大きなものを見過ごしている。水は透明であり、光は至るところに存在し、何もない空間を大きなものが動いているところを私たちは考えがちだ。深海の真の性質は、ウィリアム・ビービが捉えている。海の闇の中、小さな球体の中に座っていた彼と共にあったものは、彼が見た奇想天外な肉食魚のどれでもなかった——

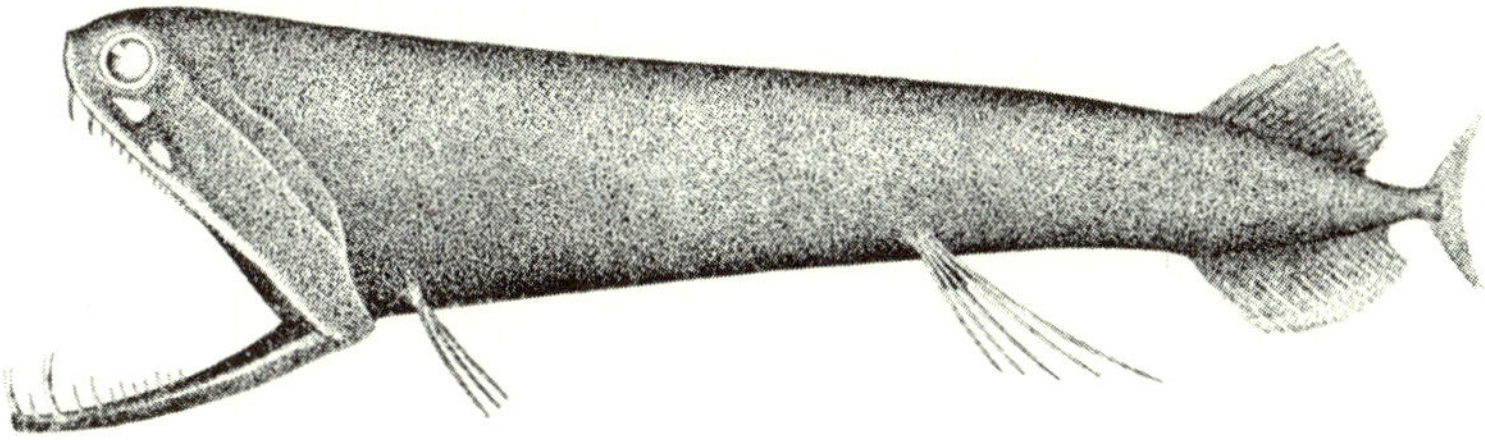

オオクチホシエソ
出典：Goode, B. G., and T. H. Bean. 1896. *Oceanic Ichthyology*. Special Bulletin 2. Washington, D. C.: Smithsonian Institution, plate 37.

それは光だ。光は闇を背景に照り映え、潜水球の小さな石英の舷窓《げんそう》にきらめき、脈動し、満ちあふれた。まわりじゅうで光は互いにまだ読まれぬ言葉を話し、生と死の、命をかけた捕食者の策略の物語を語った。これらの動物を、教科書の写真ではなく、彼らが棲む世界に置いて想像してみよう。すべての光を奪われ、暗色の鱗に覆われた彼らは、互いを生物発光のまたたきと、かすかな黒い影だけで知るのだ。

深海を訪れた最初の人間として、ビービは非常に大きな責任を感じていた。生きた人間がまだ見たことのないものを見て、彼はそれを説明せねばならないと思った。自分が陸地をはるかに離れた別世界へ来たことを、彼は理解していた。初の宇宙遊泳の三〇年前に書かれたビービの書は、予言のように深海を捉えている。

このすばらしい水面下の世界に匹敵する唯一のほかの場所は、裸の宇宙そのものだということである。大気をはるかにはなれたところ、星と星との間、そこでは、太陽の光は地球の空気のなかのチリや汚濁にとらえられることはない。そこにあるのは、暗黒の空間であり、輝く惑星や、彗星や、別な太陽つまり恒星たちである。こういう世界こそが、外洋の半マイル下で、畏敬の念に打たれる人間の眼に映る生命の世界に、真に近いに違いない。[77]

訳註：本章に記述はないが、これまでにもっとも深い場所から採集された深海魚は、アシロ科（アシロ目）のヨミノアシロ *Abyssobrotula galatheae* である。一九五二年、デンマークの調査隊がプエルトリコ海溝の水深八三七二メートルから本種を引き揚げた。学名には当時の調査船ガラテア（Galathea）号の名前が冠されている。[*] 甲殻類では日本の深海ビデオ装置が日本海溝の七七〇三メートルでソコチヒロエビ属の *Benthesicymus crenatus* を撮影している。[**]

*Nielsen JG. 1977. The deepest living fish *Abyssobrotula galatheae*. A new genus and species of oviparous ophidioids (Pisces, Brotulidae). Galathea Rep: 41-48.

** Jamieson AJ., Fujii, Solan M., Matsumoto AK., Bagley PM., Priede IG. 2009. First findings of decapod crustacea in the hadal zone. Deep-Sea Research I. 56: 641-647.

第5章 一番浅いところのものたち

満潮線より上にいる海洋生物にとって、生存は上からの危険と下からの危険のバランスを取ることにある

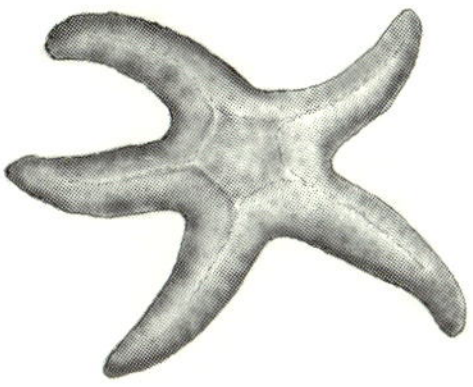

流線型のウニ

この二〇年、ハワイのカカアコ公園にある石の壁は、太平洋からの楯になっている。数百キロの大石が、巨大なレンガのように積まれ、一滴のモルタルも使わずにきっちりと組み上げられて、数キロメートルにわたり海岸に並んでいる。海岸線を岩から岩へ跳んで、追いかけっこする子どもたち。水際を散歩する観光客。ピクニック・テーブルに食べ物を並べる家族連れ。その間も、波は絶えず打ち寄せている。幾重にも押し寄せ、黒い石を叩いて少しずつ削る。

海岸に沿って、たいてい子どもたちが遊ぶのを許されるところよりも下で、一ドル硬貨大の硬い紫色の半球が岩にしがみついている。これがジンガサウニ属のジンガサウニだ。それは普通のウニが持つ恐ろしげな鋭いとげを持たない。だが、一応とげは残っている——この動物の足元にスカートのように広がった、アイスキャンディの棒のように先端が丸まったものがそうだ。体の上側では、とげは非常に短く、小さいキノコの傘のような形をしており、カカアコ公園にある壁の石のように組み合わさっている。そして壁と同様、それは海に対する楯なのだ。

ジンガサウニは主に二つの適応形態によって生き残っている。第一に、上面の奇妙なとげを滑らかにして低い姿勢を作り、体表の水の抵抗を減らす。第二に、このウ

ニは並はずれて強い足を使って石をつかむ。数百本もの管足がウニの下側には生えており、小さな真空装置で吸引力を生み出している。管足の一本一本は細い糸のようなものだが、力を合わせると岩をがっちりつかんで放さない。ウニはすべて管足を持っているが、ジンガサウニのものはとにかく力が強い。

こうした適応は直感的に理解できるが、それぞれの機能は実際にどれほど有利なのだろう？　簡単な実験でこの疑問に答えられる。普通のウニのとげをジンガサウニにつけて、余計な抵抗があっても岩の上に体を保持しておく力が管足にあるかどうかをテストするのだ。もし保持していられれば、水の抵抗を最小にすることより、管足のほうが重要だということになる。そうでなければ、滑らかに刈りこまれた半球のほうが重要な適応形態だ。

当時ハワイ大学の大学院生だったブラッド・ギャリエンは、普通のウニから鋭いとげを丸ごとくり抜いて、ジンガサウニの滑らかな上面にヘルメットのように被せた。彼はこのキメラ（訳注：遺伝的に異なる複数の組織で構成される生物）を、ハワイの海岸の渦巻く波に戻した。観察の結果、あとからつけたとげは、ウニが受ける衝撃を大幅に増やしたが、それでもウニは持ちこたえることができた。明らかに、強力な管足（採餌と移動にも用いられる）のほうが、独特のとげよりウニの安全に重要な役割を果たしている。[1]

ここで働いているもう一つの要素がある。位置の決定だ。波はウニの防壁に砕けるが、水はなお、とげの楯の下にしみ通り、体の湿り気を保つ。ウニは肺やえらを持たないので、濡れた表面組織からの単純な拡散作用によって酸素を吸収しなければならない。

ほかのウニと同様、ジンガサウニは水がなくても短時間は生きていられるが、やがては死んでしまう。しかし――海洋生物にしては奇妙なことだが――あまり長いこと水に沈んでいても死んでしまうのだ。酸素は空気中のほうが水中より拡散しやすいため、ウニは体が湿っていながら海岸線より上に位置していると呼吸が楽だ。その緻密な鎧のためだろうが、ジンガサウニは呼吸能力がほかのウニよりかなり劣る。二、三日でも水中に置かれればおぼれてしまう。

ウニが水を怖がるなんて、想像すると変だ。だが実は、潮間帯に棲むあらゆる生物は似たような板挟みにあっている。潮間帯上部（訳注：潮上帯を含む）は乾燥して暑いが、潮間帯下部（訳注：潮下帯を含む）は捕食者と競争者がひ

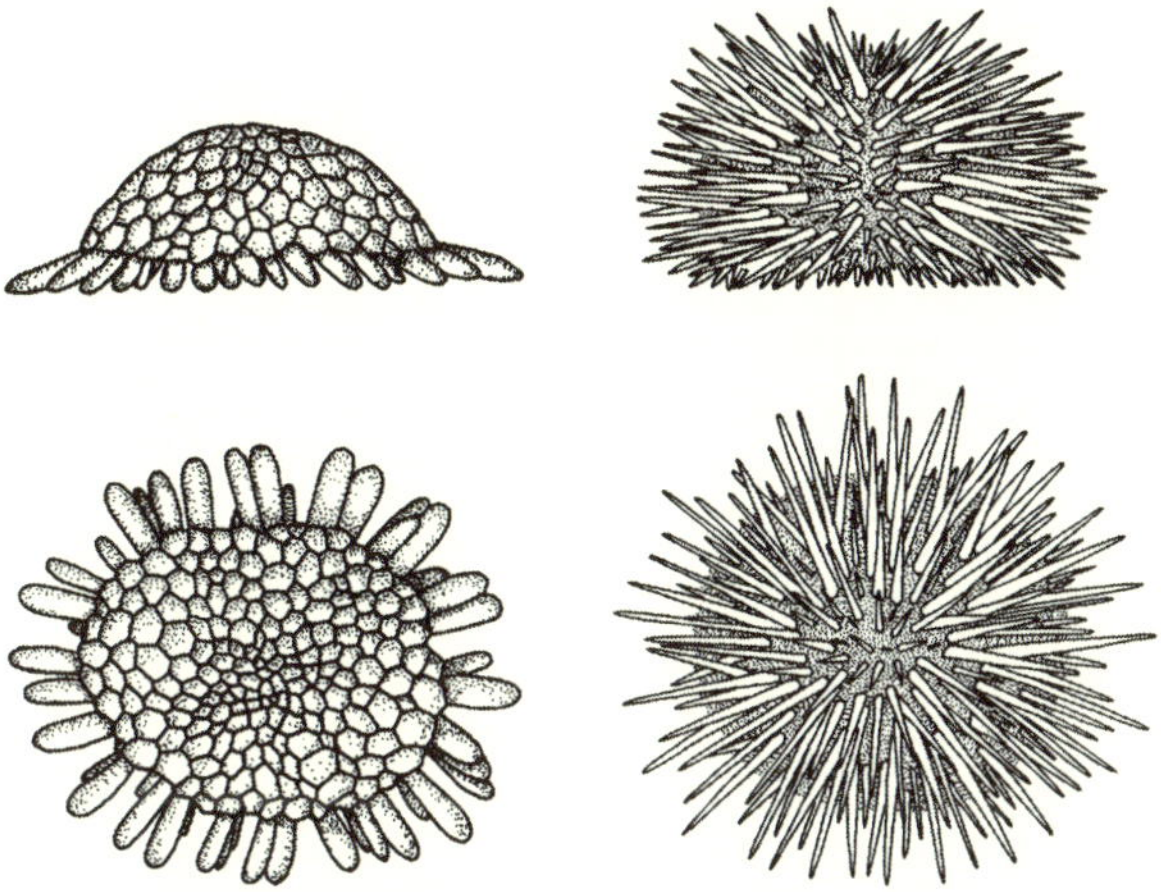

ハワイ産のジンガサウニ（左）と、普通のとげのあるウニ（右）
Drawing by Freya Sommer. Reproduced/adapted with permission from Denny, M., and B. Gaylord. 1996. "Why the urchin lost its spines: Hydrodynamic forces and survivorship in three echinoids." *Journal of Experimental Biology* 199(3): 717-729. Doi: http://jeb.biologist.org/content/199/3/717.full.pdf.

しめく過酷なジャングルだ。砂浜でも磯でも、満潮線と干潮線の間に棲むものはみな、乾燥と危険の両極の間でバランスを取っているのだ。その結果、潮間帯の生物は、海岸線と平行して並ぶようになり、昔のレコードに刻まれた平行の溝のように、水平の縞状に配置されている。潮が引くと、潮間帯の変化する要素は海底と同様にむき出しになる——岸に沿った生物の分布という形で表わされて。

この縞模様、すなわち帯は、地球上の海岸線でほとんど例外なく見られるものだ。遡ること一九三〇年代には、T・A・スティーブンソン、アン・スティーブンソン夫妻がこれを描写していた。[2] 世界中の海岸線という海岸線で、この夫妻のチームは類似の水平パターンを見つけた。ある層から次の層へのわずかな環境変化にもとづく論理体系が働いていることが、スティーブンソン夫妻の目には明らかだった。「帯状分布は……勾配の結果起きる」と夫妻は主張した。[3] 勾配には生物学的なものと物理的なもの両方があると二人は考えていた——しかし、潮間帯の生物は水からの距離を基準に並んでいることに疑問の余地はなさそうである。

海岸のどの地点を取っても、何らかの生き物にとって理想的な条件がある。高いところからもっとも低い場所へと進むにつれて、二つの条件が絶えず流動する。一つの変数は太陽と乾いた空気が持つ危険性だ。なにぶんにも海洋生物なので、海岸線より上に身をさらしている時間は、その体に負担がかかる。

もう一方の端では、水が危険な場所になる。そこは大きくて強い外海の生物でいっぱいだ。太陽と風から来る環境ストレスが弱まるいっぽう、競争と捕食――生物学的危険――が高まっていく。[4] 極端に言えば、生物の棲む場所が海岸線より上に行くほど環境圧が優勢になる。海岸線より下に行くほど、生物学的な圧力が優勢になる。底質のどこでも二つの危険――潮位によって変わる相反する要素――が独特の形で組み合わされている。岸辺に棲む生物はそれぞれ、海岸線に沿ったまさにその場所に特化して適応し、そして環境的、生物学的ストレス要因の独自の組み合わせに応じたものを備えている。

海を遠く離れて

潮間帯の一番高い区域が飛沫帯（訳註：一般に潮上帯と呼ばれ、潮間帯とは区別されている）だ。ここでは、底質が水に浸っていることはほとんどない。水は、潮が達する高さよりも上に、大波でしぶきを飛ばされたときに、運ばれてくるだけだ。岩の上には藻類、地衣類、丈夫な小さい巻貝類の群集が散在している。[5] このような乾燥した状態に耐えられる生物は少ないので、これらの生物は広い範囲を独占している。一つの種がほかの種を押しのけるところはめったに見られない。捕食性の動物はまれで、熱、日光、風などから守ってくれる岩の割れ目にしかいない。結果としてここはもっとも高く、もっとも乾燥し、もっとも多様性に乏しい一帯となっている。「上流生活」は安全だが、ここで生活することは苦難に適応することだ。

岩そのものが年月をかけて、潮間帯の巻貝その他の軟体動物による摂食行動で形づくられる。特にヒザラガイは、磁鉄鉱で硬化された歯がついた舌状のヤスリ（歯舌《しぜつ》と呼ばれる）を持ち、岩を侵食することができる。保護区となっている熱帯の海岸には、この小さなヤスリで形を変えられてできたものがある。パラオ諸島ロックアイランドのキノコ形にくびれた海岸線は、彼らが作り出したもっとも不思議な光景だ。[6]

タマキビ類はすべての海産巻貝の中で一番高いところ

に棲むものの一つで、二週間の潮汐《ちょうせき》周期の間に波の作用で一度か二度、水がはねかかる程度の岩の上を選ぶ。殻の直径が玉砂利とそう変わらない程度の、てっぺんがとがった円錐形をした小さな貝で、まばらな藻類や有機堆積物を歯舌で石から削り取って餌にする。学名のリットリナ（*Littorina*）はLittoral zoneに由来する。これはどこの海岸線にもある、満潮線から完全に水没する地点の間に広がる地帯（訳註：潮上帯と潮間帯を含む）のことだ。この貝を潮だまりかバケツの水の中に放りこむと、すぐに登りだし、時間をかけてゆっくりと外へ出てしまう。ジンガサウニのように溺れ死にはしないが、好みははっきりしている。この貝にとって水は生きるために必要なものではなく、生命の危機を意味するのだ。

どのような適応によって、この巻貝は水の外で生き残れるようになったのだろう？　それにはいくつかあり、すべてフレーメン（訳註：SF小説シリーズ『デューン』に登場する砂漠の住民）のように効率的に水を扱うことを前提としている。満潮線より上に生息する大部分の海の生物と同様、タマキビはえらを湿らせておくためにある程度の液体を必要とする。乾燥した日には、ねばねばした液を分泌し、最小限の水を使って岩のすみかに貼りつく。周囲が非常に暑くなると蓄えた水を少し放出して、ちょうど人間が汗をかくように蒸発作用で体を冷やす。[7] この方法だと貝はすぐに干上がってしまうので、熱帯のタマキビは、温帯に棲む親戚ほど岸の高い場所では生存できない。また、貝殻はもっと白っぽく、水をより多く貯められるように丸い形をしている。[8]

だが、こうした巻貝に成功をもたらした適応は、一方で不利に働くこともある。タマキビ類が見られるのは海岸の岩の上だけではない。遠縁のムシロガイ属の巻貝は、アメリカ東海岸の塩性湿地で生涯を過ごす。潮が入ってきて泥湿地が水没すると、巻貝は細長い青緑色の草の葉に這い上がって逃げる。これはやはり微妙なバランスの上に成り立っている。上にも下にも危険がいっぱいだ。水中の捕食者に相当するのが、空中の鳥や泥の中のカニだ。潮間帯での一般的な妥協案では、貝は湿地の草によじ登るが、先端の少し手前で止まる。にもかかわらず、時々草のてっぺんで見られることがある。重みで細い茎が曲がり、そよ風に吹かれてメトロノームのように揺れている。そのうちに、貝は鳥についばまれ、呑みこまれてしまう。[9]

なぜ貝はこのような自殺的行動をわざわざ取るのだろ

う?　ギナエコティラという小さな寄生虫がその答えだ。これがムシロガイに感染してその行動を変えるのだ。SFに出てくる狡猾な怪物のように、この寄生虫は動物の脳に棲みついて、高さへの恐怖を少しずつ減らしていく。やがて、以前はかなりの高さと思われていた位置でも満足できなくなる。そこで貝は高く登り、先端に取りつく。寄生虫は必要があってそんなことをしているのだ。貝から抜け出して次の成長段階へ進むために。それは、貝が食べられたときだ。そうして初めて寄生虫は捕食者の中で成長を完了し、生殖できる。

助け合いが決め手

錯乱したムシロガイが棲む塩性湿地は広大な生息地で、アメリカ東海岸の沿岸地帯に特徴的なものだ。小川が泥の低地を蛇行して流れ、地面は柔らかく、道を一歩はずれれば黒く臭い泥に膝まで沈むはめになる。このような水路を伝って潮が満ち引きし、日に二度平坦な土地を水に浸す。海岸の岩場のように、沼地の環境は主に微妙な高低差にもとづいて、いくつかの地帯に分けられる。一番低い地帯は干潟と呼ばれ、細かいシルト質の土壌が一日に数回水没する。この泥の帝国から上がったところに塩性湿地植物が初めて生える。研究が進んだニューイングランドの沼地では、スパルティナ・アルティルニフロラが密生しているのが見られる。[10]しかし、一面に生えた単一種の草の下には、それとはうらはらに生物学的複雑性がある。そしてこの生息地を安定させておくためには、いろいろな種の植物の間で違った形の相互作用が必要となるのだ。

　スパルティナの根は深くないが、潮の満ち引きの変化や激しい嵐に対抗するために、シルト質の土をつかんでいなければならない。沼地は大西洋から打ち寄せる波を受け止め、抑制する。内陸の丘陵地から流れ落ちてくる土砂を貯めて、粘りのないシルト質の土壌が海に流れこむのを防ぐ。結果として、こうした植物が海岸の基礎を形作る。それは北米の東側の端をつなぎ止めているのだ。しかし草が役割を果たすためには、全体が単なる部分の合計以上のものとなる生態系を必要とする。草が生き残るために、ほかの生物の助けが必要なのだ。

　生態学者はこの現象を「促進作用」と呼ぶ。海岸線を守る密に張りめぐらされた根が、小さな動物の隠れ家にもなる。植物は水の流れが速くなりすぎないように抑え、固着性の軟体動物に安全な環境を提供する。ニューイングランドの塩性湿地では、この役割をイガイの仲間のスジヒバリガイが果たしている。これはアサリやホタテガイのような二枚貝だ。二枚の殻は強いちょうつがい靱帯でつながっている。その主な仕事は、満潮時に大量の水を濾過して餌を取り出すことだ。肥料分が含まれたその排泄物は、張りめぐらされた根に直接落ちるので、植物にとって大きな恵みとなる。資源に乏しい塩性湿地では、このような関係が生態系全体を助けている。[11] スジヒバリガイが役に立っていることが、どうしてわかるのだろう？　ブラウン大学のマーク・バートネスは、確かめるための実験を行なった。生態系から貝を取り除いたところ、スパルティナはしおれ、土壌は重要な栄養分を失うのが観察された。[12]

隠れ棲むイガイ類と強い沼地の植物が仲間同士には見えないが、彼らは一体となって機能し、互いに大きな利益を得て、助け合っている。このようにして、彼らは文字通り新しく土地を作っているのだ。ほかの種も役に立っている。シオマネキは新しくできた栄養豊富な泥から餌をあさって生き、穴を掘って捕食者と乾燥から身を守る。この過程で酸素と養分を沼の泥に加え、スパルティナの成長を促す。

沼地の生物は、促進作用と協同を通じて環境を設計し、自分たちのすみかの構造と構成要素を大きく操作している。[13] さんご礁やマングローブ林と同じように、生物は自分たちの隠れ家である生息地を作りあげ、維持するのに力を貸しているのだ。

マングローブ林

熱帯地方の多くでは、陸地の端は砂浜や磯や塩性湿地ではなく、マングローブ林で区切られている。ねじくれた木が何キロメートルにもわたって密生し、青い入り江を通り抜けできない茂みに変える。何十もの硬く節くれだった根が柔らかい堆積物に潜りこみ、マングローブを支えて沼地の上に立たせている。塩性湿地の草と同じように、この木をとりまく環境はやっかいなもので、その過酷さのためほかの植物はほとんど生きていられない。塩分、波の作用、猛烈な日射し、土壌の酸素不足による窒息、これらすべてが植物の繁栄を妨げる働きをする。事実、マングローブは根が塩水に漬かっても生きていられる地球上で唯一の樹木なのだ。[14]

このような困難にも負けず、マングローブは熱帯全域で非常に繁栄するようになった。厳しい環境という不利が、競争上有利に働いているのだ。なぜこのようなことができるのか？　第一の答えは支柱のような根にある[15]。浮いているかのような錯覚を与える林は、水面下の頑丈な根の構造によって実現している。マングローブの根は、大部分の植物より重くて硬く、変わり続ける環境に必要不可欠な物理的構造を保つ。根は桟橋の杭のように堆積物の中へと垂直に潜って、数センチメートル幅の板が密集した迷路で水流をさえぎる。沿岸の川から流れてくる養分を含んだ堆積物は、海に入る前にマングローブ林で止められ、生態系全体はこのような根の庇護の下に出現する[16]。

カキ類、カイメン類、ホヤ類、藻類は根の上に厚いカーペットを作る。小エビや小魚はこの壮麗な水中聖堂の、アーチ天井の身廊《しんろう》を泳ぎ回る。沼の場合と同様に、こうした動物の排泄物は環境に養分を与える。マングローブのゆりかごに守られた数多くの生命は、林を栄養豊富に保つのに役立っているのだ[17]。

塩と酸素の問題

塩分は、ほかの多くの栄養素と同様に生命にとって必要なものだが、大量に摂取すれば命に関わる。海洋環境に棲む生物は塩水の中に浸っているので、それを組織の外に捨てる方法を進化させている。ウミガメは余分な塩を涙管から分泌し、有名なワニの涙は海水より塩辛い[18]。塩性湿地のスパルティナの葉の表面には塩類腺があり、排出した塩は洗い流されるか風で吹き飛ばされる。マングローブの中には似たような適応をしているものがある。ホワイト・マングローブ（シクンシ科）は、葉の上に積もった白い塩からその名がついた。それぞれの葉の葉脚に二つの分泌腺があり、そこから余分な塩を少量の水と共に放出する。やがて葉は塩の結晶で覆われ、木は熱帯の太陽に照らされて白く輝くようになる。

別の種類のマングローブは、初めから塩を吸収しないような、まったく違う方法を採る。レッド・マングローブ（ヒルギ科）は、もっとも水に浸る海岸の環境でよく見られる。その根はホワイト・マングローブのものとは違って、自然の脱塩プラントだ。浸透によって海水を吸収するのでなく、根が特殊なフィルターを通して海水を吸い上げ、それから木の各部分に供給する[19]。これによりレッド・マングローブは、各部分に送りたい分子と、取り除きたい分子を選ぶことができるようになった。このシステムのおかげで、木が取りこむ塩分の最大九九パーセントは根で選り分けられている。レッド・マングローブは、裏庭の木くらいにしか塩分を吸収していないのだ。[20]

マングローブはもう一つの問題に常にさらされている。窒息だ。陸上植物は、根が完全に水没してしまうと、十分に酸素を吸収できない。その上、マングローブ林の底の堆積物は、活発な微生物のスープだ。廃物を分解する過程で、こうした細菌が大量の酸素を消費する——まわりの堆積物からほとんど酸素がなくなってしまうほどに。大部分の植物にとって、水没と土壌の酸欠は致命的だ。

やはりマングローブの種類ごとに特有の、この問題に対する適応がある。レッド・マングローブは、マングローブの中でもっとも水深が深く干満の差が大きい場所に生えるので、その根の構造は、ほかの種に比べ、木を水から高く持ち上げるようになっている。樹皮には皮目という小さな構造が点在する。本質的には酸素を取り入れる気孔だ。[21] またレッド・マングローブは葉に「コルクいぼ」を成長させる。これは中空の細胞でできた特殊化した組織で、酸素を植物の中に拡散させる。それから酸素は茎の中の空間に流れこみ、根まで移動する。[22]

また別の種は空中へと垂直にシュノーケルを伸ばす。ブラック・マングローブ（キツネノマゴ科）は呼吸根という特殊化した根を、地下にではなく地面から上に向かって生やし、その高さは数十センチに達する。呼吸根は皮目や、通気組織という別の特殊化した組織（空気を含んだ軽い組織で、酸素を取りこむために密度は小さく表面積は大きい）に覆われている。呼吸根も一つの適応構造だが、大多数の陸上植物にとってはバイオマスの無駄で、したがって不利となる。マングローブ林という逆さまの世界では、それが完全に意味を持つのだ。

水を出た魚

節くれだった木々の根の間は多様性に満ちあふれ、それに引かれて魚たちはマングローブ林にやって来る。さんご礁に棲むさまざまな魚の幼魚はマングローブの中で生まれ、大きくなってから初めて沖合のさんご礁に移動する。[23] そこにはやはり捕食者が、日の当たらない迷宮に潜《ひそ》んでいる。小魚はマングローブの根と根のごく狭いすき間で捕食者から身を隠すこともできるが、もう一つ逃げ道がある。ほとんどが水に浸かった世界で、水上の土

トビハゼ。写真撮影：Webridge

地は捕食者からの大切な避難所だ。まさにこの理由から、水から逃れて陸上で一休みすることを覚えた魚がいる。

トビハゼはハゼ科に属する魚で、水の外で長時間生きられるようになったことで、世界中の潮間帯の生息地に繁栄している。トビハゼは、頭のてっぺんにカエルのような眼が大きく飛び出た、細長い褐色のまだら模様の魚だ。動きの素早い小さな生き物で、電光石火の早業で獲物を捕らえ、針のような細かい歯でむさぼり食う。胸びれは、水中の浮力がなくても自重を支えられるように発達している。その胸びれを松葉杖のように使って体を前へと押し進める方法で、ゆっくりと歩き回る。[24] 飛び跳ねる動作もでき、力強い尾びれで地面をはたいて空中に舞い上がる。潮だまりの間を跳んで移動するトビハゼが、最高六〇センチジャンプしたという記録がある。体長一〇センチあるかないかという魚にとっては、かなりの芸当だ。[25]

トビハゼは水の外に出ることができるが、酸素なしでどうしてそんなに動き回れるのだろう？　結論から言えば、この小さな魚は空気呼吸するように進化したのだ。その口、喉、えらは酸素を吸収する粘膜で覆われていて、濡れてさえいれば効率の悪いえらとして機能する。[26] その効率の悪さからトビハゼの口、喉、顎がきわめて大きいことの説明がつく。呼吸のために表面積が余分に必要なのだ。水の外へ乗り出すときには、トビハゼはいつも口の中に空気の泡を、スキューバダイビングのタンクのように持っている。[27]

トビハゼは、泥の中の掩蔽壕《えんぺいごう》のような水中の巣穴に棲み、満潮や高温から身を守っている。掩蔽壕の奥には空気だまりがある。工事の際に掘られたもので、トビハゼはここにときどき空気を補充する。塩分濃度が高く低酸素の水流が巣穴に流れこんできたとき、トビハゼは空気だまりの空気で少しずつ呼吸しながら、安全な水底にとどまっているのだ。[28]

中つ国——潮間帯

タマキビとマングローブはほとんど水の外で生活している。そこは環境ストレスがもっとも高く、生理機能が絶えず攻撃にさらされる場所だ。しかし海岸からほんの数十センチメートル下がったところには、よりストレスのバランスが取れた、生物の密度が高い層がある。これが、干潮時には現われ満潮時に水没する潮間帯だ。

温帯の海岸線では、フジツボがこの地帯に特徴的だ。それは岩の上に頭を下にして固着した小さな節足動物で、通り過ぎる波から蔓のような脚で餌をこし取って食べている。[29] フジツボは、分厚く硬い外殻の中で体を丸めて、波の衝撃と脱水から守られている。一方で摂食と呼吸のため、定期的に水に浸かる必要がある。フジツボの幼生は波に運ばれてくるが、高すぎるところに固着しないように気をつけなければならない。さもなければ早死にすることになるからだ。

海岸の怪物

潮間帯はどこもそうだが、下のほうには怪物がいっぱいだ。ヒトデやツブ貝は、無防備で動けないフジツボをむさぼり食って生きている——しかし同時に、あまり大胆に高いところまで上ってきてしまうと、太陽に水分を奪われて参ってしまう。これらの捕食者は、満潮時にじりじりと少しずつ岩を這い上がることができるが、引き潮になって岩肌高くに取り残されないうちに逃げなければならない。この動物たちには難しい問題がある。食事に時間がかかるので、食べ始めには満潮で岩が快適に海水をかぶっていても、潮が引いたときにまだ食事中かもしれないのだ。[30]

一般にツブとかバイと呼ばれるエゾバイ科の巻貝が捕食するのは、殻を持つ動物、たいていは潮間帯の岩に普通に見られるフジツボだ。しかしフジツボは硬い骨のような殻に収まっていて、ほとんどの捕食者を寄せつけない。ツブはドリルとわかりやすく呼ばれる独特な口の構造を使って、獲物の防御手段を無力化する。ドリルは硬い殻に丸い穴を開け、内部の動物に突き刺さる。それからツブは、蚊が血を吸うように獲物の体液を吸い上げる。だが、この無慈悲な方法は、殻を貫通して消化酵素で獲物を溶かすために時間が長くかかる。ツブが食べかけの食事をあきらめて、引き潮と共に引き下がらなければならないのはよくあることだ。

ヒトデも食べるのが遅い。ヒトデはフジツボの集団の真ん中に覆い被さり、風船のような胃を体外に出して獲物を窒息させる。もっと手早く食べるには、フジツボを一つひとつ岩から引きはがす。ヒトデは腕の端にある管足を使ってがっちりと貼りつき、中央にある口に近い別の管足で獲物をつかんで放さない。腕の太い筋肉が収縮して引っ張り上げ、フジツボを土台から引き離す。[31]フジツボはヒトデの口に詰めこまれ、消化が始まり、捕食者は水際に向けてのんびりと戻っていく。

フジツボがどこまで高い岩の上に棲めるかは、水と水が運ぶ栄養分が届くかどうかで決まる。海岸線からあまり離れたフジツボは、繁殖できる大きさに成長するまでに乾いて死んでしまう。しかし下限は捕食者によって決められている。低すぎる場所に棲むフジツボは早く成長するが、捕食者にとっていいカモだ。その結果、世界中の海岸に白と灰色のまだらの帯ができる。何千何万というフジツボが、至るところの堤防で、頭上の地獄のような太陽と眼下の飢えた捕食者に挟まれた層に押しこめられているのだ。

イガイの浜辺

温帯の多くの海岸では、ざらざらしたしっくいのようなフジツボの真下に、紫と黒の暗色の帯がある。これはイガイの層だ。二枚貝が中世の墓場のようにぎっしりと詰めこまれ、巨大な宇宙昆虫の卵のような、濡れた光沢に包まれている。フジツボ同様の固着性の動物で、多くの点で似ている。しかしイガイの場合、生態と環境の計算法がほんの少し違う。

イガイの殻はフジツボより弱くて開口部が大きく――

イガイを食べるヒトデ。写真撮影：Linda Fink

それどころか、ちょうつがいの筋肉を「安静」な状態にすると、殻が半開きになるので――常に水分が失われている。だからイガイはフジツボのように岩の高いところで生きられず、低い場所に棲まねばならない。また打ち寄せる波からの庇護も余計に必要だ。

　イガイは足糸《そくし》という糸で自分を岩に接着している。この糸は最初、粘性のあるタンパク質系の接着剤として小さな腺で作られる。イガイは糸の一方の端を岩に、もう一方を自分にくっつける。接着剤が固まると、糸は貝を何百もの仲間と共に固定する。[32]だが、イガイはゆっくりと動くことができる。垂直の岸壁を登るロック・クライマーのように、新しい足糸を進行方向の岩壁に固定してから、後ろの古い足糸を切るのだ。

　カモメはイガイの殻をこじ開けて中身を食べたり、そのまま殻ごと呑みこんだりすることができる。ミヤコドリは太いくちばしを振るって殻をたたき割る。こうした空からの脅威もあるが、やはり海からの捕食者がイガイにとって最大の敵だ。ヒトデは満潮の時に下からのっそり上がってきて、不運な貝を岩から引きはがし、のろのろと安全地帯へ逃げ帰る。水に一番近いイガイが最初に捕まるので、これが紫の帯の下限を決める。これより下でイガイを見ることは、非常に運良くヒトデが食べられない大きさにまで成長できた場合を除き、めったにない。

歴史上もっとも有名な生態学の実験の一つは、もっとも単純なものでもあるかもしれない。ロバート・トリート・ペイン三世はアメリカ太平洋岸北西部の海岸を訪れた。そこではイガイが潮間帯に幅の広い青灰色の帯を作っている。ペインは目についたヒトデを全部岩から引きはがして、すぐそばの入り江に無造作に放りこみだした。毎月毎月、年々歳々（ペインは約四九年、この研究に取り組んでいる）、ヒトデは除去された。この実験は、イガイが生息できる場所を抑制できるほどヒトデの捕食が活発かどうかを調べるものだった。結論はまったくその通りだった。ヒトデの脅威がなくなったイガイは、ほかの場所に棲む仲間よりも海岸線の低い位置に移動した。ペインの単純な実験によって、イガイは潮間帯の下部に安全に棲めるようになり、イガイ帯の下限が物理的ストレスではなく、捕食者によって定まっていることが証明された。[33]

生命のカーペット

ポイント・ピノスは荒れている。波は海岸に轟き、白い泡が空中に舞い、岩に塩水の飛沫が降りかかる。鮮やかな紫色の花をつけた背の低いムギワラギクが、薄く砂っぽい土の上でなんとか生きている。絶壁の上からねじ曲がった糸杉が見下ろしている。沖合まで延々と密生する海草が波にもまれるさまは、戦場の瓦礫のようだ。モンテレー湾の最南端、カリフォルニアの海岸に突き出したこの岩の岬は、世界でも有数の見応えある海岸線である。

太平洋のうねりは潮間帯上部を叩く。しかし水面下ではその影響はかなり違う。潮間帯下部では、波は当たるというよりかき混ぜる——海底に沿って寄せたり引いたりするのだ。

コンブ属の海藻は、この絶え間ない攪拌《かくはん》に完全に適応するようにできている。長いロープのような茎から切れこみの入った褐色の葉が突き出し、しなやかなダンサーのように波に身をくねらせる。もっと上の岩礁に置かれたら、波に丸裸にされるか、太陽に焼かれてしまうだろう。潮間帯下部の楽な物理的条件は、上部で見られる生物より柔らかく、水気を帯び、移動性の高いものを生み出した。また潮間帯下部では海に大量に蓄えられた栄養分を利用しやすいので、生物の数も多い。完全に水没し、波にもまれ、塩分濃度が安定していると、海藻草類はより背が高く健康に育つ。このような食物網の底辺の余剰生産力は、生態系全体に急激に広がる。

　潮間帯下部は私たちの多くが海と考えるものだ。ほとんどいつも水の下にあり、潮が最大に引いたときだけ姿を見せる。ポイント・ピノスでは、岩底は植物のカーペットで完全に隠れている。赤、緑、茶色のけば織のカーペットが、深海から引き揚げたアトランティスのように岩の上で光っている。物理的な危険はごくわずかと言っていい。生物は太陽や乾燥に対して特別な防護を必要としない。また水が覆うまでのしばらくの間だけ耐えればいい。その反面、生物の密度は高い。潮間帯下部は陸と海の両方から資源を獲得し、その豊かさが多くの生命を引き寄せる。

自動発射装置

大平洋岸北西部の大型イソギンチャク、アントプレウラ・クサントグラミカは、波に頼って食料を得るように適応している。この触手を持つ捕食者は、岩の割れ目や溝に固着し、波が巻貝、小さなカニ、イガイ、その他あらゆる種類の獲物を運んでくるのを待っている。刺胞《しほう》とぽっかり開いた歯のない口で武装したイソギンチャクは、映画『ジェダイの帰還』に登場する巨大生物サルラックの、小さな模型のように見える。サルラックのように、イソギンチャクはその口に触れるものは何でも呑みこむ。硬くてまったく食欲をそそらない残りかすだけは、あとで吐き出される。

　イソギンチャクの刺細胞は小さなラグビーボール形の構造で、刺胞と呼ばれている。内部に中空のひもがついた鋭い針がコイル状に収まった、強力な毒の入れ物だ。この器官は単純な接触トリガーにつながっており、それが作動すると針を騒ぎの元に向けて発射する。綱がついた銛《もり》のように、針は的を貫き、微量の毒素を糸を伝って流しこむ。小動物はたちまち麻痺してしまうが、人間のような大型の動物には、イソギンチャクはほぼ無害だ。

　それでもイソギンチャクの親戚には、刺されると大変

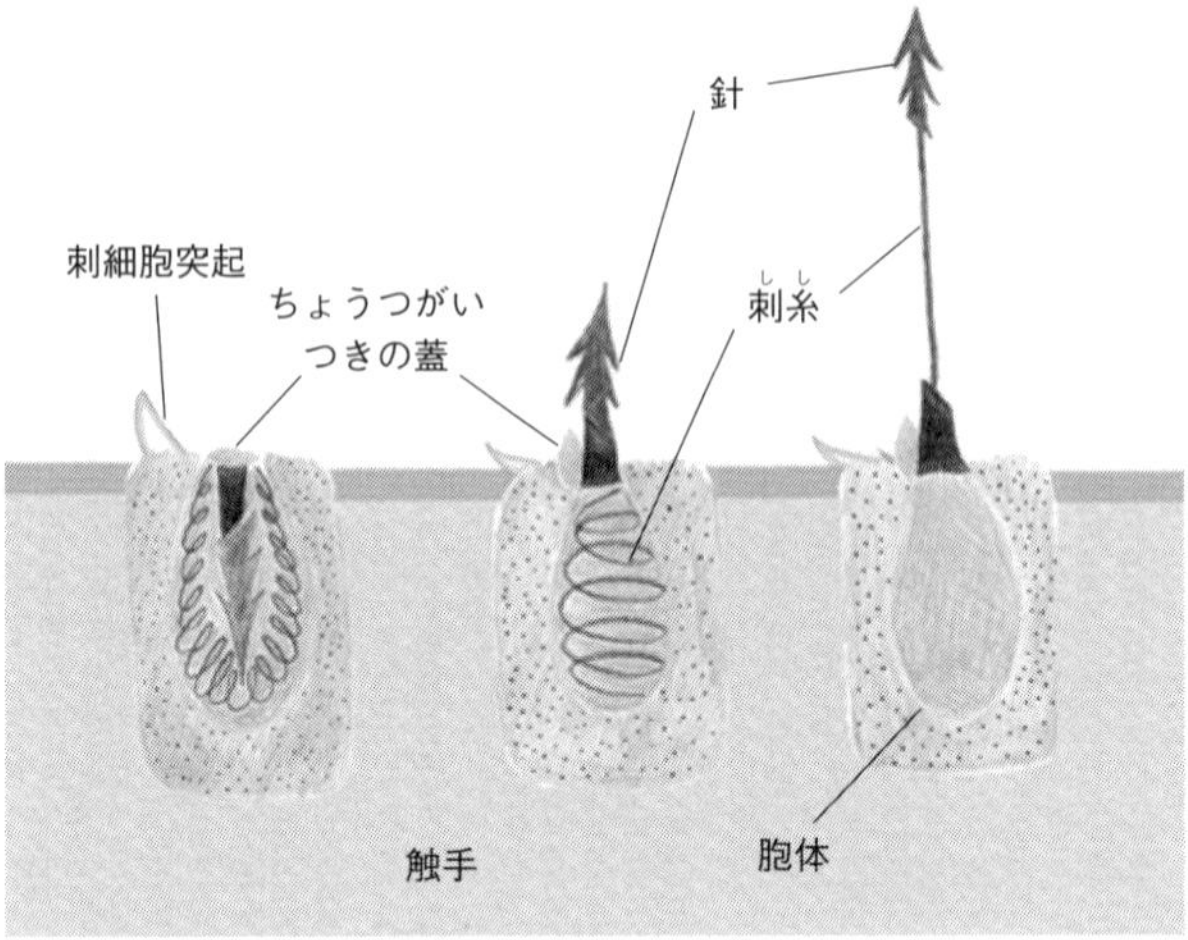

刺胞には刺細胞突起という引き金があり、ちょうつがいがついた蓋を開けて、中空の刺糸につながる針を発射する。この採餌メカニズムは刺胞動物に見られる。クラゲが刺す理由がこれだ。

な痛みを引き起こすものもいる。カツオノエボシは人間の皮膚に連続して蜂に刺されたようなみみず腫れを引き起こし、焼けつく痛みを与える。ほとんどのイソギンチャクにはこんな力はないが、それでもその刺胞には、餌をおとなしくさせるのに十分な効果がある。それは役に立つ強力な武器だ。ほかの生き物に取りこまれてさえ。

殻に代わる防御手段

ウミウシ類は殻を持たない海生の巻貝だ。一般に肉食で例外なく美しく、虹のそれぞれの色をしたウミウシがいる。房状の突起で飾られた姿は、熱帯の花に見える。ほぼすべての海岸沿いで、浅い岩場をうろつき回り、獲物を探す。その柔らかい体は防御を必要とし、それを毒の形で得ている種がある。鮮やかな色とシカの角《つの》のような装飾は、ウミウシが毒を持つことを海にあまねく知らしめている。しかしその毒は、実は獲物――イソギンチャクを含む――から盗んだものなのだ。

イソギンチャクは、自衛のために粘液の層でみずからを覆っている。自分の刺胞の引き金を自分で引かないように、特別に作り出されたものだ。ウミウシが攻撃するとき真っ先にやるのは、自分の体をイソギンチャクにこすりつける動作だ。慎重に口と触手を避けながら、粘液を塗りつける。ぬるぬるを身にまとってしまうと、ウミウシは何にもわずらわされず自由に餌を食べられる。イソギンチャクを引き裂いて呑みこんだウミウシは、肉を消化する一方、何らかの方法で刺胞を取っておく。ウミウシの消化管を通った刺細胞は集められ、皮膚に送り返される。自律制御された小さな銛は自分たちがどこにいるか気づかず、普段通りに機能し続け、ウミウシを攻撃する捕食者を刺す。この驚くべき適応によって、柔らかく無防備なウミウシは危険な獲物となるのだ。

海の端で生きる

潮間帯下部の生物は、それより上ではほとんど生き残れない。日光や空気の物理的ストレスに対する備えが十分でないからだ。弱って、乾いて、死んでしまう。その代わり、彼らは捕食と競争——生物学的脅威——を切り抜けるために武装している。このように、潮間帯下部は大きな沿岸勾配のある極端な例で、環境の問題が生物学的な問題にほぼ完全に入れ替わる区域の代表的な例だ。

同じように、潮間帯上部の種が数十センチメートル下へ移動すれば、もっと大きくて能力の高い海の捕食者か、屈強な競争相手に全滅させられるだろう。乾燥を生き延びる適応など役に立たない。満潮線の下では、こうした生物は守備範囲外だ——捕食者と競争者は大きすぎ、速すぎ、強すぎる。これはスティーブンソン博士夫妻が数十年前に気づいたのと同じ勾配であり、世界中の潮間帯の生命を支配しているものだ。

潮間帯の物語は戦争の物語、二つの対立する勢力の闘争の物語だ。たいていの紛争と同じように、両者の間に引かれた境界線が闘争の中心だ。生物の圧力と環境の圧力が交戦勢力で、満潮線から干潮線の間の土地でせめぎあう。ルールは単純だ。水から離れるほど、環境が危険になる。水に近づくほど、ほかの生物が危険になる。シベリアのツンドラ地帯と、リオデジャネイロで一番物騒なスラム街と、どちらに住むのがいいだろう？　この根本的な緊張は、風に曲がった糸杉から数百メートル沖合で海藻の間をのんびり泳ぐラッコまで、ポイント・ピノスで見るものすべてに見られる。

潮間帯の縞模様は戦線——スティーブンソン夫妻の古典的な勾配が物理的に表わされたものであり、海に縛られた地球という惑星のあらゆる海岸に引かれているものだ。それぞれの種は自然のさまざまな様相や、自分の生息場所に影響する特定の条件と妥協してきた。妥協の条件は、カカアコ公園の岩壁のようにむき出しの形で、これらの生物の適応形態にまとめ上げられている。陸と海に挟まれた狭い範囲でも、生命はバランスを取っているのだ。

第6章

一番長生きなものたち

誰もが知っている種の中に並はずれて長く生きるものがいる

水爆の遺産——爆弾炭素

太平洋の環礁に、静かな夜明けが訪れた。細い一条の海岸は、朝日に照らされて黄金色に輝いている。スナガニが砂浜を軽快に走る。低い島々と紺碧の水とココヤシの木に囲まれた、静まりかえった入り江のはずれにそよ風が吹き寄せる。

閃光が走り、すべては消えた。

第二の太陽が太平洋から火の山の上に昇る。加熱蒸気が爆心から外に向かって荒れ狂い、沖合に捨てられた老朽艦の艦隊を呑みこむ。渦巻く煙は雲を空へと吹き上げ、千の雷鳴が海に轟きわたる。今や数キロの上空で、激しい炎は煙の柄《え》の先にかぶせた綿帽子へと姿を変え、まごうかたなきキノコ雲ができあがった。一九五四年三月一日午前六時、たった今アメリカ軍が、ビキニ環礁で世界初の水爆を爆発させたのだ。

キャッスル・ブラボー作戦に用いられた水爆はアメリカ史上もっとも強力な兵器で、予想の二倍、ＴＮＴ火薬一五〇〇万トンに相当する威力があった。実験が行なわれた島は完全に蒸発した。放射性物質はたちまちのうちに飛び散り、一万八〇〇〇平方キロメートルにわたって海洋を汚染し、別の四つの環礁の住民を被曝させた[1]（訳註：このとき、日本のマグロ漁船乗組員が被曝する「第五福竜丸事件」が発生したことでも知られる）。今日、キャッスル・ブラボーの放射性降下物はほとんど散失してしまった。だが消滅したわけではない。水爆の遺産は今も残っている――地球上の海水の一滴一滴に、深海魚の体内に。

炭素年代測定

カリフォルニア州モンテレー湾にあるモス・ランディング海洋研究所の魚類生物学者グレッグ・カイエは、魚の年齢測定を長年研究してきた。大きな魚ほど歳を取っているのが普通だが、その単純な法則以外で、二歳の魚と一世紀以上生きている魚を区別するのはきわめて難しい。だからグレッグやその学生たちが詳しく調べてみると、我々が思っているよりも歳を取った魚が多かったのだ。

このようなことがわかって、何の意味があるのだろう？　それは主に、個体数がどのくらいの速さで増加できるかに関係している。生まれてすぐに死ぬ魚は速いペースで繁殖し、すぐに補充される。このようなものは雑草のように増える種だから、もっと漁獲努力を増すことが――食卓に載せる数を増やし、海に残すものを減らすことが――できる。[2]しかし魚の年齢に関する情報は、食料の仕入れに役立つにとどまらない。それは私たちに海の物言わぬ住民について、波の下での世代交代の速さについて、きわめて多くのことを教えてくれるのだ。

どうやって魚の年齢を測定するのだろう？　人間とは違って、魚は目に見える加齢のしるしがあまりない――白髪にはならないし目がうるみもしない。答えは、奇妙な話だが、耳の中にある。もっと正確に言えば耳の骨の中にだ。この骨を耳石《じせき》といい、魚の成長につれて成長する。毎年、新しい骨組織の薄い輪が、木の幹の年輪のように耳石に形成される。慎重に削った小さな耳骨の断面を顕微鏡で覗いて、魚類学者はたんねんに輪の数を数える。だが輪が追加される速度は、あるものは毎年、あるものは季節ごとと種によって異なる。[3]だから輪の数は、それ自体では十分とは言えない。そこで内部マーカー、輪の増加を文脈に当てはめる基準点が必要となる。

たとえ正確な地図でも、完璧なデータでも、起点となる基準点がなければ意味がない。グレッグ・カイエと学生たちも出発点を必要としていた。そして水爆から飛び出した放射性物質の中にそれを見つけた。

研究所で太平洋の根魚を調べていたグレッグと、学生のアレン・アンドリューズとリサ・カーは、魚の耳石に蓄積された炭素14を探してみることにした。これは通常の炭素原子の不安定な変種で、幼年期の恒星の水素融合で作られるが、できたときから崩壊が始まる。地球上の炭素14の総量は、崩壊と宇宙線による生成のバランスで維持されている。しかしビキニ環礁で、人類はそれを余計に、しかも意図すらせずに作り出してしまった。水爆は小規模な核爆発を引き起こして、そのエネルギーを水素融合を開始するために利用する。ほんの一瞬、星が生まれる——そして同時に、人間を含めた世界中の生き物の中に、まぎれもない炭素14のしるしが刻まれるのだ。[4]

ビキニの爆発の中で作られたこの物質が、どのようにカリフォルニア沖の深海魚の骨に落ちついたのか？　根魚は深い海に棲むが、若いうちは栄養分と獲物が豊富な表層近くを泳いでいる。大気圏内核実験の時代に若かった魚は、世界中に拡散した放射性物質を吸収した。その耳石の中心に炭素14が埋めこまれ、標識をつけられた幼魚は、成長するにしたがい成魚が暮らす深海へ下降していき、骨に刻まれたこのしるし、目に見えない暗号を持ち続ける。[5]

グレッグと研究所の学生らは、深海魚の年齢についての大きな謎を解く上で、炭素14が役立つかどうかテストを始めた。彼らはアラスカアカゾイという不思議な魚に注目した。アラスカアカゾイはカリフォルニア沖の五〇メートルから三〇〇メートルの深海に棲む。[6]体長は最大九〇センチになるこの魚は、水産物としては一級品であり、アメリカ西海岸の市場ではよくレッド・スナッパーと呼ばれている。[7]二〇〇一年に、この種は著しく乱獲されている——もともとの個体数の七～一三パーセントに落ちこんでいる——と宣告された。漁師が獲った分を補充するのに、成長と成熟の速度が追いつかないからだ。乱獲の問題は寝耳に水だった。アラスカアカゾイはほかの魚に比べて、特に過剰に漁獲されているわけでもなかったからだ。そこでグレッグらは、なぜこの種がこれほど漁獲圧に敏感なのかを探り始めた。答えは年齢だった。

調査を始めると、グレッグの学生たちは多くのアラスカアカゾイの耳石に、炭素14の核を見つけた。つまり、それらの標本は水爆が爆発したとき、幼魚として実際に生きていたということだ。[8]しかし別の、さらに興味深い魚の集団があった。最大級の魚には炭素14の痕跡がなかったのだ。こうした魚は核実験の時代より前に生まれていたのだ。海面が核融合爆弾からの新しい炭素14に覆われる前、そしてグレッグの学生たちが生まれるはるか前に。

アラスカアカゾイの耳石に含まれる爆弾炭素のパターンは、これらの魚が予想外に歳を取っていることの確かな証拠だった。この情報と、加えて年齢を示す別の放射性同位体の痕跡に注目していた同僚の研究から、アラスカアカゾイはたいてい一〇〇年以上生きることがはっきりした。[9] 彼らは健康な子孫を死ぬまで産み続ける。生殖能力の老化は見られない。つまり歳を取った大きな魚は次の世代の卵をたくさん産むので、[10] それが針にかかっていなくなれば、将来産まれる卵が失われることになる。さらに性成熟の年齢はいずれの個体でも高く、二〇年前後だ。[11] したがって漁業で珍重される大きく高齢の魚が補充されるには、長い年月が必要だ。

この魚の一生について、基本的な情報を私たちがまったく知らなかったのが露呈したことは、教科書の数字をいくつか書き換えるだけでは済まない大問題だった。遠洋漁業は今日的現象だとグレッグは述べる。人類史上の大半、私たちが獲る魚は見慣れた浅い海の種だった。しかし時代と共に、人間は沖へ沖へと出ていき、完全には理解していない深海の海洋資源を開発しだした。[12]「深海魚の中には……寿命が長く、成長が遅く、さらに言えば脆弱なものがある」と、グレッグは言う。「彼らは生存のためにできることをする。そして［思いかけず］別の死亡原因に直面しているのだ[13]」

魚が非常に成長が遅く高齢である場合、持続可能な漁業はありえるだろうか？　解決策には二つの側面があると、グレッグは言う。この魚が漁業にどこまで耐えられるかについての科学者による精力的な研究、そして漁業者による慎重な利用だ。「持続可能性とは、ある場所でいつまでも漁ができ、魚がそのあたりにいる［ことを意味する］……。飛躍的に漁獲努力や漁獲量を増やす前に……基本的な生活史を知る必要があるのだ[14]」

ホッキョククジラの年齢測定

一九九三年のことだ。アラスカのあるイヌピアック・エスキモーが、仕留めたばかりのホッキョククジラのぎざぎざの古傷にナイフを突き刺すと、何か硬いものに当たった。革のように頑丈な皮膚と分厚い脂肪層の下に、信じがたいもの――石の銛の破片――があった。大昔の技術で作られた手製の武器で、使われなくなって一〇〇年たつ。クジラは遠い昔の攻撃を生き延び、銛を打った人間より長く生きた。その肉の中に打ちこまれていた一世紀前の祖先の細工物に、アメリカ先住民は思いがけず出会ったというわけだ。考古学者はこの武器の由来、つまりこのクジラの歳を裏づけた。この動物は一〇〇年以上前、ナポレオン三世がプロシアと戦争をしていた頃に傷つき、北極海で生きるために戦っていたのだ。[15]

ホッキョククジラは大きくゆっくりと泳ぎ、北極海から大量の小さなプランクトンをこし取って餌にする鈍重な濾過器だ。最大のものは全長一五メートル、体重六〇トン（大きなゾウの成獣の一〇倍）に達する。[16] 厚さ五〇センチメートルの脂肪層と、氷盤を割って浮上することに特に適応した、がっしりと骨太な頭蓋骨を持つ。ホッキョククジラは「ライト・ホエール」の一種だ。なぜそのように呼ばれるかと言うと、油を多く含み、動きが遅く、市場価値が高いので、獲るのに適したクジラ《ライト・ホエール》だと捕鯨船員が考えたからだ。[17]

たまたま古い銛を北極圏の先住民が見つけたことで、世界の捕鯨を管理する国際捕鯨委員会の綿密な計算はひっくり返った。委員会はホッキョククジラの寿命をわずか五〇年と想定していたのだ。最初の銛は意図的に無視された。次に古い銛のかけらが見つかったときには、[18] いっそうの注目を集めた。そしてクジラの年齢をもっと直接的な測定方法によって確認することが要求された。爆弾炭素による測定はホッキョククジラには有効でない。その歯は柔らかいひげで、魚の耳石のような硬い石ではないからだ。また哺乳類の骨は絶えず作りかえられていて、爆弾炭素はその中に層を作らない。そこで、研究者はこの問題を違う視点から検討する必要があった。

スクリップス海洋研究所の海洋化学者ジェフリー・バーダは、ホッキョククジラの年齢をまったく違うやり方で計測した。そのやり方とは、動物の眼についての二つの特徴的な事実を巧みに利用したものだ。第一に眼の水晶体の核は、生まれる前に作られたタンパク質で構成されていること、第二に、一度できてしまうと、このタンパク質を作りあげているアミノ酸は一〇〇パーセント左手型から、左手型と右手型が五〇パーセントずつにゆっくりと変化することだ。左手型右手型は、アミノ酸の厳密な化学的構成を表わす。地球上のすべての生物細胞に含まれるタンパク質は、一〇〇パーセント左手型アミノ酸でできているが、時間の経過につれて一部は自然に左手型から右手型へと変わる。だから、水晶体に含まれる右手型アミノ酸の割合を測定し、アミノ酸が自然に左手型から右手型に変化する速度がわかれば、あらゆる哺乳類の年齢を推定できる。[19] この方法で調査されたホッキョククジラ九〇頭のうち、五頭の大型のオスが一〇〇歳を超えていると推定された。[20] こうして、二つのまったく異なる年齢測定方法から、同じ結果が得られた――ホッキョククジラは、知られているほかのいかなる哺乳類より、自然界ではるかに長く生きられるのだ。

バーダらは、ホッキョククジラが哺乳類の寿命の法則を破っている理由を考えた。なぜほかの哺乳類や、ほかのクジラより長生きできるのか？　その推測はつまるところ、北極海の極度の低温と、なぜ大型化が有利なのかということにつながる。冷水に棲む哺乳類は、代謝と断熱によって体温を維持する。代謝は体組織からもたらされ、熱は皮膚表面から逃げる。さて、体が大きくなるほど熱を生産する体の質量は増え、体重あたりの体表面積は減る。つまり大きくなればなるほど体温の維持が楽になり、さらに大きくなることも簡単だということだ。その結果、ホッキョククジラはできるかぎりエネルギーを成長に注ぎこみ、最初の繁殖行動を大幅に遅らせて、哺乳類の中でも初回妊娠年齢が一番遅い部類（二六歳）になった。主な生息域である北極海は、一年の大半が凍結して餌が少ないため、大きく成長するには時間がかかる。ホッキョククジラにとって、初めの二、三〇年はそれから先の長い寿命の準備段階にすぎないのだ。

捕鯨船が北極海でホッキョククジラを根こそぎにしていた時代、ホッキョククジラが長生きできない厳しい現実が新たに生まれた。捕鯨の「黄金時代」の間、ホッキョククジラは特に積極的に狩られた種の一つだった。比較的動きが遅く、脂肪層や油を蓄えた北極の巨大クジラは、絶滅寸前まで捕獲された。ヨーロッパ人は鯨油を燃やして街をくまなく照らし、ひげでエレガントなパリのファッションに使われる傘の骨やコルセットのステーを作った。

ホッキョククジラの個体数は、大規模な捕獲が禁止されると増え始めた。[21] だが回復は遅く、西部北極海のもっとも速く増えている個体群で、年に三～五パーセントの増加だ。[22] ホッキョククジラの妊娠期間は一年以上で、ほとんどの場合一頭しか産まれない。そして出産そのものがとんでもない試練だ。妊娠と子クジラのための乳汁生産は、脂肪層の蓄えを著しく消耗させるので、母クジラは三年から四年に一回しか仔を産めない。[23] 新たに行なわれた年齢推定では、メスは八〇年の生殖可能期間に三〇頭の仔を産むらしい――これまで考えられていた以上に、一頭のメスが個体数に大きな貢献をしているのだ。そしてこれは、将来の個体数増加のために、すべてのメスの重要性が高まったということだ——なぜならその繁殖能力は、予想よりはるかに大きいのだから。

ホッキョククジラの寿命の長さでもっとも注目すべき点は、そこからクジラの普通の生活——私たち人類が大変な脅威になる以前の——がわかることだ。自然界において、加齢による生物の衰え、つまり老化の速度は動物によってきわめて多様だ。シロアホウドリは五八年生きられるが、同じくらいの大きさのカナダガンはその半分しか生きられない。[24] しかし最大どれほど生きられるにしろ、野生では、老化が進行している徴候を示す動物はほとんどいない。人間が技術によって寿命を延ばしたためにもたらされるような痛みや苦しみが蓄積するほど、長生きするものはめったにいないからだ。むしろ大部分の動物は捕食者、寄生生物、病気、厳しい気候などにより、老化の徴候が現われるほど歳を取る前に命を落とす。そして、飼育下であっても寿命の短い動物は、自然の環境で死亡率が高い傾向にある。[25] 非常に長いホッキョククジラの寿命は、捕鯨が行なわれる以前、おそらくその成獣の死亡率がきわめて低かったことを示しているのだろう。死亡率が低いので、この巨大な哺乳類の老化速度は進化によって調整され、生物時計の動きが最小限になるように落とされているのだ。

ウミガメ——試練のあとの安定

ハワイのプアコと呼ばれる海岸地帯にあるコナ海岸に、あなたはいる。太陽が水平線に沈み、ハレアカラ山の頂上がマウイ海峡をへだててオレンジと紫の雲の上に顔を出している。黒い溶岩の岸にさざ波が寄せ、沖へ行くにつれ、水は砂底のつややかなエメラルドグリーンから深場の群青へと変わる。

ハワイは冬だ。ザトウクジラが一頭、そして二頭、三頭と通り過ぎていく。波が砕けるすぐ先を、クジラたちは南へと向かう。シュノーケリングで岸を離れ、火山岩のごろた石と砕ける波を縫って泳いでいこう。入り江を出て、風に吹かれてリズミカルに逆立つ波の下に潜ると、アオウミガメ——ケロニア・ミダス、ハワイ語でホヌ——が水中をするりと泳いできて、人間のぎこちないさまを恐れよりも哀れみの目で見ている。一頭のウミガメが、サンゴの根元のすき間に潜りこんでいる。甲羅の色がほかのものより濃く、ペンキ職人の前掛けのように白い傷跡が何本も走っている。海底の藻をさらっているのだ。見ていると喉が小刻みに動き、ヘビのようにうごめいている。

その晩、ホヌは小さなビーチハウスの前に上陸し、夕日がまだかすかに発する温かさを身に浴びる。魚が焼ける匂いがする——すぐ沖合で今朝獲れて、午後には道路脇の販売所まで運ばれてきた新鮮なアカマンボウだ。夕食の支度はもうすぐだ。冷えたワインのグラスを手にする。滑り落ちる露がグラスに筋を描く。

美と異国情緒あふれる生活に囲まれた、南国の楽園でのすてきな休暇だ。だが、この申し分のない一日の中で、一瞬たりとも考えてもみなかったことがある。印象に残っているどの動物も、おそらく自分より年長だということだ。ザトウクジラは二〇歳の若さかもしれないし、九〇歳にもなるかもしれない。餌を食べていた甲羅が傷だらけのアオウミガメは、読者の父親がひげを剃ることを覚えだした頃、貪欲な海鳥の猛攻撃から必死に逃れていたのだろう。そのウミガメが潜りこんで餌を食べていたサンゴは、一九四六年にハワイを津波が襲い、さんご礁に壊滅的な打撃を与えた後に定着したもので、それが育った岩層は、何世紀も前の住人の骨格からできている。グリーン・サラダともちもちした白米を添えて今から賞味しようとしているアカマンボウは、たぶんその骨にキャッスル・ブラボー作戦の名残をとどめているだろう。

人間が生きる世界は時間から切り離すことができず、あなたは老賢者ではない。彼らこそがそうなのだ。

長寿に大きな見返りがあるとき、動物は長生きするように進化する。芝生の雑草にとっては、速く繁殖することが利益だ。それが冬を越すことはない。しかしその一方で、長寿に投資することが進化の上で割のよい賭けであることもある。ウミガメは生命のサイコロを転がして、逆説的な戦略を見つけだした。長く安全な生活を、波乱に満ちた危険な繁殖行動と組み合わせたその戦略は、何億年も前からうまく働いている。[26]

ウミガメの成体は大きく成長し、長く生きる。最大の種は体重九〇〇キログラムに達する。[27]彼らは昔ながらのカメの適応に頼っている。緑、茶、黒のまだらの渦巻き模様で飾られた、骨板の層からなる分厚い甲羅がそれだ。特に歳を取ったものの甲羅は、口を開けたフジツボが点々と付着したり、細い藻の房に縁取られていたり、白いぎざぎざのひっかき傷がつけられていたりする。だが

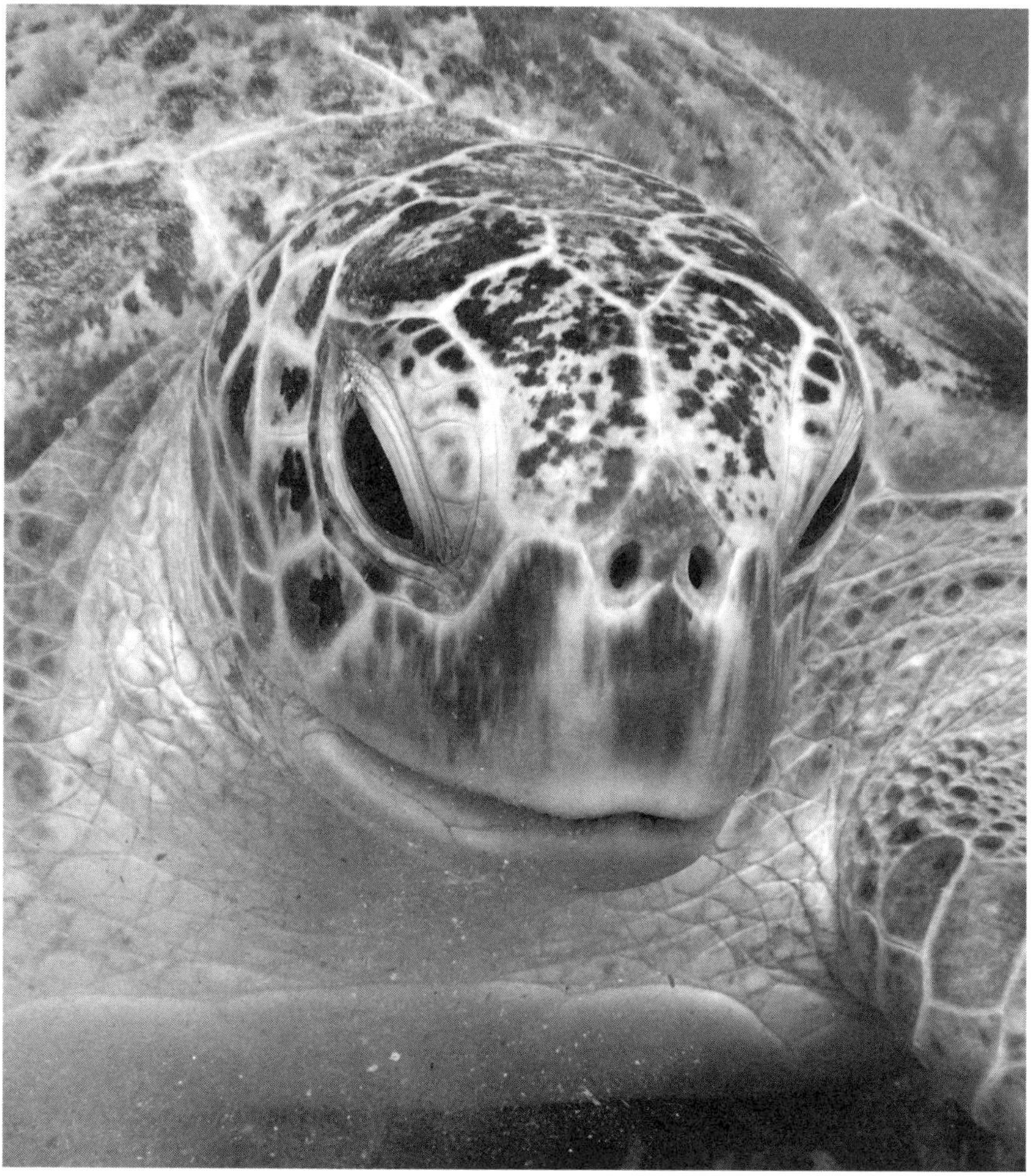

アオウミガメの顔。エジプト、マルサ・アラム付近で撮影。
写真撮影：Alexander Vasenin

陸に棲む親戚とは違い、ウミガメは頭やひれを引っこめることができない。ウミガメは甲羅をかさばる防弾チョッキのように着ているのだ。

骨でできた難攻不落の要塞に立てこもるのは、陸上や浅い淡水の環境では理にかなっているが、広大な海の中では愚かなことだ。手足を引っこめたカメの泳ぐ能力は、コンクリートブロック同然だ――要するに、沈んでしまう。そのようなわけでウミガメの甲羅は、消極的な防御装置となった。意外なスピード、敏捷さ、厚い甲羅は、ウミガメをもっとも獰猛な捕食者――サメとシャチ、これらは致命的だがめったに出会うことはない――以外のあらゆるものから守る。人間は世界中でウミガメを絶滅寸前まで狩ったが、成体の自然死亡率（人間の手によらないもの）はきわめて低い。[28] いったん成熟すれば、ウミガメは楽に生きていけるはずだ。

ウミガメの成体は長生きだが、その年齢はほとんど謎だ。研究者は、捕まえたウミガメに染料を注入し、数年後に再捕獲するという調査をもとに、ある種のカメの甲羅では成長線が年に一本できることをついに確認した。[29] 成長は初めのうちは速い。ハワイのホヌの若い個体では年に三～五センチだ。しかし三〇代の成熟したウミガメの成長ははるかに遅いので、甲羅を測っただけで年齢を特定することは難しい。爆弾炭素を指標にするか、隠れた昔の銛の先でもないかぎり、ウミガメはその正確な歳をなかなか教えてはくれない。

ウミガメはクジラのように長生きであっても、もっと盛んに繁殖する。交尾のあと、メスは決まった海岸――普通は自分自身が卵から孵《かえ》った海岸――に産卵するため、数百キロから数千キロも旅をする。闇にまぎれて、母ガメは海から這い上がる。ひれで何時間もかけてせっせと砂を掘り、穴の中に多数の卵を産み落とす。若いメスでも数十個を産み、大きな母ガメでは種類によって数百個も産む。[30] その後、母ガメは卵を埋め、砂を踏み固めてさらに隠す。浜辺で一夜を過ごし疲れ果てた母ガメは、ゆっくりと海に還っていく。子どもたちを永久に捨てて。数年の間、次の卵の準備ができるまで、彼女がこの海岸に戻ることはない。[31]

子どもたちは太陽の熱を受けて砂の中で生育し、時が来るといっせいに孵化する。くちばしで革のような殻を裂き、小さなひれで頭上の砂をかき分ける。孵ったばかりの仔は穴から十数頭、数十頭、数百頭と続々とわき出し、歩兵部隊のように海に向けて突進する。これはメロドラマのような甘いシーンではない。ダンケルクの戦いとカティンの森の虐殺を足したような、ぞっとする光景だ。子ガメはカニ、陸生の腐肉食動物、半径数キロメートルにいる腹を空《す》かせた海鳥からの猛攻撃にさらされる。そこで彼らは走る。十数頭、数十頭、数百頭と情け容赦なく餌食になる。わずかなものだけがやっと海までたどりつくが、そこにはまた恐ろしい捕食者が待っている。[32]ごく少数の幸運なものたちが、海藻のベッドであるホンダワラの森まで懸命に泳ぎ、生い茂る植物に守られて成長する。[33]この若き日の試練を生き延びたものたちは、五〇年は生きられるだろう。

カメは、早い段階で死を排除することにより、生物集団として目覚ましい成功を収めている。無防備で産み落とされる柔らかい卵、暗い海岸で虐殺される無力な孵化幼体——死はウミガメの生涯の初期に組みこまれ、それ以後は明らかに欠如している。ウミガメは成熟が遅く、たまにしか繁殖しない。この生き物は生物学的な加齢がほとんど止まっている。一〇〇歳の個体の細胞と器官は、若い成体と見分けがつかない。[34]この作戦はうまくいっているようだ。ウミガメは二億年前から海を泳ぎ回っており、世界の海でもっとも長く続き、広く行きわたった種の一つだ。

クロサンゴ——もっとも長寿の動物

三〇〇メートルの深い海底で見られるクロサンゴ(口絵③)は、静まりかえった暗闇で時を待っている。そして待つ時間はいくらでもある。それというのもこのサンゴは、数千年生きられるからだ。一般的な浅い海のサンゴ群体は非常に多産であり、太陽光線からエネルギーを受けている。クロサンゴは代謝を這うような速度にまで落として、現実から遊離したような状態で時間を過ごし、一世紀は人間の一年のように過ぎ去る。

クロサンゴの群体はきわめてゆっくり成長する。一年にわずか髪の毛の太さほどだ。その結果、海でもっとも繊細で、それでいて驚くほど長持ちする匠《たくみ》の技が生まれる。クロサンゴは炭酸カルシウム結晶を集めて石灰岩の薄片にし、それをより合わせて考えられないほど繊細な枝、巻きひげ、とげを作る。「クロ」と呼ばれるのは骨格が真っ黒だからで、ポリプ自体は骨格の上に明るい色で花開き、黒く細い針をオレンジや黄色に飾る。白いポリプを持つものもあり、常緑樹に積もった深夜の雪のように深海の闇の中できらめいている。すべては吹きガラスの工芸品のようにもろく、水が冷たく静かなところでしか見られない。[35]強い潮流はもちろん、かすかな波にさらされても、クロサンゴは粉々になってしまう。

二〇〇九年、研究者はハワイのオアフ島沖の深海に棲むクロサンゴの大きな群体の森を調査した。[36]クロサンゴはオレンジ色の針金がひょろひょろと四方八方に伸びたような姿をしている。高さ一〜一・八メートルで、黒く丈夫な幹から生えた櫛のような枝が不規則に絡み合い、そこに明るいオレンジ色のポリプの花がいっぱいに広がる。[37]もっとも年老いたサンゴは、一年に約〇・四ミリメートル、髪の毛四本分の幅ほど枝を伸ばしている。枝が太くなる速度は年に〇・〇〇五ミリ（髪の毛の直径の二〇分の一）にも満たない。サンゴ骨格の放射年代測定により、これらの標本はエジプトのピラミッドが築かれた頃、ざっと四六〇〇年前から生きて成長していることがわかった。[38]

この動物はウミガメの教訓を、さらに極端な形で受け止めている。幼生の段階では危険な生活を送る。しかし最低限の大きさまで成長してしまえば、深海の安定した流れの中で、脅かすものはほとんどない。一〇〇年生きられれば、一〇〇〇年、そしてそれ以上生きる可能性が非常に高い。そして大きくなるにつれてより多くの幼生を放出するようになり、繁殖がいっそううまくいくようになる。ゆっくりと確実に成長することの見返りが、ゆっくりと確実に親になること、数百年……ひょっとすると四〇〇〇年をかけて、サンゴの子孫を繁栄させることだ。

このような深海の古老を見つけるのは、生きたタイムマシンを見つけるのと同じだ。彼らは過去の記憶を持っている。夕食のとき孫に話して聞かせる物語の中にではなく、周囲の環境のデータを記録し蓄積した細胞層の中に。クロサンゴの層になった枝は、有機石灰の層に蓄えられた太古の環境履歴への扉を開く。周囲の海水のあらゆる放射性物質、海の化学組成と塩分濃度、毎年の気候の変動までも――何から何まで焼きつけられているのだ。[39]

不死のクラゲ

広く多様性に富む地球の海では、生物学的な規則には必ずと言っていいほど例外があることを、海に棲む何かが証明する。この章は単純な規則にもとづいている。生きているものはやがて必ず死ぬ。例外を紹介しよう。ベニクラゲ、不死のクラゲだ。

ベニクラゲはごく小さい半透明なクラゲで、ベル型の傘の根元で直径五ミリメートルほどだ。傘の縁はしなやかな触手に覆われ、これで獲物を刺して餌を口に運ぶ。クラゲの一生はかなり退屈で、食べる、生殖する、そのくり返しだ。小さな海生無脊椎動物にとって生きることは過酷であり、捕食や環境ストレスであっけなく死ぬ。ベニクラゲが不死と言われるのは、死なないからではなく、死ぬとは限らないからだ。彼らはある能力を持っている。地球上の比較的身近な動物の間で、ほかに例を見ないもの——若返りの能力だ[40]。

ベニクラゲは海底一面に生えたイソギンチャクのようなポリプの集合として生涯を始め、増殖してレースのような群体を作る。触手の小さな塔は外を向き、通りかかった餌を捕らえる。またポリプは発芽し、それは分離してメドゥーサ、つまり泳ぐクラゲとなる。反対に、クラゲは性腺を発達させて次の世代のポリプを産み、そして死ぬ。いずれもこの種のクラゲにとってはまったく普通のことだ。

ベニクラゲはこのサイクルを逆転させることができる。ケガをしたり、新たな環境ストレス要因が加わったりすると、泳いでいるベニクラゲのメドゥーサは体の特殊化した細胞を、性腺までも、もとの幼生の形態に戻してしまう[41]。急速に自分の体を分解して、クラゲは成体から幼体に戻るのだ。そこからクラゲはもう一度成長することができる——周囲により適応した新しい体となって[42]。ベニクラゲは、フィクションの世界では何よりもBBCテレビの傑作ドラマ『ドクター・フー』の主人公に似ている。死が近づくと、その体は別の外見と人格で「再生」する。ドクターのように、この小さなクラゲは、完全には死なない程度の外傷を受けたあとで一生をやり直すことができるのだ[43]。

このプロセスを分化転換といい、それによってベニクラゲは老化を回避することが可能になる。幼生の段階へ戻れる動物は、決して歳を取らずに済み、したがって原理的には不死だ。分化転換の分子過程については、非常に多くが突き止められているが、この種が野生で実際にどう振る舞っているかは、ほとんど知られていない。分化転換は、ベニクラゲについてさえも、実験室の外で観察されたことがないのだ。小さく半透明な不死のメドゥーサは、水柱の中でほとんど目に見えない。ベニクラゲがこのプロセスを用いて本当に老化を回避しているのかどうか結論を下せるほど長期間にわたって、特定の個体が追跡されたことはないのだ。

長老たちの村

米領サモアでは、東に連なる小さな島々が朝日を最初に迎える。マヌア諸島のタウ島、オロセンガ島、オフ島には二〇〇〇年以上前から人間社会がある。健康で長寿はオフ島では普通のことだ。ヤシの木、サメ、ウミガメ、至るところにいるフルーツコウモリが風と海の中に生き、空から岩礁まで島を満たしている。しかし、太平洋の真ん中の辺境の地であるこの小さな島々には、文化ほど古いものはない……そしてサンゴほど古いものも。

一般的な種類のサンゴはハマサンゴと呼ばれる金色の小山、小さなポリプが澄みきった水の底に群体を作ってできた大きなドームだ。それは岩礁からパン生地の小山のように出現し、ゴルフボール大からバスケットボール大に膨れあがり、車の大きさに成長し、最後には家くらいになる。数センチメートル成長するのに数年かかり、その数センチが、サンゴがまだ元気である証拠だ。タウ島の沖合には、サモアのサンゴの母、岩礁から海面に向けて隆起し、高さ九メートル直径一二メートルにおよぶ小山がある。それは最大のシロナガスクジラよりも重く、サモアに棲むどの生き物より歳を取っている（口絵⑮）。

それは一つだけではない。最大で最古ではあるが、島のまわりにはほかの巨大サンゴの仲間が岩礁やラグーンに棲みつき、生命を持つ駐車場の一面に点々と停められた大きな車のようだ。一番見つけやすいのが、オフ島の深さ三メートルもない浅い礁池《しょうち》にあるものだ。そこにはたくさんの塊状サンゴがぎっしり集まって、長寿村を作っている。大きな群体がずらりと並び、数十年から数千年かけてゆっくりと少しずつ成長する。群体の中にはとうの昔に水面に届くまで成長し、大きすぎてラグーンの水深に収まりきらなくなったものもある。もうこれ以上高くなれないので、横に成長を続け、直径一〇メートル前後のずんぐりしたサンゴの樽を形作っている。

長寿村が収まっているラグーンは時の深井戸であり、その不変性は希少で貴重だ。毎年、群体をびっしりと覆う小さなポリプはそれぞれ餌を食べ、成長し、炭酸カルシウムの骨格を何層か増やす。しかし数百年のうちのある年、数年のうちのある日、たった一度の環境災害で生きているすべての古老に死がもたらされることもありえる。この村と、そこに棲む長老たちの記録の不思議な魅力は、オフ島のラグーンが過去一〇〇〇年の間、一日も休まず活気あふれるサンゴの命を支えてきたことにある。サンゴには長く生き、未来へと成長する、ほかの生物にない固有の能力がある。しかし礁とラグーンがそうさせているに違いなく、またそれらが生命を支える安定した土台となっているに違いない。

第7章

一番速く泳ぐものと一番長く旅するもの

海中のマラソンでは、水の抵抗が速度と距離の前に立ちはだかる

海の生物は、人間にはどうやってもできないような方法で水の抵抗に適応している。私たちは陸上生物で、自分を取り囲むかすかな大気をほとんど意識することなく、まるで真空中のようにあちこちのし歩く。水は動く上でもっと大きな障害物になる。密度、重さ、そして何よりも重要なのは、水が中で動くものすべてに強くからみついて、常に物理的抵抗となることだ。

　水の抵抗は海中で動くあらゆるものを引っ張る。抵抗とそれに耐える体力は、全速力で泳ぐとき、魚が最高時速六五キロメートルで突き進むときに、あるいはイカが海水を体から噴射し、天然のジェットエンジンになって飛ぶときに大問題になる。そして抵抗と体力は、数万キロを旅する地球上のあらゆる種にとっても、長距離移動の間に過酷な負担となる。クジラは、人間が作った機械ではかなわない効率を持続して泳ぐ。地球上でもっとも大きな気象システムに乗って飛翔するアホウドリでも、波から力を少しずつ得て、その壮大な渡りのための原動力とする。

ニシンのスピード

　競泳選手がスタート台から飛びこみ、衝撃と共に着水する。心臓は高鳴り、肌がむずむずする。顔は下げ、両腕が作る舳先《へさき》に埋める――もし少しでも上げれば、水はゴーグルを顔からはぎ取ってしまう。着水の瞬間、手先はプールに通路を切り開く。ようやく水面を割って呼吸

すると同時に、手は分かれ腕はひねられて、新しい形を取る。この動きは電光のように速く、若い筋肉の限界まで力強く、熟達した角度で動く。必死に迫ってくる水につかまれないようにする。一つひとつの動きが周囲の液体となじみ、筋肉は水と協調して流れる。もっとも速く泳ぐオリンピック選手は、時速八キロで泳ぐために全力を出しきる――ニシンより少し速い。[1]

この比較は公平ではない。人間の競技者は、陸生の体が異質な液体の環境で機能するように、生涯を費やして適応させている。ニシンは水の中に慣れており、水の中を動くことにつきものの問題を解決するような適応形態を、進化の遺産として持っているのだ。

帆を張った最速の魚

優美なフィッシング・ボートが海のうねりに揉まれている。長さ二五フィート、雪のように白いファイバーグラスの船体がカリブの太陽に輝くこの船は、釣り船と漁船兼用だ。しかし、そこに使われている技術は目覚ましい。強力なエンジン、高性能のリール、先端技術で完璧に作られた釣り糸――現代の技術は、筋肉と力とスピードに、素材と力とスピードで対抗し、海で最速の魚をより精力的に追い求めている。

フィッシング・ガイドは黒いミラーレンズのサングラス越しに海を見渡す。船がまたうねりに乗り、舳先が逆落としになると、ガイドは歓声を上げる。彼は黄色い手袋をはめた手で、一〇〇メートル先のさざ波立つ水面を指さす。目を凝らしても、客には沸き立つ泡の帯しか見分けられない。次の瞬間、見計らったかのように魚がジャンプし、初心者の目を助ける。銛のような口吻《こうふん》と、波打つ筋肉の板を一面に覆う輝く鱗を持つ、銀色と黒に彩られたバショウカジキが陽光の中に舞い上がり、つかの間きらめくしずくの銀河の上を漂う。そして白い水煙を上げて海中に没し、海面のすぐ下を疾走する。その横顔はいくつにも分裂して、キュビスム的断片のように見える。

バショウカジキは海で有数の優れた自然のアスリートと言ってもいいだろう。彼らは流線型をした筋肉質の体と長く先がとがった恐ろしげな吻を併せ持っている（口絵②）。カジキ類――その中にはバショウカジキ、メカジキ、マカジキなどがいる――はどれも外見がそっくりだ。その生態も似ている。世界中の海の大陸棚で小型の魚をつけ狙う、単独性の大型捕食者だ。カジキ類は泳ぎが非常に速いが、中でもバショウカジキは同類よりもはるかに高速を出せるように適応している。バショウカジキはジャンプしながら最高時速一三〇キロメートルで泳ぎ回り、時速五〇キロを維持して獲物を圧倒して狩るという。[2] ひれと筋肉の組み合わせ――幾何学と物理学――が無類の効率を与えているのだ。[3]

大海原に産み落とされた卵から孵《かえ》ったバショウカジキの生涯は、驚くべき急成長で始まる。最初の六カ月で、小さな粒から全長一二〇センチメートル以上に成長するのだ。[4] 若魚のうちから、バショウカジキは特徴的な「帆」を張っている。巨大な扇に似た背びれは、扇のように広げたり閉じたりできる。海中を高速で泳ぐときには折り畳まれるが、即座にぴんと立てることができる。[5]

人間の短距離走者がところかまわず全速力で走らないように、カジキも特別な状況に備えてスピードを抑えていることが、慎重な分析によってわかっている。[6] 採餌でさえ以前考えられていたよりも整然としているらしい。マイアミの魚類生物学者ギルバート・ボスは、一九四〇年にフロリダで起きた有名な出来事を記録している。バショウカジキの採餌が初めて目撃されたのだ。バショウカジキは六尾から三〇尾の集団を作り、ニシンのような小さな獲物を取り囲んで群れをぎゅうぎゅうに追いこみ、大きなひれを広げて見せつけることで脅して屈服させる（口絵②）。うまく魚が玉になると、バショウカジキは次から次へと群れに猛然と突っこみ、吻を上下左右に振り回して魚を気絶させ、意識を失った獲物に我先に食いつく。

魚のスピードを測定するのは難しい。海洋生物作家のリチャード・エリスによれば、よく引き合いに出されるバショウカジキのスピード（時速一一〇キロ）はフロリダのロング・キー・フィッシング・クラブが出所で、釣り人たちは、針にかかったバショウカジキをストップウォッチで計測したという。[7] 速く泳ぐ魚の正確な測定は何度か行なわれ、何種かの短距離型の魚で予想通りの高速が記録された。魚雷型をしたマグロやカジキの親戚、カマスサワラは、最高時速七七キロで、キハダマグロ（時速七五キロ）もそれに近い。[8] 魚の中にはもっと速く泳ぐと言われ、おそらく実際泳げるものもいる。しかしこれほど速く泳ぐには、筋肉以外に必要なものがある。

カジキのファストフード

このような速度を出すには、速く泳ぎながら食べることのできる体も必要になる。カジキのスピードでハンティングをするには、交通量の多い通りを時速六〇キロで車を走らせながら、道路に置いたコーヒーカップをつかむような器用さが必要だ。大海原を勢いよく泳ぎ回り、カジキは獲物の群れの中を、素早い動作で身をくねらせ、目を輝かせ、背びれと吻を計算された動きで振り回しながらかき分けていく。くちゃくちゃ噛むのは時間の無駄だ。メカジキは気を失った獲物を電光石火で丸呑みするため、成魚は歯も持たない。[9]

　カジキ類とその親戚のマグロ類はすべて冷血動物で、餌が豊富な低温の海に棲む。だがそれにもかかわらず、彼らは激しい活動で筋肉を温かく保っている。マグロは血流にヒート・トラップまで持っており、えらから失われる体温を抑えている。[10] 筋肉から供給される以外にも熱を生産するために、こうした魚は熱源装置として機能する特殊な組織を進化させている。それは収縮する能力を持たない筋肉、カロリーを運動ではなく直接熱に変える暗褐色の肉だ。読者も、マグロの脊髄の両脇にある、濃い茶色の肉を見たことがあるかもしれない。しかし体の中心部が温まっても、そのほかの部分、特に眼の筋肉や反射神経のような水に近い部分は冷たいままでは、活動が鈍くなる。カジキでは、眼と反射神経が重要なので、茶色の筋肉のヒーターは一番必要な場所、つまり眼と頭蓋骨のすぐそばにもある。[11]

　通常、周囲の水より四℃高い温度に保たれた眼は特に、レーシングカーのスピードと精度で――主にハリウッドのアクションスターだけが使える「バレット・タイム」（訳註：スローモーションで捉えた被写体の周囲をカメラが高速で回りこむ撮影技法）の一種のように――働くことができる。メカジキの網膜は、高速で通過するとき、一瞬ちらりと見えた獲物の魚を感知できるほど情報処理が速い。しかし海水温と同じくらいまで網膜を冷やしてしまうと、走査速度は瞬間的な獲物の姿が見えなくなるほど低下する。[12] 網膜が温まっていると、光量が低くてもよく見える。つまり眼にヒーターがあれば、メカジキが通常餌を獲る水深三〇〇メートルで有利になるということだ。だからこの捕食者は、冷たい海中を矢のように進む魚の群を突っきるときに、鋭い視力と電光のような素早い反射を発揮できるのだ。

トビウオ——空を飛ぶための驚異的技術

フィジーの堡礁《ほしょう》の後ろに広がる海を高性能モーターボートで飛ばしていると、いつの間にか二五センチメートルほどの魚の群れを追いかけていた。散り散りになるかと思えば、その魚は前に飛び出し、青緑色の奔流となって海面から噴き上がる。胸びれを翼のように横に張り出し、尾びれを周期的に激しく振って、ボートと同じくらい速く進む。やれやれうんざりだという態度で、曲芸飛行のように一糸乱れず左へ急旋回し、水平線へ頭を向ける。

動力飛行は地球上で三度、別々の時期に進化した。鳥類、昆虫、哺乳類だ。筋肉の動きを揚力に転換する上で、進化はそれぞれに違った方法、羽の生えた翼、外骨格の翼、皮膚の翼を編み出した。鳥類、昆虫、哺乳類が独自の飛行方法を進化させる一方で、第四のやり方が波の下で生まれようとしていた。それはほかに類のない、空想的で風変わりな進化の奇跡で、海の生物でもっともふさわしい名前を与えられている。トビウオだ（口絵⑫）。

熱帯には五〇種以上のトビウオが生息している。[13] その魚雷型の体は胴体全体にわたって筋肉がしっかりついている。その力はスピードを生み出すが、水は密度が大きく、高速を出すための代謝量はけた外れに高いものになる。水や空気の中を移動するのに必要な力は、速度の二乗に比例して増加する。[14] しかし空気は水に比べるときわめて密度が低く、高速移動に対して空気が作り出す抵抗ははるかに小さい。だから水中での高速移動のコストは高くつくが、空気中ではずっと低い。この単純な物理的事実に応じて、トビウオ類はそのひれを、空を飛ぶための技術的驚異に進化させたのだ。

先ほどボートから見えたトビウオが空を飛んだのには、理由がある。その少し前を想像してみよう。海面のすぐ下をゆるい編隊を組んで、青と紫と黄色の彩りが映える華やかな魚が悠然と泳いでいる。中でも胸びれはもっとも目を引く特徴だ。左右に広げて羽のように伸ばすと、繊細な棘条《きょくじょう》と半透明の翼は昆虫の羽に似ている。海で生まれた蝶だ。群れは隊列を組んで泳ぎ、プランクトンやごく小さな魚を餌にする。[15] 突然、シイラが深淵の暗闇から現われ、鋭い歯と爆発的な筋肉を持つ体重一〇キロ

シイラに追われるトビウオ。1889年に *Popular Science Monthly*, Volume 35に掲載されたもの。作者不明。

グラムの体が迎撃の進路を取る。編隊の左翼の先導——小さな空色のメス——がもっとも危険に近く、最初に旋回する。老練な編隊僚機がすぐさま進路変更を察知し、あとに続く。

　彼女は懸命に泳ぐが、シイラを引き離すことはできない。それは我らのヒロインより大きく、強く、そして——一〇〇メートルの短距離泳では——速い。彼女は上に行くほかない。時速三〇キロメートルに加速して[16]、水面に向かう。死が水をかき乱しながら、すぐあとをついてくる。銀色の世界の天井に届くと、彼女は跳び上がり、秘密のエンジン——長く伸びた尾びれの下葉——に点火する。尾びれの下葉は毎秒五〇～七〇回水をかく。最終的にはロケットと同じ効果を発揮する。

　我らのヒロインは胸の翼を大きく広げる。尾びれに近いもう一対の小ぶりなひれも広げ、複葉機のようになる。胸びれが揚力を生み、尾びれは推進力を生む。まだ水中にあるただ一つの部分、長い尾びれの下葉で最後の一押しをすると、海は突然下へと遠ざかる。今、空気が彼女を包みこんでいる。それは熱く、息を詰まらせるが、救いの神でもある。僚機は両脇に編隊を作っている。飛行隊は水中での二倍の速度で、低く音を立てて海面を飛び、急旋回して捕食者を置き去りにする。

だがシイラもあっさりあきらめるつもりはない。この魚は一気に時速六五キロを出して、水面下をついていくことができる。[17] そしてトビウオが逃げきったかと思われてからも、まだつきまとう問題がある。トビウオは飛んではいない――滑空しているだけなのだ。トビウオのひれは羽ばたいて動力飛行を行なうためのものではない。飛行時間を延長するだけのグライダーにすぎないのだ。だが水から出たトビウオは、そしてシイラも、滑空するトビウオは、やがて落ちてくるという、動かせない現実を目の前にしている。

一度の飛行は数秒しか続かない。残酷な重力が彼女を水面へと引っ張る――その下には速度を合わせて泳ぐシイラの虹色の影がある。高度を失い始めると、彼女は尾びれを水につけ、海面を叩いてもう一度急激な推進力を得ようとする。十数回叩けば、再び海面をかすめて滑空することができるだろう。[18] この死のレースは、五〇メートルのオリンピックサイズのプールを数秒で飛び越える速度で、あっという間に海面を通過していく。シイラは、トビウオが回避行動で取るゆるいカーブにぴったりとついて、追跡する。シイラはすでにトビウオを何尾も食べており、ヒロインが尾を海面につけるたびに、新たに襲撃の機会が訪れる。[19] だが攻撃に失敗すればトビウオに逃げられてしまうので、捕食者も必死だ。どちらの魚も肉体を最大限に駆使して、追いつ追われつしながら水平線へと向かっていく。

遠くに突然上がる水しぶきだけが、いずれか一方の勝利を伝える。

ジャンプするイルカとクジラのでこぼこのひれ

海でイルカの群れほど多彩な動きをするものは、ほかにない。海面のすぐ下を勢いよく泳ぎながら、わずかなさざ波を立てるだけで水中をすり抜け、それから我々みじめな陸上生物にその美しい姿を見せびらかすかのように、空中に飛び出して優雅な弧を描く。しかし泳ぐイルカをジャンプさせるものは、衝動的な喜びだけなのだろうか？　そこには深い思慮があるかもしれないことが明らかになっている。

速く泳ぐには大きな代償が必要で、コストは泳ぐ速度の二乗に比例して増える。泳ぎと跳躍を組み合わせることで、イルカはおそらく、水に比べて空気の抵抗が小さいことを利用しているのだ――時々跳躍すると、抵抗が減ってエネルギーの節約になるのだろう。しかし跳躍するにも大きなエネルギーが必要なので、跳躍が意味を持つためには、そのコストが宙に弧を描くことで節約されるエネルギーよりも小さくなければならない。慎重な分析でこれは確かめられており、跳躍に意味があるのは、ある決定的な速度の閾値《いきち》を超えたときだけだということがわかっている。時速一五キロメートルくらいまでは、イルカは海面のすぐ下を滑らかに泳ぐ。それを超えるスピードでは、跳躍のほうが泳ぐよりも効率がよくなり、そのためイルカはジャンプするのだ。[20]それは単なる楽しみ以上の、単純な経済学だ。大きさがこの計算式では重要になる。体が大きくなるほど、大きくジャンプするにはコストがかかる。

「巨大」クジラはこの方法で移動するには大きすぎる。三〇トンのクジラが水から飛び出すには膨大なコストがかかり、交替が起きる速度は時速五〇キロ前後になるだろう。回遊中にこの速度に達することはめったにない。クジラの中にはそれでも跳躍するものがいる。問題は、それはなぜかだ。

ザトウクジラは中型のクジラで、最大一九メートルになる。普通に見られ個体数も多く、捕鯨による減少から十分に回復しており、有名なブリーチング行動で観光客に親しまれている[21]（口絵①）。尾びれを力強く振って、巨大クジラはその上体を水上に投げ出す。背中を弓なりにして海面を激しく叩き、白いしぶきを盛大に飛び散らす。ザトウクジラより相当に大きなナガスクジラも、同じ迫力ある跳躍を見せることで知られるが、[22]もっとも大きなクジラたちはあまり跳躍しない。ザトウクジラがほかのクジラより優れているのは、敏捷さだ。ブリーチングを行なうにはある程度体をひねる必要がある。貨物列車のようなシロナガスクジラは決してやろうとしないことだ。ザトウクジラの胸びれが、そのしなやかな動きの鍵だ。

割合から言えば、その胸びれはクジラ目《もく》で一番長い。六メートルのひれは体長一九メートルの動物には普通でない。[23]白い縞模様が入った天使の羽のように繊細なそれは、よくフジツボと間違えられるごつごつした突起を前縁に持っている。実はこれは毛胞が変化して膨れあがり、結節と呼ばれるこぶし大のゴムのようなこぶになったものだ。ひれが大きいほど前縁を流れる水の量は多くなり、

左：前縁の結節を見せたザトウクジラの胸びれ。写真提供：W. W. Rossiter
右：CTスキャンによる胸びれ先端の三次元再構成画像
いずれの画像もFish, F. E., L. E. Howle, and M. M. Murray. 2008. “Hydrodynamic flow control in marine mammals.” *Integrative and Comparative Biology* 48(6): 788-800, figure 5. Oxford University Pressの許諾を得て使用。

受ける抵抗も大きくなる。ザトウクジラに特有の結節は水流を分割して、反対側に押し流してしまう。その結果、流体力学的特性が大幅に向上し、水中での揚力が高まるのだ[24]。

　やがて人間のエンジニアがこれに気づき、クジラのひれを高く評価してそれに学ぶようになった。カナダのエンジニアリング会社は最近、ザトウクジラのひれを手本にした風力発電機を設計した。風車の羽の前縁に、結節のような金属の畝《うね》を刻んだものだ[25]。これだけの小さな改良で、風車はとんでもない効率で空気を送るようになった。平坦な型に比べ抵抗が三二パーセント減り、揚力が八パーセント増加したのだ[26]。秒速四・八メートルで回るクジラのひれ型冷却ファンは、一般的なファンを二五パーセント強く回したときと同じ風を送ることができる。あるかなしかの進歩に慣らされたエンジニアにとっては、目覚ましい効率改善だ。

イカのジェット推進

　これまで見てきたスピード自慢たちには、みんな骨があった。魚類や海生哺乳類のような骨格構造を体内に持つものたちだ。あとで見る別の速い生き物は、鎧のような外骨格で支えられている。だがいずれの場合も、筋肉が硬い構成部品に固定されている。そうした硬い部品が動きを骨や殻に伝え、水を動かして推力を得るのだ。

だが、もっとも数が多い移動性の動物には、骨格なしでなんとかやっているものもいる。一番いい例がイカだ。体内に骨は一本もないが、天然のジェットエンジンの力で海を泳ぎ回っている。[27]

イカは頭足類で、コウイカやタコを含む大きな綱に属する。大きく飛び出した目玉は、冷たい異星人の知性で世界を見る。八本の腕と二本の長い付属肢（正式には触腕《しょくわん》と呼んでほかの腕と区別する）が眼の下に垂れている。普通、腕は顎板《がくばん》を取り囲んでいる。その結果、巨大な眼を持つ「頭」と、触腕を備えた「足」とまぎらわしいものがつながっている。頭足に続くイカの外套膜は、大部分の器官が収まった長い筋肉質の筒で、肉厚の円錐形の先端に向かってだんだんと細くなる。この動物には歯も骨もない。ただし、コウイカの一種では、貝殻の痕跡が「イカの骨」として体内に埋めこまれている。

イカは水を出し入れして移動する。外套膜に水を吸いこんで、漏斗《ろうと》という細くなった筒から間欠的に強く噴射することで、水そのものを推進力として使う。漏斗を細かく操り、イカは水流の量、強さ、方向を精密にコントロールする。[28]頭足類は、動きの鈍いタコを含め、すべて漏斗を持つが、イカはそれを一番移動に使っている。

水は重いので、イカの加速は遅いと思われるかもしれないが、そんなことはない。強力な筋肉の輪が外套膜を取りまいており、大量の水を漏斗から絞り出して大きな加速力を生み出す。イカは緊急時のための秘密兵器も持っている。超高速脱出装置だ。それはロブスターのカリドイド反射に似ている。非常に特殊化された巨大軸索突起という神経構造[29]、人間の髪の毛よりも太い一本の超大型神経線維が、外套膜を上下に走っている。それは尋常でなく異常に太いため、神経信号を外套膜のすべての筋肉にきわめて速く伝達することができる。その結果、あらんかぎりの水が外套膜から噴射され、イカは一気に飛び去る。巨大軸索突起は単純な命令（「逃げろ！」）を複雑な逃走反応に翻訳する手段なのだ。

イカの水上ジェット推進は何世紀も前からよく知られている。一八〇〇年代以来、水の上を滑空しているイカが観察・記録されてきた。それは海の伝説だった。しかし最近の調査で、ブラジル沖のあるイカの集団が滑空以上のことをしている姿が記録された。長さ一五センチメートルの扇形をした銀色のミサイルが水から飛び出し、高圧水の尾を引きながら加速していったのだ。[30] 二つ目の報告は日本のイカに関するもので、漁業の対象としてよく知られるこの動物の同様な能力を紹介している。[31] 航空力学的に詳しいことはまだ完全にわかっていないが、ジェット噴射によって空飛ぶイカはトビウオにできないことができる。空中での加速だ。ブラジルの種、ニセアカイカは、重力加速度二g以上で加速する。しかし燃料はすぐにつき――外套膜に蓄えられる水の量に制限される――その短い加速時間では、飛んでいる間に時速約一三キロメートルを超えることはできない。それは、めったに見られないこの生物の力と洗練の証明――限られた人しか見たことがない現象だ。

ロブスターの逃避反射

甲殻類は海にもっとも広く棲み繁栄している生物に数えられるが、それでも実に不器用だ。デイビッド・フォスター・ウォレス（訳注：アメリカの作家。"Consider the Lobster"〈ロブスターについて考える〉というエッセイで、ロブスターを生きたままゆでることの倫理性を問うた）がしたように、ロブスターについて考えてみよう。ひれの世界で何の因果か脚を持ち、魚たちがすいすい泳ぐその下で、海底をごそごそと急ぐ。重なり合った装甲板の重みのせいで、方向転換するさまは古いステーションワゴンのようだ。通り過ぎる波にひっくり返されれば、あおむけでのたうち回りながら、次の波が来て起こしてくれるのを待つ。

重い殻には利点もある。大きな成体のロブスターに天敵は少ない。しかし子どものうちは、タコから同じロブスターの大人に至るまで、さまざまな敵に食われる。[32] 小エビのような小型の甲殻類には、捕食される危険性が生涯つきまとう。それに対応して、多くの甲殻類は驚くべき適応を進化させた。鈍重な戦車をえり抜きのスピード王の領域まで一気に打ち飛ばすような、強力な逃避反射だ。

ロブスターが攻撃にさらされた、あるいはさらされたと感じた――例えばダイバーがカメラを手に、傑作を撮ろうと近づいてきた――とする。この刺激に対して、ロブスターは突然身を縮め、立て続けに痙攣をくり返しながら尾を下側に丸める。甲殻類の腹部はのけぞったり胸から下を巻きこんだりするために、強靱な筋肉でできている。[33] 逃避運動は、人間が手のひらを上にして、開いたり急に強く握ったりする動きと似ている。そうすることでロブスターは、一瞬にして後ろへ飛び去る。中型のロブスターで一〇〇メートル毎秒毎秒（m／s^2）加速できる。[34] これは重力加速度の一〇倍であり、そのため一・五メートル後ろに瞬間移動したかに見える。世界最速の量産車の一つ、ブガッティ・ヴェイロン・スーパースポーツの加速力は、やっと約一二メートル毎秒毎秒にすぎない。[35] アニメーション・シリーズ『ルーニー・テューンズ』のロードランナーが走り去るように、ロブスターも消え去る――舞い上がった砂煙だけを残して。オランデーズ・ソース（訳註：卵黄、バター、レモン汁を主材料とするフランス料理のソース）を添えれば絶品の尻尾も、当のエビにしてみれば、普段はただの邪魔者だ。だが危機が迫ったとき、それが命を救うのだ。

　この動きはカリドイド逃避反応、あるいはもっと簡単にロブスタリング（ただし一番研究されているのはザリガニだ）と呼ばれている。[36] これは神経系統全体の繊細な基本構造、動物の全身に素早い行動を促すニューロンと神経に支えられている。甲殻類はすぐにロブスタリングができるように、いつも尾を待機状態にしている。脅威を感じると、わずか一〇〇分の一秒でカリドイド反射の引き金が引かれる。[37] だが、彼らの脳は本当にそんなに速く機能するのだろうか？　実は、ロブスタリングは通常の感覚による選択ではない。それは「司令ニューロン」――数千の神経突起をただ一つの敏感な引き金に統合したシステム――の産物なのだ。[38]

　実験室では、巨大ニューロンへ電気刺激を与えるか、この動物の腹部を突っついてやるだけで、人工的パニックの複合的な筋肉反応が起きる。[39] いったん動きだせば、それはただ起きる。レイ・アレン（訳註：バスケットボール選手）のジャンプショットのように易々《やすやす》と、ぶれのない正確さで。巨大神経線維は非常に速い反応をもたらす――もっともその用途は限られているが。数知れないくり返しと、長い年月を経て、ただ必死に尾をばたつかせるだけだった動きが、甲殻類の神経の中に恒久的なパニック回路として進化したのだ。体に深く焼きつけられた決まった手順に屈して、ロブスターの脳はとにかく速く動くために制御を放棄する。あらゆる動物の中で、これ以上速い逃避反応はない。[40]

早撃ちナンバーワン

カリブ海での休日、あなたは地元の岩礁でシュノーケリング・クルーズに参加している。波で上下するボートのはしごの段に、フィンをつけた足を載せ、シュノーケルをしっかりとくわえて海に飛びこむ。

水は風呂のように温かい。海底は紫とピンクと青に彩られ、数多くの魚が絶え間なく行き交う健康な岩礁だ。水が耳元でごぼごぼと鳴るので、音はよく聞こえない。だが、ひっきりなしに響くパチンという音には、気づかずにはいられない。二度や三度ではない。脱水機の中に小石を大量に放りこんだようで、数えきれるものではない。潮流で海底の小石が舞い上がっているのだろう、最初はそう考える。だが実は、これは生物が出す音だ——小さくて魅力的な甲殻類、テッポウエビ科のエビだ。

しかしテッポウエビは、おそらく読者が考えているような方法で音を出してはいない。はさみの二つの部品を打ち合わせて、パチンという音を立てるわけではないのだ。実際には、テッポウエビは基礎的な水の物理的性質を操り、はさみの速射音を大幅に増幅している。[41] 彼らはキャビテーション、つまり水が超低圧で蒸発して細かい泡になる性質を利用する。圧力が低下すると泡が形成され、再び圧力が上がると、泡は突然つぶれて大量のエネルギーを、小さな空間に短時間で放出する。キャビテーションは船のスクリューでは工学上の大きな問題だ。スクリューは高速回転するので、無数の小さな泡が発生し、それがつぶれて小さな衝撃音を発する。その衝撃音は、もっとも硬いスクリューのブレードに使われる金属さえ侵蝕し、寿命を縮める。テッポウエビは生物学的にキャビテーションの衝撃を起こし、衝撃波を武器として昔のフリントロック式拳銃（訳註：火打ち石の火花で火薬に着火する銃）のように発射する方法を編み出したのだ。このため、テッポウエビはその名で呼ばれている。

二つのはさみの一つは細いフォーク状だが、もう一方は巨大なサイズに膨れ、ブルース・バナー（訳註：漫画『ハルク』の主人公。激怒すると大男ハルクに変身する）の拳がそこだけハルクの状態になろうとしているかのようだ。巨大なほうのはさみの爪は変形している。一方は切り欠きが入ったがっしりした塊、もう一方はちょうつがいを持つ指のような突起だ。この「指」をハンマー、がっしりした相手方を鉄床《かなとこ》だとしよう。前者は後者の切り欠きに、あつらえたようにはまっている。[42] ちょうつがい関節には強力な筋肉組織があり、エビは固定装置を備えた構成部品全体を、リボルバーの撃鉄を起こしたような状態にしている。エビが関節の引き金を引くと、ハンマーは鉄床の受け口を打つ。

ハンマーは落ちながら、切り欠きの貯水槽から水を全部追い出す。強い水の噴流が切り欠きの口で誘導されて前に撃ち出される。そのあまりの速さで、噴流が通ったあとにはキャビテーションにより気泡が発生する。[43] 気泡は飛び去るが、水の抵抗でたちまち速度が落ち、圧力が

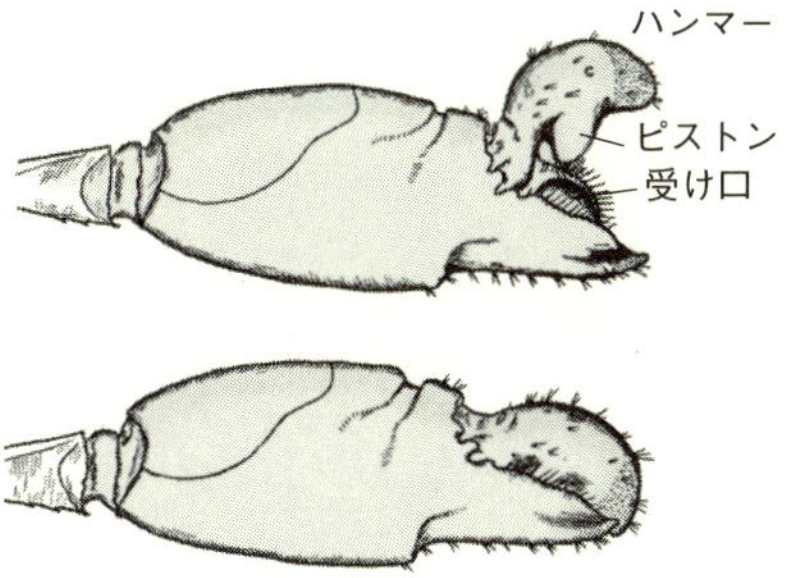

テッポウエビの発音器官
上：音を出すハンマーが保持機構で開いた状態に保たれている。可動ハンマー、ピストン、受け口が見える。
下：可動ハンマーとピストンが鉄床の受け口に正確に収まり、発音機構が閉じている。
Johnson, M. W., F. A. Everest, and R. W. Young. 1947. "The role of snapping shrimp (*Crangon and Synalpheus*) in the production of underwater noise in the sea." *Biological Bulletin* 93: 122-138 より

上がるにつれて不安定になる。それは生まれるとすぐ、爆発的につぶれて熱と光を放ちながら、パチンと音を立てて消える。気泡の内部の温度は四七〇〇℃まで急上昇する。これはタングステンが溶ける温度よりも高い。[44]

「鉄砲」は強力な衝撃波を水中に放つため、狩猟道具として使える。テッポウエビは海底の追いはぎのように巣穴に潜み、武器をいつでも使えるようにして、小さな獲物を待ち伏せる。小さなすき間から吹き出すその射撃は、考えうるいかなる反応よりも速く、ハンマーの一撃の威力で獲物を打つ。閃光と水の動きは速すぎて人間の目では捉えられないので、標的が目に見えない力、岩礁に住まう復讐の神か何かに打たれて倒れたかのようだ。一撃で犠牲者を気絶か即死させたエビは、巣穴を飛び出して餌を引きずって帰る。[45]

たぶん大方の想像通り、この独特の道具は暴力以外にも役立っている。テッポウエビ科は数百種のエビで構成され、その多くは爪で取っ組み合ったり音で力を誇示したりということをよく行なっている。ごく少数のものは、ミツバチやアリのような社会性昆虫にいろいろな意味で似た巣社会を形成する。巣では、仲間同士が鉄砲を撃ってあいさつを送ったり、危険を知らせたりする。このと

き安全を考えて、武器は頭上にかまえている。優秀な戦士でありながら、巣に棲む種は争いを避ける傾向にある。いさかいは威嚇姿勢や威嚇射撃で収められ、対立者が傷つけ合うことはめったにない。[46]

長距離走者たち――クジラの大移動

水中を高速で移動すると、体内のエネルギーの蓄えを恐ろしい速さで消費するが、広大な海が突きつけるもう一つの課題は、長距離移動ができるかどうかだ。南極大陸からはるか北極圏まで、大海原に陸地に阻まれることなく何本か直線を引くことができる。これだけ生息域に幅があると、とんでもない長距離を移動する機会が生まれる――そしてそれを利用している海の生物もいる。このような回遊に力を供給するためには、速度の問題を解決するのとは違った解決方法が要求される。

外洋の水面下一〇メートル、透明な青からすべての光を呑みこむような暗い青まで、さまざまな青が四方に広がっている。頭上では波の列がくり返し、一番近い、と言っても数千キロ先の海岸を目指して通り過ぎていく。静寂が海のすみずみまで、晴れ間のない霧のように包んでいる。

不意に物影がすり抜ける。力強い水平の尾と、両脇に伸びた二つの幅広のひれを持った巨大で黒いものが。二つ目の、もっと小さな影が、そっとあとをついてくる。二つの影は同時に海面に浮上し、立て続けに魚臭い息を何度か吐くと、再び静かな旅へと潜っていく。彼らが去ると、海は空虚な待ち時間に戻る。

地球上でもっとも長い旅をするものの中に、海の生物がいる。シロナガスクジラは南極大陸に近い南極海から亜赤道帯まで人知れず移動する。ザトウクジラは、毎年アラスカへの長旅を終えてハワイに戻ってきたことを、海上での活気に満ちたショーと海中での荘厳なオペラで知らせる。[47]コククジラはベーリング海の餌場をあとにして、メキシコのバハ・カリフォルニアのラグーンで繁殖するためにカリフォルニア沿岸をうろつく。[48]

人間にとって、水泳は最高の運動だ。それは水の抵抗が大きいからだ。適度なスピードの水泳で消費するカロリーは、速いペースのランニング、ボート、サイクリングと同じだ。競泳選手の親なら誰でも証言できるだろうが、水泳には大変な量の食物エネルギーが必要だ。オリンピックの競泳選手は一日に一万カロリー以上を消費することがある。[49]このような膨大なコストがかかるのに、クジラはなぜ、どのようにして長距離移動を行なうのだろう？

クジラは長い距離を泳ぐ前に食いだめをする。その餌場はだいたい極海の果てにあり、短く激しい極地の夏が生み出す豊富な餌を食べて夏を過ごす。しかし冬が近づくと、水が冷たくなり、プランクトンは休眠期に入って姿を消す。餌場は放棄され、移動性のクジラは夏の終わりに熱帯へ向かう。

腹いっぱいとはいえ、彼らは食物供給地と避寒地の間にある八〇〇〇キロメートルの冷たい水に立ち向かうことになる。クジラは瞬間的に大きな力を発揮するアスリートではない。イルカがターボエンジンを積んだ赤いオートバイだとすれば、移動性の巨大クジラは、重々しい音を轟かせて大陸を横断する貨物列車だ。貨物列車と同じように、クジラもスピードを上げるのに時間がかかる。加速よりも効率のほうがはるかに重要である。だから巨大クジラは強くゆったりとした泳ぎで進む。シロナガスクジラは時速一・五〜六・五キロの一定したスピードで巡航し、わずかな体力や動きも無駄にしない。[50]巨大クジラが一度巡航速度に達すると、そのスピードを維持するのに大きなエネルギーを必要としない。[51]

体の大きさに注目が集まりがちだが、移動性のクジラは工学の粋だ。二〇〇トンの塊を、意外にスリムな三〇メートルの長さにまで伸ばしたシロナガスクジラは、その最高の例だ。尾びれは推力を九〇パーセントの効率で伝える。これはもっとも優れた商船用スクリューよりも高い。クジラの尾びれが悠々と操る推力を出すために、スクリューは必死に水を引っかき回さねばならない。[52]このような特性を支えるのが、餌も摂らずにわずか数週間で、海の端から端まで旅をさせる鋼鉄の忍耐力だ。[53]

越冬地についたクジラは休息し、子どもを育て、つがいの相手を惹きつける哀調を帯びた歌を歌う。彼らは温かい海を選んで、トンガの浅瀬で跳ね回り、バハのラグーンに遊ぶ。温かい水の中で過ごすと、冷たい極海にいるときのように、体を震わせて熱を生む必要がないので、節約されたエネルギーで、移動のコストを埋め合わせることができる。新しく生まれた仔は、温かさの恩恵をおそらくもっとも受ける。体が小さいので、子どもは親よりも体重あたりの熱の喪失が多いからだ。また彼らはもっとも獰猛な捕食者、シャチから逃れられる。シャチは、冷たい海で狩りをし、機会があれば無防備なその年生まれのクジラを餌食にするからだ。温かい冬の海はこうした危険からの避難所だ。

冬の終わりは移動性のクジラにとって空腹の時だ――特に、前の夏に蓄えた栄養の予備を使って子どもを育てた母親にとっては。しかし、さらに数千キロの逆方向への移動がクジラたちを待ちかまえている。しかも今度はからっぽの胃で。この旅路の果てにある餌は、地球最大の動物にとっても切実に必要なものとなる。彼らは夏の極海に飢えきって到着するのだ。

近年、その餌をなかなか見つけられないクジラがいる。一九九九年には、相当な割合のコククジラが痩せ、衰弱さえしているのが観察された。移動中の子クジラの死亡率はきわめて高く、数百頭が死んだ。原因は食物源が北に後退したためであることが突き止められた。普段ベーリング海峡にあるおいしい甲殻類の餌場に代わるものを、コククジラは見つけられなかった。食物源は海水温の上昇にともなって北上していたのだ。コククジラにはなす術《すべ》もなかった。あとを追って、ようやく餌にありついたときには、数百キロ余計に泳いで膨大なカロリーを消費していた。[54]中にはすぐに十分な餌を見つけられず、子どもを死なせたクジラもいただろう。また、餌を求めて北へ進み、チュクチ海やボーフォート海（これらも海水温上昇の影響を受けている）に突っこんでいったものもいた。[55]

コククジラは以前よりもはるか北で普通に見られるようになった。しかし、二〇一〇年に地中海のイスラエル沖に姿を見せた一頭は、ホエールウォッチング界を震撼させた。[56]コククジラが地中海で目撃されたことはなく、この種は大西洋では一七〇〇年頃に狩りつくされてしまっている。以後三〇〇年間、コククジラの生息域は太平洋に限られてきた。この一頭はベーリング海峡をすり抜け、カナダ北極圏の浮氷原を横切って、通常の移動距離よりはるかに長く、数千キロ余分に泳いできたのだろう。はぐれ者は満腹で北大西洋に現われると、単純に本能に従った。冬の間南を目指し、そのうちに東へ進路を取って、居心地のいい温かいラグーンに入ったのだ。このラグーンがたまたま地中海だったのだ。バハの繁殖地ではなく。

どこをどう旅してきたにせよ、このクジラは姿を消し、それから大西洋、太平洋のどちらでも見つかっていない。

風に乗るアホウドリ

移動距離で比較した場合、巨大クジラに匹敵する動物は地球上に一種類しかいない。それは海面すれすれに飛び、巨大な白い翼と熾《し》天使（訳註：六枚の翼を持つ最高位の天使）の内なる平穏を持つ海鳥、アホウドリだ。詩人たちからは自然美の象徴として昔から称えられ、船乗りたちには死の前兆とされ、この鳥のイメージは海洋史の中にくり返し登場する。陸で孵り、浜辺の記憶に縛られてはいるが、アホウドリはまぎれもない海の生き物だ。それは生涯のほとんどを空で過ごし、限りない距離を飛びながら海から餌を獲る。繁殖期の短い期間を除いて単独で暮らすアホウドリは、大陸ほどの大きさのゆるい螺旋《らせん》を描いて、海を漂い渡る。

空を飛ぶためには、泳ぐときほどのエネルギーは要求されない――空気抵抗は水の抵抗に比べ、はるかに小さいのだ。しかし、きわめて長距離の渡りを行なうある種の海鳥は、いかなる基準に照らしても極限生物と言える。ワタリアホウドリは、現存する最大の海鳥で、現生の鳥類で最大の翼開長を誇る――カリフォルニア・コンドルさえしのいでいるのだ。輝くように白い翼には、すすけたように黒い羽が縞模様を描き、広げればほっそりした白い体から左右に最大で一八〇センチメートルずつ、合計で翼開長三六〇センチに達する。しかしこの優美な鳥の体重は、一五キログラムにも満たない。長く先が曲ったくちばしと黒い眼の輝きは、その印象的な姿に最後の仕上げを施している。

一九七七年のディズニーのアニメーション映画『ビアンカの大冒険』では、主人公（擬人化されたネズミの二人組）がニューヨーク市からルイジアナの入り江まで飛ぶために、アホウドリを雇っている。二人がチャーターしたオービルという名のドジなパイロットは、身の毛もよだつ離陸やドタバタ喜劇調の着陸で、すばらしいコメディ・リリーフぶりを見せた。それはオービルの落度でも、ディズニーの創作でもない。

アホウドリは総じて、安定した離着陸ができない。地面と衝突してもケガをしない程度にスピードを落として、着陸というよりスローモーションで墜落するのだ。[57] 強い向かい風があれば補助になる。[58]

飛び立つときもぎこちないが、着陸時より頑張る必要がある。そこそこの速度に達し、大きな翼の上を空気が流れるようになるまでアホウドリは飛べない。引きつるように何度か翼を伸ばしたあと、アホウドリはよたよたした足取りで羽ばたきながら、猛然と滑走路を走り始める。タイミングよく強風が吹くことを期待しながら、何度か試しに跳ね、風を確かめてみる。ついに空気を捉えると、それを保ちながら風の中に急上昇する。

最初の段階で失速することをまぬかれれば、アホウドリは、ただ飛んでいるだけではない。そこが本当の居場所なのだ。アホウドリの飛行を理解するのに、鳥類学の学位はいらない。翼を広げて動かさず、縁が完全に風を切るように角度をつけている――飛行というより滑空だ。アホウドリが波頭を越えて二〇ノットで巡航するときの静けさは、その美しさと生活様式すべての鍵だ。[59]

鳥にとって飛行は簡単なことだが、羽ばたけばひどく消耗する。翼を上下させるごとにエネルギーを消費するので、動力飛行は絶えず燃料を必要とする。ハチドリはエネルギー依存度が高い好例だ。絶えず羽ばたいている翼を一瞬でも休めれば、石のように地面に落ちてしまうだろう。アホウドリはその対極にいる。一年に一二万キロメートルを必要最小限の力で飛ぶのだ。[60]

アホウドリが羽ばたいていたら、これほどの長距離飛行は不可能だ。疲れ果てて落ちるか、餓死してしまうだろう。だからアホウドリは、その巨大な翼をハンググライダーのような静翼として使い、いったん飛び立ったらいっぱいに広げて固定しておく。たいていの鳥なら数分で疲れてしまうだろう。アホウドリはこれに何日も耐えられる。肩の特殊な腱が翼を定位置に固定するので、伸ばした状態を保つのに何もエネルギーはいらないのだ。[61]海の広域気象パターンに従い、アホウドリは数千キロにわたって空気のクッションに乗る。尾羽がわずかに引きつれるのと、腹部が微妙によじれるのを除けばまったく身動きしていない。飛行中の心拍数は、休んでいるときとまったく変わらない。[62]

滑空には、もっとも効率がよい状態でも、何らかの形で追加の推力が必要となる。アホウドリはその推力を、帆船を大陸間で運ぶのと同じ風から、経験を積んだグライダーのパイロットと同一の方法を使って得ている。[63]推進力が必要なとき、アホウドリは翼を下に向けて高度を下げ、急に速度を上げる。二つのうねりの谷間に降下すると、九〇度向きを変えて上を向く。風上へ向けて次の波の頭へ駆け上がり、少しスピードを失いながらも急上昇して孤独な放浪を続ける。[64]大きく広い外洋の波面は、

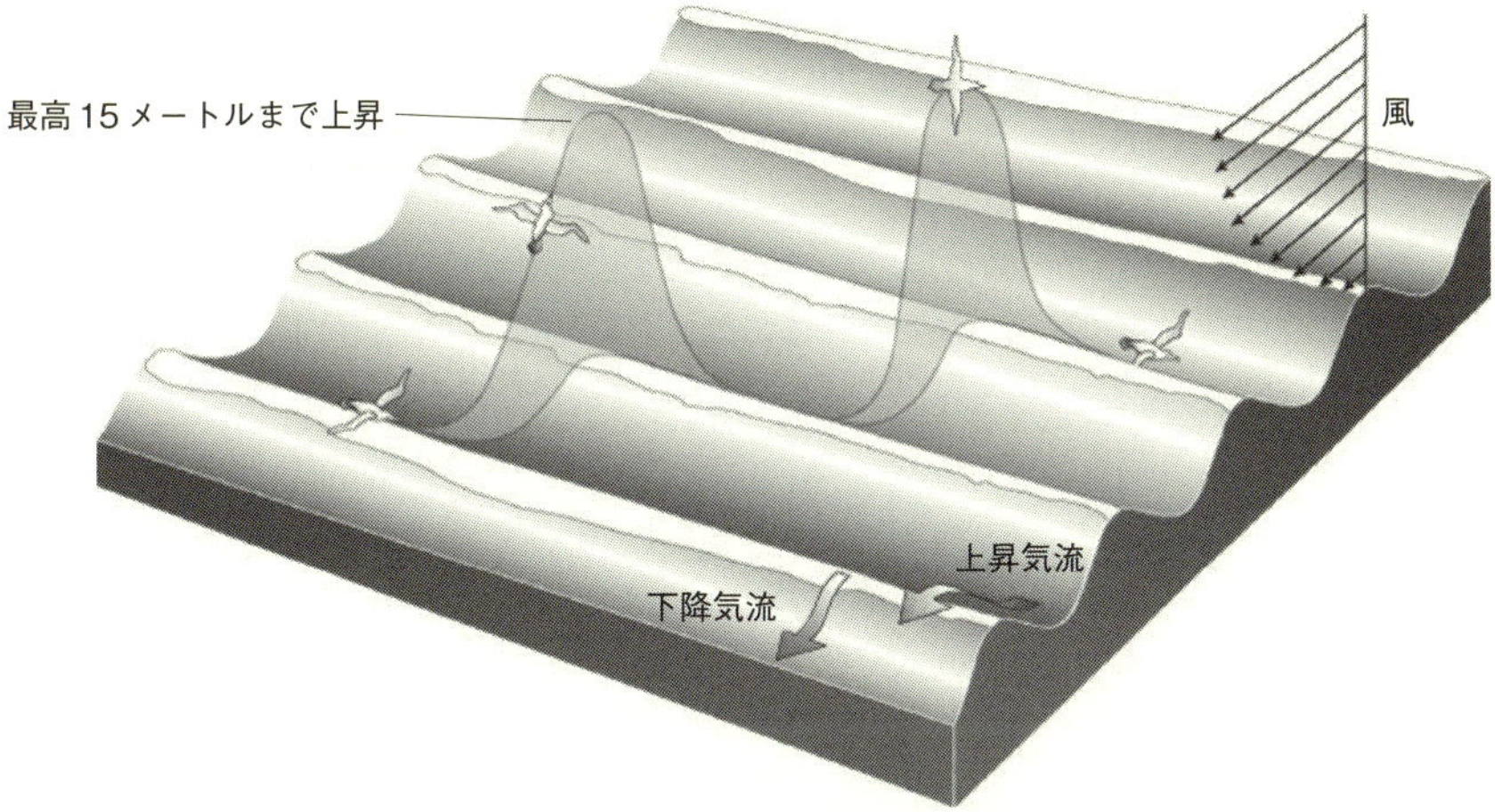

アホウドリの滑空法。風と波は右上から左下に動いている。波の風上側にはわずかに上昇気流が働いており、アホウドリはこれを捉えて、最高15メートルまで高度を上げる。アホウドリは風上に向かって移動しながら右に向きを変えて下降し、再び旋回して上昇気流に乗るまで波間に沿って飛ぶ。
Progress in Oceanography 88, P. L. Richardson, “How do albatrosses fly around the world without flapping their winds?” 46-58, 2011 よりElsevierの許可を得て転載。

グライダーを一度にたくさん運べるので、数羽のアホウドリがうねりの前面に取りついている。鳥たちはサーフィンをしているのだ――水の上ではなく、波が前に押した空気の希薄な流れに乗って。このような策略を適当な場所で使って、アホウドリは一日に八〇〇キロ以上を飛ぶことができる。

風が凪《な》ぐと、運の悪いアホウドリはエネルギーを使って羽ばたくか、海面に降りて運が向いてくるのを待たざるをえない。海洋物理学者のフィリップ・リチャードソンは、アホウドリが従わねばならない規則を明言している。「風がなく、波がなければ、飛べない」[65]。凪《なぎ》は世界中の暑い気候でよくあることであり、そのためアホウドリは熱帯の真ん中ではほとんど見られない。アホウドリは特に南半球を好む。陸塊が少なくて、海が冷たく変向風が吹く広大な何もない海域が多いからだ。ワタリアホウドリは寿命が長く――最高七〇年――一度の繁殖期の間に一万四〇〇〇キロ以上を飛び回ることもある[66]。巨大クジラの圧倒的な大きさにはかなわないが、それでも風という見えない糸に吊されたアホウドリを見ると、やはりはっと息を呑むはずだ。

風を吹かせるもの

アホウドリは永久に空を舞い、世界中を渡り歩き、実は大海原に自分たちを進める風を作り出しているのだと、船乗りは長く信じていた。サミュエル・テイラー・コールリッジの不朽の名詩の中で、題名にもなった老水夫は、不吉にもアホウドリを――その目に亡霊が棲み、背に冷たい風を背負った美しい鳥を――殺してしまう。[67]

罰当たりなことをしたのだこのわしは、
みんなに災いを及ぼすような。
みんなもそう言った、わしが殺したと、
程よい風を吹かせたあの鳥を。
何たる人でなしと、みんなは言いおった。
恵みの風を吹かせた鳥を殺すとは！

第8章

一番熱いところ

温かい海の生物のもっとも奇妙なところは耐えられる最高温度ぎりぎりで多くの種が暮らしていることだ

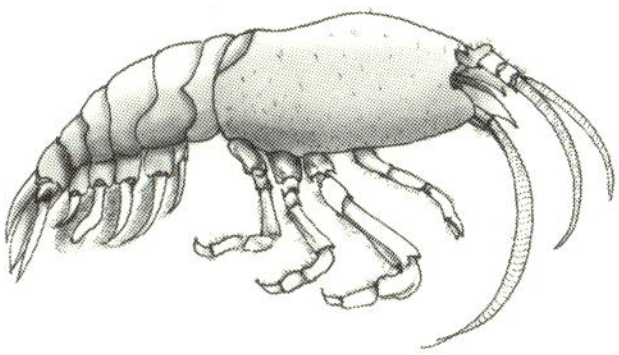

深海の熱水

タイのアンダマン海はフライパンのように熱い。下にコンロがあるわけではない――その逆で上から日光が容赦なく照りつけ、不気味な岩の柱で分かれてゆらめく細長い影を作る。澄みきった海水は、その一滴に至るまで太陽エネルギーの流れを吸収するが、海全体はなかなか熱くならない。そして海面温度が三二℃を超えると、太陽から与えられるのとほとんど同じ速さで、蒸発によって熱が奪われる。結果、太陽が海を人間の体温以上に温めることはめったにない。もっとも暑く焼けつくような熱帯の海でも、温度はシャワーの適温に遠く届かない。本当の熱湯は自然界ではまれだ。

一番の極端な例外は深海の裂け目、地殻が薄くなっているところだ。灼熱のマグマが海底のすぐ下を流れ、古いラジエーターのコイルのような地下水路の海水を強く熱する。熱い液体の一部は硫黄や金属を含んで、海底にできた地殻の小さな割れ目からにじみ出す。水深がそれほど深くなく、水圧が高くなければ、水は沸騰しているだろう（第4章参照）。熱く深い熱水噴出孔こそが、海の生物が本当の熱湯という難問に対抗する可能性を持つ場所なのだ。

しかしどちらかといえば穏やかな熱帯の海でも、あるいは寒い海岸の暖かい期間でも、生物の体温はすぐに許容限界を超えてしまう。温かい海の生物のもっとも奇妙なところは、熱に対抗する適応だけではない。多くの生物が自身の生理機能の上限近くに生息していることもだ。それは生物の奇妙な原則なのだが、南極の魚は六℃で熱中症を起こして死ぬことがある。[1] サンゴは二七℃で元気に生息するが、三二℃になると具合が悪くなる。[2] 極度の高温とは、ほぼ完全に相対的なものなのだ。

アルビン号とポンペイ・ワーム

三人乗りの潜水艇アルビン号は、ますます暗くなる水の層を抜け、底の底、水深二五〇〇メートルの熱水噴出孔を目指し、音もなく下降していく。到着すると、強力な投光器が海底の穴から噴き出す硫黄化合物を照らし出す。濃密な黒い煙が毒水の中に吐き出されている。その液体が付近を流れると金属を多く含んだ堆積物が蓄積し、数えきれない小さなかけらが長い年月をかけて付着して、ブラックスモーカーと呼ばれる黒い塔になり、きわめて熱い水を海中に噴出する（第4章参照）。その当時、一九八〇年代初めには、ブラックスモーカーは発見されたばかりだった——まさにこの潜水艇に乗った過去の研究者たちによって。[3]

潜水艇は減速し、その投光器は、煙突のように黒い煙を噴き出しているごつごつと不均等な高さ一八〇センチメートルほどの塔を照らす。数メートル四方にわたって、突然海底に生き物が姿を現わす。チューブ・ワーム、白いカニ、青白いエビ、その他の底生生物たち——アルビン号の乗組員にとってはすでにおなじみのものだ。だが、よどんだ海底の水に漂いながら近くに寄ると、科学者たちは煙突本体に初めての生物を見つけた。羽毛のような赤い芝生が下のほうを覆っている。マニピュレーターで探ってみると、体を引っこめた。それは実は身をくねらせる蠕虫《ぜんちゅう》の、派手に装飾された肉質の頭部だった。その岩のねぐらは、熱湯のために火傷しそうに熱くなった管だ——だが蠕虫は元気だ。詳しく見るために接近したアルビン号は、また一つ新種を発見した。それがポンペイ・ワーム、海で最大の熱を好む生物だった[4]（口絵⑦）。

発見した潜水艇の名前と、ある日突然不運にも熱い火山灰に埋もれたローマ時代の都市ポンペイにちなんで名づけられたアルビネラ・ポンペイアナは、深海の熱水噴出孔だけで見られる。繊細な深紅色の羽根飾りは、幅が広く剛毛に覆われた灰色の肉質の体につながっている。ポンペイ・ワームの頭は、噴出孔のわずか数センチ外側で四℃の冷水に浸っている。[5] その密な毛細血管には暗赤色の血液が満ち、水との間で素早く酸素交換が行なわれる。[6] 噴出孔のもっと近くにある尾は、ほかの惑星から来たもののようだ。予想外の高温にさらされるため、それは五〇℃を超える水温に耐えられるのだ。[7]

これに近い温度の場所に棲む動物はほとんどいない。わずかにほぼこのくらいの温度で生息する温泉性の甲殻類や、四三℃で生息する砂漠のアリくらいだ。[8] しかしポンペイ・ワームはもっとも熱いところに棲む動物としての記録を保持している。生息しているのが非常に深く、このような特殊な環境のため、研究者が生きた標本を手に入れることができたのはごく最近になってのことだ。五四℃を持続すると、ポンペイ・ワームは死ぬ。だから棲管《せいかん》の内部が八〇℃近くなる熱水チューブに生息するその耐性は、謎のままだ。おそらくポンペイ・ワームは熱い尾から冷たい頭まで、ヒートポンプのように体液を素早く循環させるのだろう。熱くなる尾の部分は高温に適応し、冷たい頭の部分は低温に適応しているのかもしれない。頭部を五四℃に保つことは致命的な結果に至るが、尾はそれに耐えられるのかもしれない。それは、体の一方の端には海の中でもっとも高い温度に耐える細胞を作り、数センチ離れたところには、深海の寒さの中で機能する細胞を作らなければならない奇妙な動物なのだろう。

そのため、分子生物学者はポンペイ・ワームの回復力に、発見当初から興味を持っていた。そのタンパク質や、ほかの細胞を作る構成要素は、動物界で知られている中でも特に熱耐性が高い。[9] 科学分野でも産業分野でも、その使い道はいくらでもあるだろう。だから、ポンペイ・ワームと、同じように熱に耐性を持ちポンペイ・ワームに養分を与えている共生細菌の遺伝子配列を決定する競争はすでに始まっている。[10] 頑丈なアルビン号は数十年たった今も現役で、深海へ根気よく潜っては特殊な高圧タンクにポンペイ・ワームを集め、研究所へ運ぶ取り組みを続けている。[11] 研究室の環境で生体を常時観察できるようになるまで、海底の煮えたぎる穴から来たポンペイ・ワームの謎の大部分は解明できないだろう。

見えないものを見る見えない眼

地球の内部から押し出された深海の噴出孔の熱は、広大な夜の闇にゆらめく炎だ。深海の大部分は暗く冷たい——深海の水温は四℃前後だ。[12] 海底の噴出孔は小さくまばらで、暗い砂漠のハイウェイのサービスエリアのように、何キロも間隔をあけて海底の深い裂け目沿いに並んでいる。それはきわめて熱いが、噴出孔の熱は遠くまで届かない。活発なブラックスモーカーから数十センチメートル離れるだけで、温度は三四〇℃から四℃に落ちる。スモーカーに這い寄れば茹だってしまう。数十センチ外れれば、暗く冷たい停滞に包まれる。

　熱水噴出孔生物は、おそらく短い生物発光のほかに光はないだろう暗い海中で、ブラックスモーカーの場所をどうやって知るのだろうか？　人は目を閉じていてもキャンプファイアの熱を感じて、安全な距離を保ちながら少しずつ近づくことができる。だが水は熱を吸収するので、熱受容体は水中ではうまく働かない。[13] 熱湯を見ることができる眼のない動物、フクレツノナシオハラエビに登場願おう。

　フクレツノナシオハラエビ、リミカリス・エクソクラタ（「眼を持たない裂け目のエビ」の意）はカクテルシュリンプほどの大きさの甲殻類で、熱水噴出孔のスモーカー付近のみで見られる。長さ五～八センチほどで透明の殻に包まれたこのエビは、成体になってからはブラックスモーカーのチムニーの上を跳ね回って、死の瀬戸際で一生をすごす。強いキチン質の爪先は、スモーカーの岩壁からざらざらした堆積物を引きはがす。エビは硫黄細菌をすすりこみ、残りはすりつぶして細かい粉にする。[14] 加えて、エビの大きく広がったえらにはバクテリアの群集が棲んでいて、[15] 熱水性チューブ・ワームの共生者のように、せっせと熱い海水中の硫化水素を処理している（第4章参照）。いずれにしても、ブラックスモーカーの近くにいることが肝心だ。しかしこのエビには本来の意味での眼がなく、ものが見えない。

　深海生物学者のシンディ・バン・ドーバーらは、このエビの背中に二つ左右対称に並んだ幅の広い色素斑に、高濃度のロドプシンが含まれていることに注目した。我々人間の眼にもある、光を捉える色素だ。[16] この部分には薄い角膜と敏感な網膜、脳の後部に直接つながる視神経がある。[17] この色素斑は基本的には眼だ——ただし頭にはついていない。そしてその眼でエビが見る光は太陽光線ではない——フクレツノナシオハラエビは赤熱した水の不気味な輝きを見ているのだ。

　十分に熱すると、ほとんどすべての物質は低周波赤外線スペクトルの範囲内の光を発する。光の正確な周波数は温度による——温度が高くなるほど波長は短く、周波数は高くなる。太陽が黄色い光を放つのは、六〇〇〇℃ときわめて温度が高いからだ。赤色巨星やトースターの発熱体はそれより温度が低いので、もっと赤っぽい光を放射する。深海噴出孔の水は三四〇℃で、赤のもっとも低周波側の光を放つ——フクレツノナシオハラエビの眼に相当する斑紋が吸収できる明るさで。

フクレツノナシオハラエビは、その光を実際に知覚する独特の能力を進化させた。エビの背にあるロドプシンの広い斑紋は、かすかな光源を知覚する能力を拡大すると考えられる。ほとんどの甲殻類では、狭い眼柄《がんぺい》の上にこんな幅の広い斑紋を置く余地はないだろう。反射性の裏地が斑紋の下にあり、ネコの眼の輝板《きばん》のように働いて、最初にロドプシンの斑紋を通過したときに吸収されない光が少しでもあればはね返す。

ロドプシンは光を吸収して何らかの像を直接脳に伝達する。この赤い光は正確な像を結ぶには弱すぎるが、熱に近いという感覚を作り出すことができる。可視光線と呼ばれる光はまったく見えないが、その不思議な眼点は、本当に重要な唯一の危険を知覚するように完璧に作られている。噴出孔の境界を特有の暗赤色の光で感知すれば、大顎がもろい堆積物を漁っている間も、エビは安全でいられるのだ。枕カバーを頭からかぶって明かりのついた部屋の中を歩くと、光と影は知覚できるが、それ以外はよく見えない。同じように、フクレツノナシオハラエビは熱気をぼんやりと感じるだけだ。[18] 彼らは、杖で地面を叩きながら飛んできた矢をつかむ座頭市のように生き延びている。[19]

サンゴ、温暖化と死

サモアの海岸の人目につかない一角を思い浮かべてみよう。目がくらむような白い砂浜に、絵に描いたようなヤシの木が立ち並び、その向こうにごつごつとした火山がそびえる。温かく穏やかなラグーンの水が足首を洗う。数百メートル沖では高波が白い泡となって砕けている。水面下で波の力を弱めている障壁の黒く不定型な姿が、浜からも見える。数千年かけて沖合に頑丈な壁を築いたさんご礁だ。サンゴ虫《ちゅう》——小さい花のような動物で、自己のクローンを作ってサンゴの生きた組織を形成する——が、海中に並ぶもののない勤勉さと熱心さで、日々頑丈な石灰質の薄い下塗りを分泌し、拡大しているのだ。[20]

長い年月のうちに、このきわめて薄い膜が積もり積もって、幾千万ものほかの動物種に餌と隠れ場所を与えられるほどの構造物に成長する。そしてサンゴ虫が死に絶えたあとでも、大きく育った石灰質は残る。熱帯の海岸に盛り上がっている硬いさんご礁の山は、この石灰岩だ。世界有数の壮大な自然の驚異、オーストラリアのグレート・バリア・リーフは、この石灰質でできている。数百万年かけて作られたそれは、自然の生物による構造物で唯一、宇宙から見えるものだ。サンゴが建築にはげんだ結果、計画的な構造物と見まがうものが波の下にできたのだ。

生きたさんご礁は壮大な見ものだ。目の覚めるような青と黄色とピンクと緑がさんご礁一面にきらめく。きわめて多彩な形と生活様式を持つ魚、ウニ、エビ、巻貝たちだ。目立たない管にこもったイバラカンザシが、毛の生えた頭を突き出して、流れの中で餌を獲る。サンゴの頂《いただき》と壁面は次第に海底より持ち上がり、しまいには数百万の生物を収容する都市になる。[21] 熱帯沿岸の白砂のビーチも主に、長年波に揉まれ魚にかじられて細かくされたサンゴからできている。

功績著しいサンゴだが、一方で心配なほどひ弱だ。一時的に温度が数℃上がっただけで、大量死が発生し、あたり一帯のポリプが全滅することもある。エルニーニョ現象と呼ばれる、太平洋で周期的に発生する大規模な熱波は、サンゴに壊滅的打撃を与えうる。一九九八年にはこの現象で、一部のさんご礁では最大九〇パーセントのポリプが死んだ。[22] 大気中の二酸化炭素の蓄積を原因とする地球温暖化で、過去一世紀の間に熱帯では海水温が〇・五℃以上上昇している。大したことはないように思えるかもしれないが、このように敏感な基底動物には問題をもたらす。

サンゴは主に、褐虫藻《かっちゅうそう》という光合成を行なう単細胞の藻を飼うことで栄養を得る。サンゴの体細胞の中に棲む褐虫藻は、生産のために多くの日光と温かい水を必要とする。そのため、サンゴは堆積物の濁りがない澄んだ水の海面近くに生息しなければならない。このような条件は赤道域から離れるとめったに見られない。圧倒的に多くのサンゴが赤道域に生息しているのはそのためだ。[23] 実際に赤道からのある決まった距離があり――チャールズ・ダーウィンのさんご礁に関する研究に敬意を表してダーウィン・ポイントと名づけられた――それを超えるとサンゴはもうしっかりとしたさんご礁を造れなくなる。ダーウィン・ポイントは北太平洋ではほぼミッドウェー環礁の緯度に、南太平洋ではクック諸島のすぐ南にある。[24]

サンゴのポリプは高温に耐えられるが、光合成を行なう奴隷はまた別だ。過剰な熱は褐虫藻の光合成を妨げる。熱帯の日光の膨大な力は褐虫藻に捉えられ、主に高エネルギー電子に変換される。温度が高いと、褐虫藻は鍋が吹きこぼれるように高エネルギー電子を漏らしてしまう。それは酸素と結びついて「活性酸素」というやっかいなものを作る。活性酸素は毒素であり、サンゴを害してある反応を起こさせる。群体に取りうる道は一つしかない。いらいらの元を追い出すことだ。[25] サンゴはこれを「顔を憎んで鼻を切り落とす」（訳註：短気を起こして自分の損になる行動を取ること）の、もっとも古い進化の形態によって行なう。つまり、自分自身の細胞を死滅させるのだ。電子の発生源である褐虫藻はまとめて海に放り出される。たいていの場合、サンゴは死んで崩れ始める。これがサンゴの白化現象と呼ばれるものだ。

サンゴの不調を予測する

ハワイ大学海洋生物学研究所のポール・ジョキエルは、サンゴが白化を始めたさまざまな場所の温度を調査していて、意義深い発見をした。それは現在、さんご礁の健康を予測するために日々使われている。同僚のスティーブ・コールズと共に、ジョキエルは妙に規則的なパターンに気づいた。熱帯全域にわたり、平均年間最高水温を一〜二℃上回ると、サンゴは白化し始めるのだ。[26] その閾《いき》値《ち》を超えてわずか二、三週間たつと、数百キロメートルにわたって白化現象が引き起こされる。

このデータを使って米国海洋大気庁の科学者は、拍子抜けするほど単純な測定基準を考え出した。それがディグリー・ヒーティング・ウィークだ。白化温度より一℃高い水温が[27]一週間続けば、指数は一・〇上がる。二℃が一週間なら二・〇増加し、一℃が二週間でも同じだ。この単純な指数が、地域の温暖な期間からさんご礁が受ける危険を表わし、白化現象が進行中であることを地域と世界に警告する。

二〇一〇年にはタイのさんご礁の九〇パーセント近くが白化に見舞われており、最大二〇パーセントのサンゴが死んだ。[28] 本書執筆の時点では、異常に海水温が高い区域は地球上にそれほど多くはない。最大のものはハワイの北方、ダーウィン・ポイントを少し過ぎたところに害をおよぼすこともなく居座っている。[29]

オフ島の熱耐性サンゴ

米領サモアのオフ島では、クリスマス前には午前六時頃に太陽が昇る。南半球の明るい夏の日だ。サンゴの壁で外洋のうねりから守られたラグーンは、朝日の中で液体のコバルトのように輝く。

明け方、水温はすでに二九℃ある。サンゴにとっては極楽だ。昼になると、真夏の太陽に炙られ引き潮に静まりかえったラグーンの水温は、三五℃に達する。サンゴは、普通の忍耐の限界を大幅に超えた温度で三時間以上釜ゆでにされる。ようやく三二℃以下に冷えるのは、日暮れからずいぶんたってからだ。サンタクロースはそろそろ太平洋を渡りきるころだ。

オフ島のラグーンのサンゴは、毎日熱せられて死んでしまいそうなものだが、それでも元気だ。その熱耐性を温水槽での実験で評価したところ、オフ島のサンゴはこれまでに試験した中でもっとも強靱なものに属していた[30]（口絵⑪）。新しく行なわれた調査で、毎日の潮汐がもたらす熱の変動が刺激となり、熱耐性を発達させたことがわかっている。三五℃の熱に二四時間さらされたら、とっくの昔に死んでいるだろう。しかし三時間という範囲なら耐えられる。

名作映画『プリンセス・ブライド・ストーリー』では、主人公が同じような方法で毒に耐える訓練をする。以前の致死量を笑ってすませられるようになるまで、毎日毎日、少しずつ毒に自分をさらしていくのだ。

人間の生体臨床医学研究にならって、サンゴ研究者は、個々のサンゴ群体がストレス下でどのように遺伝子を利用するかを測定した。三日間の加熱で、一般的なサンゴでは二五〇の異なるストレス遺伝子が活性化した。オフ島のラグーンでは、サンゴはこのような「熱遺伝子」を約六〇個持っており、常に高い能力で作動している。

こうしたサンゴの中には、守護遺伝子のスイッチが入って生まれてくるらしいものもいれば、研究者がさんご礁で一番熱い場所に移すと初めてスイッチが入るものもいる。また、この肝心な遺伝子が作動しないものもいて、そのような群体は死んでしまう。このようなことが重なった結果、直径四〇〇メートルの小さな礁池《しょうち》で生き残りの小集団が繁殖し、強烈な日光と熱さの下で成長しているのだ。

それはわかっているかぎりで太平洋ではもっとも強靱なサンゴだが、人間の介入がやはり圧力となっている。魚の乱獲は、サンゴを覆う海藻の繁殖につながる。埋め

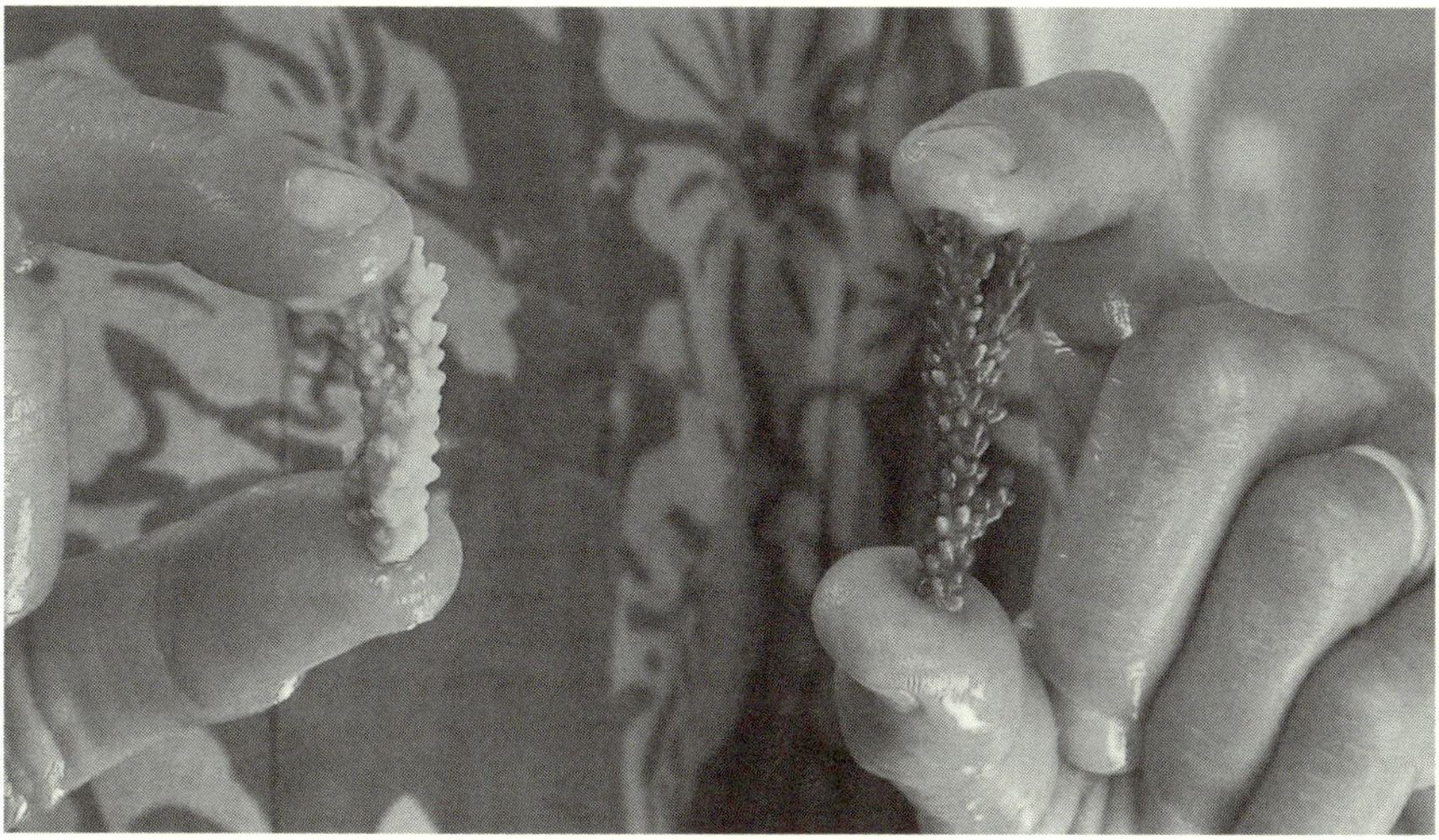

サモアのオフ島で獲れた左のサンゴの枝は白化しているが、右のものはしていない。２つは同じ種類で同じように取り扱ったものだが、右のサンゴは水温の高いオフ島のよどみで成長したもので、熱耐性が高い。写真撮影：Dan Griffin-GG Films

立て地からは重金属がラグーンに漏れ出している。島民の中には、狭い飛行場をサンゴが棲んでいる岩礁まで延ばして、経済を活性化しようとする人々もいる。

幸い、地元の村は保全したいという気持ちと経済開発の現実に板挟みになりながら、さんご礁の一部を保護し、その価値を認めている。私たちにはまだ、たくましいサンゴ虫の生き残りの秘密を解き明かし、オフ島の村がさんご礁を守るのに力を貸し、そのサンゴの生存技術を模倣することができるかどうかを試す時間があるのだ。

赤熱の海

アフリカの大地溝帯は地球のプレートのいくつかが出会うところだ。その近くに意外にもサンゴが豊かな場所がある。紅海は深く、水深二〇〇〇メートルの海溝へ切れ落ちているが、この砂漠の海の浅い両岸を取りまいて、見事なさんご礁が形成されている。[31] 海水温は非常に高い。中東の殺人的な太陽が照りつけ、砂漠に囲まれているために、夏の平均海水温は三〇～三一℃と、太平洋のサンゴのほとんどを白化させるのに十分だ。[32]

空から見ると、紅海沿岸は白い砂浜からサファイア・

ブルーの水、そして最後に何百万という泥の袋小路のように入り組んだ茶色の地殻へと移り変わる。紅海のサンゴは「裾礁《きょしょう》」（訳註：海岸に接したさんご礁。岸から離れて陸地を取り囲むものを堡礁《ほしょう》、中央に島がないものを環礁と呼ぶ）を形成し、急な大陸棚に向けて一面に広がって成長している。[33] ほかならぬチャールズ・ダーウィンが紅海のサンゴに興味を抱き、独特の裾礁構造を説明している。だがあるサンゴの構造が、ダーウィンには納得できなかった。それは陸から遠く離れていて、存在しない海岸線に沿うかのように湾曲していた。またあるものは孤立した太古の石灰岩の柱で、不ぞろいな尖塔のように海底から突き出し、まわりには色とりどりの魚が群れている。どう説明したものか、ダーウィンは途方に暮れた。

> 紅海、そして東インド諸島には（後者の不完全な海図が信用できるなら）、散在する数多くのさんご礁があり、その規模は小さく、海図にはただの点でしか表わされず、深海から隆起している。これらは三つの分類のどれにも当てはめることができない。しかしながら紅海では、これら小さなさんご礁の一部は、その位置から、かつては堡礁の一部を形作っていたものと考えられる。[34]

結論から言えば、このような構造は波乱に満ちた独特な歴史の、かすかな名残だった。大地溝帯は常に地質学的に変化している状態にあり、三つのプレートが互いに分裂しようとしてもがいている。[35] せめぎ合う力はこの谷を、地震の巨大な特異点にしている。紅海の水位を上げ下げする、三つの大陸の終わりなき戦争だ。今の時点で、紅海の水位は歴史上もっとも高い。過去五〇万年の平均より約五〇メートル高いのだ。ダーウィンを悩ませたサンゴ岩の尖塔や沖合のさんご礁は、今では水没しているが、古い時代には岸に沿った普通の位置にあった。

熱く塩分濃度が高く水位の上下が激しい紅海は、長い年月をかけてゆっくり成長するさんご礁には適さないと思われるかもしれない。しかしそこで海洋生物は栄え、この環境に入りこんで適応したサンゴを糧《かて》に新しい種へと急速に進化している。紅海のさんご礁に棲む魚の中で、一〇パーセントがほかでは見られない種であることがわかっている。[36] 多くの変化は外見だけのものだ。レッドバックバタフライフィッシュは、目が覚めるように美しい魚だ。山形の黒い線が側面の前から後へと連なり、眼の上に黒、黄、白の三色に色分けされた筋が走っている。大きな深紅の紋が体の後部にあり、尾びれにも同じような色合いの帯が現われている。[37] この種は紅海だけに見られるが、もっとも近い親戚は（ＤＮＡが示すところでは）マダガスカルに棲むほぼ同一の種だ。[38] その斑紋はもっと鈍い色で、深紅からカラシ色に格落ちしている。

紅海のサンゴは各地で見られるものと似ているが、いくつか独特の能力を進化させている。紅海のサンゴは、白化を起こす水温の近くで生息しているため、共生藻に熱耐性がある。サンゴに共生しているのは同じ褐虫藻の一種だが、通常よりはるかに高い水温でも宿主の健康を保つことができる。なぜそうなるのかは完全にはわかっていない。しかし、うだるように暑い夏の高温の間も、紅海の褐虫藻がサンゴに有利に働くことには、ほとんど疑いがない。そして紅海一帯では、水温が上がるほど、熱耐性を持つ共生者が一般的になるのだ。[39]

紅海のサンゴは、普通の夏の温度帯では白化することがめったにない。[40] しかし多くの親戚と同じように、きわめてきっちりした生存の閾値がある。熱耐性のある共生藻にも限界があるのだ。ウッズホール海洋研究所のアン・コーエンらは、ＣＴスキャナーを使ってサンゴの過去の成長率を測定した。臨床検査医師が人間の骨成長を測るのに使う型のものだ。

林学者が木の年輪を数えるように、サンゴ学者はサンゴの骨格の成長線を測ることができる。コーエンらは、一九四〇年代（二年続けて海水温が三二℃になる暑い夏があった）に、サンゴが予測される成長率に比べわずかしか成長していないことを発見した。[41] 最近、紅海の水温は上がっている。地球全体と共に海水が温暖化しているのだ。コーエンの調査が示すように、サンゴの成長はすでに下降傾向にある。紅海のサンゴは世界で一番強靱かもしれないが、忍耐の限界にきているのだ。

コガシラネズミイルカ

バハ・カリフォルニア北部の海岸線は、古いボートの色あせたモザイクだ。緑や青やかつては赤だったピンク色をした、船外機つきの簡単な小舟には、どれも漁具と渦巻く雲のような白い刺し網が詰めこまれている。水は浅く、ミネストローネのように温かく、漏れた船の燃料で虹色に光っている。五〇メートル沖へ出ても、港は膝までの深さしかない。そのはずれ、水が砂色から黄玉色に変わるあたりに、ウミガメが頭を出してぶくぶくと呼吸の泡を立てる。高く白い石の岩層が象牙の城のようにそびえ、騒々しい海鳥が見張りについている。ここはカリフォルニア湾の北端、世界で一番温かい開放水面だ。[42]ここはカスープのように栄養豊富で、数多くのエビや魚、大きなイカ、越冬するクジラ、海で屈指の多様な微生物を支える。そこは絶滅のまさに瀬戸際にいる珍しい哺乳類のすみかでもある。バキータ（スペイン語で「小さな牛」）とも砂漠イルカとも呼ばれるコガシラネズミイルカだ。

コガシラネズミイルカは体長一五〇センチメートルほどで、地球上でもっとも小さくもっとも絶滅の危機に瀕したクジラ目《もく》の動物だ。[43]ゴムのような皮膚に覆われた「小さな牛」は、灰色一色のレインコートを着たようだが、黒っぽい模様が、眼を山賊のように隈取り、口元には照れ笑いを浮かべたように見せている。コガシラネズミイルカが棲むのは、両辺六〇キロメートルでカリフォルニア湾の北端を頂点とする浅場の小さな三角地帯だ。ほかのクジラが棲む海域よりも温かいこの場所以外、世界中のどこにもいない。[44]

カリフォルニア湾の北部に棲むのは、湯船に縛りつけられるようなものだ。初めは気持ちいいが、時間がたつにつれて苦痛になる。哺乳類は極度の高温に短い時間なら耐えられるが、コガシラネズミイルカが一生の間耐え続けるような熱に、ほかの海生哺乳類は出会うことはない。[45]海水温は夏に急激に跳ね上がり、紅海に劣らぬ高温になって、温血動物の哺乳類は自分の体温を発散するのに苦労する。小型の陸生哺乳類は体表面積／体重比が高く、めったにオーバーヒートしない。大型の哺乳類は発汗、あえぎ呼吸《パンティング》、耳をはためかせるなどの冷却方法を工夫した。しかしコガシラネズミイルカは難しい状況に陥っている。熱に対処しなければならないほどに大きいが、水に捉えられて汗をかくこともあえぐこともできないのだ。

代わりに、「小さな牛」は二つの適応形態を身につけている。一つ目は、脂肪層を落としたことだ。一般的なイルカに比べ、コガシラネズミイルカは痩せているようには見えない。しかしその体脂肪ははるかに少ない。断熱層を捨てることで熱の蓄積を防いでいる。[46]二つ目は、ひれが普通のイルカよりずっと大きいことだ。背びれ、胸びれ、尾びれに至るまで、並はずれて大きなひれはラジエーターの役割を果たす。

「小さな牛」は厳しい生活を送っているが、それを殺すのは熱ではない。熱中症や夏季熱による死亡が記録されたことはない。彼らはこの環境に適応し、特殊化しているようだ。しかし湯の三角地帯はとても小さいため、そこだけに棲むコガシラネズミイルカは世界有数の珍しい哺乳類となっている。最初に記録された種個体数調査（ケン・ノリスとウィリアム・マクファーランドにより、ようやく種として認定されたのは一九五八年のことだ）では、六〇〇頭に満たないと断定された。[47] コガシラネズミイルカは世界に六種しかいない「本当の」ネズミイルカ《ポーパス》科の一種であり（訳註：英語で厳密にはイルカをドルフィン、ネズミイルカをポーパスと呼んで区別するが、日常会話では混同されることがある）、そのもっとも近い親戚は南米

メキシコ、バハ・カリフォルニア州サン・フェリペのコガシラネズミイルカの像
写真撮影：Cheryl Butner

沿岸に棲むコハリイルカと南極海のメガネイルカだ[48]。どちらの種ももっと冷たい海に棲んでおり、コガシラネズミイルカの生息域から一五〇〇キロ以上離れている。いつ、どのようにしてコガシラネズミイルカはカリフォルニア湾にたどりつき、温かい水になじんだのだろう。

ＤＮＡ解析によれば、コガシラネズミイルカはカリフォルニア湾に二、三〇〇万年前に入った。更新世の氷河期のまっただ中という波乱の時代で、海面温度には大きな幅があった。巨大な氷河が地球上の水をほとんど閉じこめており、また両極の寒気が赤道方向へ大きく張り出しているために、普通は熱帯を取りまいている温かい水の範囲が狭められていた。放浪していたネズミイルカの一群が、おそらくその頃に赤道を越えたのだろう。カリブーの最初の先祖が青々とした草を求めてベーリング海峡を渡ったのと同じように。カリフォルニア湾に入ってしまうと、彼らは地形か気候の影響で出られなくなってしまったのかもしれない。

何が起こったにせよ、コガシラネズミイルカが生き残っていることは、それが必要な進化的変化を起こしたことの証明だ。しかしまさにその適応自体が、この動物がほかの場所で生きることを困難にしているのだ。

煮える寸前で生きる生物たち

ポンペイ・ワームは八〇℃の熱いブラックスモーカーの噴出物によって生きているが、一般的な南極の魚は、私たちが氷水と呼ぶ六℃で熱中症を起こして死ぬ[49]。どのようにして生物はこれほど異なる熱への感受性を持つに至ったのだろう?

ゲノムのレベルまで掘り下げると、生理機能を高温に適応させるために進化が取りうる策略が数多くある。例えば、タンパク質のアミノ酸を、高温下でも形状を維持するように作りかえることができる。ポンペイ・ワームの研究で、熱水噴出孔の生息地で機能する細胞を作るような大規模な進化が、ゲノム全体に起こりうることが明らかになっている[50]。自分の体温を調節できる生物、例えば哺乳類や鳥類は、体の大きさや代謝率を変えるように進化することが多い。そして個体には、一時的な熱ストレスを受け入れられるように、体内の生理機能を調節する方法がたくさんある。

このようなメカニズムを前にすると、多くの生物が水温の小さな上昇にも敏感であることは意外かもしれない。

生物学者のジョナサン・スティルマンは、カリフォルニア湾の暑い海岸から肌寒い霧のモンテレーまで、沿岸性のカニの熱耐性を綿密に研究した[51]。その結果、カニが棲んでいる場所により、その生息環境の一般的なピークよりわずか数度上がるだけで、熱誘発性の心臓発作が観察された。もっとも暑い海岸にいる熱帯のカニは、温帯に棲む親戚よりも余裕が少なかった。平均的な高温のレベルには耐性を多く持っていても、その限界は平常の数度上でしかないのだ。異常に暑い日が数日続けば死んでしまうかもしれない。

スティルマンの発見は、将来の温暖化に対してどう考えるべきかを変える。高温に適応した生物種は、将来水温がさらに上昇したとき、より安全ではないかもしれないからだ。私たちの常識的な考えは、直感的にこうほのめかす。「そもそも十分に熱さに耐えられるなら、もう少し温度が上がっても生き延びられるはずだ」。しかし、熱耐性の生物種はすでに、耐えられる上限ぎりぎりで生きており、一℃の上昇で生きていられなくなるのはほかの生物と同じなのだ。

第9章

一番冷たいところ

冷たい水域の生産力はしばしば非常に高いが
氷は体内でも体外でも危険だ

海の一角獣

うだるような夏の熱気にすっぽり覆われた一四世紀の中世の城を想像してみよう。分厚い石の城壁はひんやりとするが、空気は蒸し暑く、壁には露がしたたっている。謁見の間ではまばゆい日光の筋が、厚い高窓から差しこんでいる。賓客の一団が領主に拝謁し、歓待への返礼として冷たい異国の酒を領主に贈る。領主はそれを受け、それから料理の用意を命じる。給仕がワイングラスを客に配るが、玉座の前には小さな容器が置かれる。幅が狭く先細りで象牙色をしたそれには、馬の姿が彫られている。異国の客たちはいぶかしんだ。不遜にも領主を客人と別格に扱うのか？　飲み物が注がれ、領主は杯を手に取り、掲げる。乾杯し、酒に口をつけ、一同着席する。

「不躾ながら閣下、その杯はいかなるものでしょうか？」

領主はそれに応えて微笑み、杯を光にかざす。

「これはですな」もったいぶって言葉を句切りながら領主は言う。「遠く北の地でスカンジナビア人が獲った一角獣《ユニコーン》の角《つの》を彫ったものです。どのような効能があるか、ご存じですかな？」客たちは知っていたが、領主は言葉を続ける。「何よりもまず、これはいかなる毒も即座に、完全に消してしまうのです。私は疑り深い人間ではないが」彼は訪問者たちを見渡す。「昨今は物騒ですからな」

　この話の細かい部分は創作だが、背景はそうではない。何世紀も前、ヨーロッパ全土に一角獣の角の市場が存在し、きわめて大きな利益を生んでいた。長さ百数十センチメートルのねじれた細い象牙色の丸棒を、行商人が北から運んで来るのだ。伝説ではこの角が、毒と魔法両方の強力な対抗手段とされ、ヨーロッパ中の統治者はその加工品に、同じ重さの黄金より高い値をつけた。[1] エリザベス一世は、宝石を散りばめた角に城が買える金額を支払った。[2]

言うまでもないことだが、一角獣などこの世に存在しない。しかしこれらの角はどこからかやって来たものであり、そして本当にスカンジナビア人が獲っていたのだ。彼らが狩っていた動物は陸上では見られず、北極海の凍てつく黒い海にいた。それはイッカクの名で知られる、小型のクジラだった。

イッカクの英名ナーワル（narwhal）は、古ノルド語で「死体」を意味するnarに由来する。[3] 古代スカンジナビア人は、初めてこの歯クジラを目撃したヨーロッパ人で、海面近くを漂う斑模様の灰色の体が、水に浮かぶ死人のように見えたのだろう。イッカクは数十頭の群れを作り、おびただしい流氷の浮かぶ海面を泳ぎ回って、魚やイカを捕食する。もっとも大きな個体群は東部カナダ北極圏とグリーンランドのもので、イッカクはカナダ北部の先住民イヌイット（初めてイッカクと遭遇し、捕獲した人類）の口承によく登場する。[4]

「一角獣」の角は中世ヨーロッパの蒐集家にとって必須のものとなり、骨董品の陳列棚で最高の地位を占めた。[5]

「角」というのは実は牙だ。オスの左の上顎《うわあご》から突き出す、極端に長く伸びた切歯《せっし》なのだ。メスには普通は牙がないが、まれに例外もある。さらに珍しいのが、堂々たるマストを混み合った口の両側からそびえ立たせた二本牙を持つオスだ。標準的な牙の長さは二・五メートルで、それが体長四・五メートルのオスについている。[6] これは海中でも邪魔くさい。陸上で、一角獣が同じ比率の角を持っていたら、その威厳ある鼻先が地面についてしまうだろう。

ヨーロッパの統治者たちは、その卓越した美しさゆえに牙を珍重した。イッカクも同じように感じているようだ。それは生存の役には立たない。牙のないメスは問題なく健康に生活しており、おおむねオスと同じように行動している。実は牙は第二次性徴で、繁殖のためについているのだ。オスは牙をメスの争奪のために使い、互いに角つき合わせている姿も見られる。彼らはマリオネットの決闘のようにぎこちなく張り合う——自分も相手も口にほうきの柄をくわえてけんかするところを思い浮かべてほしい。この行動は暴力よりも格好つけに近い。乱闘ではなく腕相撲だ。牙の実用的な機能はそれだけのようだ。オスが海底の泥から餌をあさっているところが観察されたことはあるが[7]、本来の実用的な牙の用途は、まだ特定されていない[8]。

イッカクは世界でも特に冷たい海を回遊する種だ。北極海が夏の間、暗灰色の体が大群をなして、跳ね回るのが見られる。ほとんどの極地の生物種は、冷たく栄養豊かな海とほぼ沈むことのない太陽の働きで、生物が爆発的に増える夏に、どっさりと食べる――冬に備えてカロリーを蓄えるためだ。イッカクのやり方はその反対だ。夏の食餌調査では、胃が空っぽのものがしばしば見つかっている[9]。採餌は冬の間に行なわれる。このとき、イッカクは南に逃がれ、外洋にいる。一年でもっとも寒い時期でも、彼らは頑《かたくな》に北極圏より北にとどまっているが、こうして南へ回遊することで、この季節もっともひどくなる流氷を避けているのだ。流氷が沿岸の入り江をふさぐと、閉じこめられる危険がある[10]。広く深い海に出ると、深さ八〇〇メートルまで潜って、タラ、オヒョウ、エビなど底生のごちそうを飽食する。越冬するイッカクは、外洋を泳ぎ回って毎日数時間くり返し深く潜り、魚介類を食べあさってカロリーを補充する[11]。

イッカクは生活史と行動を寒冷な環境に合わせて進化させてきたが、初めは温かい海から出発した。化石記録によれば、その先祖は三〇〇万年ほど前に温帯の海を泳いでいた[12]。現在のイッカクと、親戚筋のシロイルカは、北極に生息域を限定されていて、その気候適応はカリフォルニア湾のコガシラネズミイルカ（第8章参照）に見られるものと、気味が悪いほどの鏡像関係にある。風呂のように温かい水に浸かっているコガシラネズミイルカは体が小さく、余分な体熱を発散するために不釣り合いに大きな胸びれ、背びれ、尾びれを備えている。イッカクのやり方は逆だ。イルカの仲間にしては重く、胸びれは小さく、背びれは完全に欠けている。これが熱の維持に役立ち、北極の流氷の中で、小さな穴をすり抜けやすくするのだろう。夏であっても浮氷が思いがけず海面に集まって、呼吸を難しくすることがあるのだ。

イッカクも、その親戚にあたるシロイルカも、前頭部にある柔らかい「メロン」から下顎の脂肪が詰まった空洞までの、高度な反響定位器官を持つ。この発達した器官は、発信する音波を収束させ、入ってくる反響音を感知する。イッカクのあまりに大きな装備は、暗い深海で餌を探すために使うものかもしれないし、周辺の流氷の位置を詳しく特定するためのものかもしれない。正確な反響定位によりイッカクやシロイルカは、どの経路が行き止まりでどれが貴重な一呼吸へと通じているかを知ることができるのだろう。[13] 一般的なクジラは開放水面の環境で活動しており、障害物はめったにない。北極のクジラはソナーからの情報をより多く必要とするのだ。

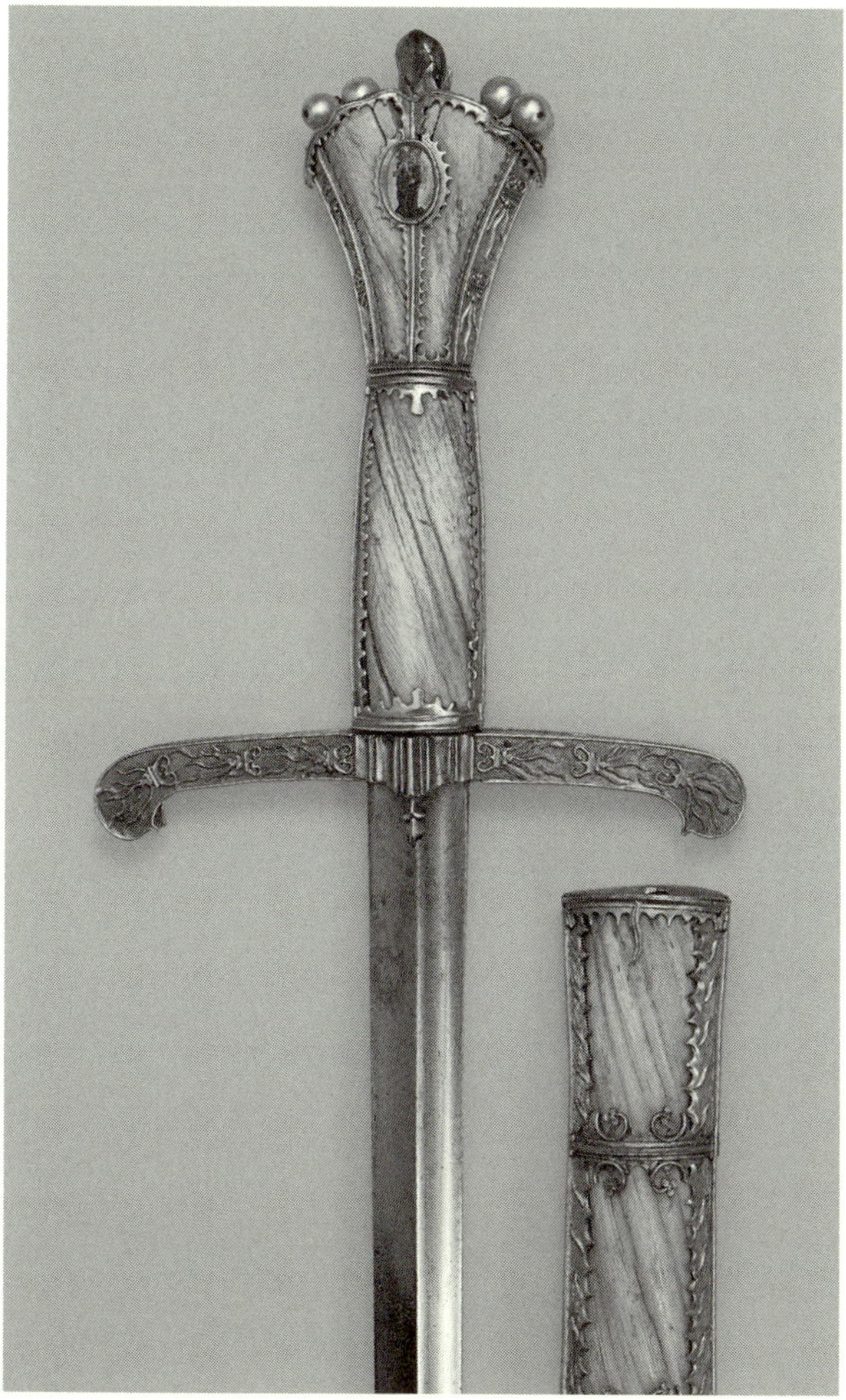

ウィーン王宮宝物館の「一角獣の剣」
Pluskowski, A. 2004 “Narwhals or unicorns? Exotic animals as material culture in Medieval Europe.” *European Journal of Archaeology* 7:291-313. © Kunsthisorisches Museum Wien.

ラッコが冷たい海で生きられる二つの理由

　もっとも冷たい海の住人について語るとき、「かわいい」という言葉はめったに出てこない。ホッキョクグマは恐ろしく、シロイルカは楽しげで、ハドックは荒くれ船長にはまず似ていない（訳註：フランスの漫画『タンタンの冒険』の登場人物、ハドック船長のことだが、タラの一種であるコダラの意味もある）。極限生物がかわいいと呼ばれることは、ほとんどない。そこでラッコだ――インターネット・ミームを作り出すほどかわいく、数えきれない野生動物カレンダーの中から愛くるしい目でこちらを見つめている。アメリカの小学生はほぼ全員、それを絵に描くことができる。つややかな毛皮、好奇心いっぱいできらきらした黒い目、あおむけにのんびりと浮かんで、腹に載せた餌を食べる姿。環境保護活動家もマーケティング担当重役も、そろってラッコの魅力の前にひざまずく。

　最初にラッコから利益を得た人々は、その毛皮を求めていた。ラッコの驚くほど暖かくきめ細かい毛皮は、極寒の海で生きることを可能にする、もっとも重要な適応形態だ。冷たい北太平洋だけに生息する三種のラッコの亜種は、長い年月をかけてロシアの北岸からベーリング海峡を渡り北米の西海岸まで分布を広げた。[14]カリフォルニア海流は南へと流れ続け、栄養豊富な水を運んで巨大な生産力の源となる。ジャイアント・ケルプ――世界最大の藻類――は、この冷たいシチューで一日に三〇センチメートル成長できる。[15]ラッコは、水温が七℃から一五℃の間にあるケルプの森に棲む。これよりも極地近くに棲む海生哺乳類は何十種といるが、ラッコは独特だ。カワウソから進化したもので、体が小さく脂肪層がない。

　大きな体と厚い断熱性の体脂肪は、冷たい水中で生き抜くための基本中の基本だ。これらの適応構造がなければ、クジラやアザラシは凍死してしまうだろう。ラッコはもっとも小さな海生哺乳類――体重約三〇キログラムでイヌくらいの大きさ――だが、まったく脂肪なしで、断熱を上等の毛皮だけに頼っている。

　ラッコの毛皮一平方センチメートルには最高で十数万本の細い毛が生え、二つの層に分かれている。[16]毛皮に触るとふわふわと柔らかく、絹のように滑らかで、ぬくもりを放っているかのようだ。油を含んだ短い下毛が、長く強靭な保護毛に守られており、水に潜っている間、紙のように薄い空気層を毛皮の中に閉じこめている。空気は優れた断熱材で、下毛の油は水を皮膚に寄せつけない。ラッコが泳いでいる最中、実際に気泡が目に見える。ラッコのしなやかな動きに合わせて曲がったりねじれたり、ちらちらと光る銀色のマントがそうだ。[17] 厚い毛皮で暖かさを保つ哺乳類はいくらでもいるが、ラッコの毛皮は特に優秀だ。

皮肉なことに、そのすばらしい毛皮がラッコを絶滅寸前まで追いつめた。ヨーロッパの探検家が一八世紀半ばにラッコを発見すると、たちまち世界規模の市場が出現した。中国からヨーロッパまで富裕層はラッコの犠牲の上に、豪奢で暖かい毛皮で着飾った。わずか五〇年で北米のラッコは、絶滅の瀬戸際まで狩られた。カリフォルニア北部からバハ・カリフォルニアの間で、一〇万頭のラッコが殺されたと推定される。[18] さらに多くがアラスカ沿岸で、ロシア人に捕獲された。一八四四年には、ラッコの数があまりに激減したので、カリフォルニア（当時はメキシコ領だった）知事が北米初の漁場保全令を発布し、子どものラッコを獲ることを禁止した。[19]

ラッコは、染みこむ海の冷たさに対する第二の適応構造を持っている。それが第一のものと共に、彼らを北太平洋で生存させているのだ。ラッコの体は燃えさかる代謝炉だ。常に冷水に浸っていると、大量のエネルギーが要求される。それを埋め合わせるための、たゆみない代謝をラッコは発達させた。もちろん炉には燃料が必要なので、体重三〇キロのラッコは一日に体重の四分の一もの新鮮な海産物を食べる。[20] 一日食べないとラッコは急激に痩せる。たった三日飢えれば、死ぬことがある。凍死するのだ。健康なラッコの群れは恐ろしい量の海産生物を消費する。ウニ、アワビ、カニ、巻貝、二枚貝などほとんど何でも、ラッコはかぶりつくか腹の上で石に叩きつけて割り、胃に収めてしまう。その食欲と柔軟な食習慣から、ラッコはケルプの森で生態系の要《かなめ》となっている。

ウニとアワビはラッコの好物で、貪欲に捕食されるため、増えすぎることはない。しかしかつてラッコが絶滅した（あるいはそれに近づいた）とき、これら海の草食動物がイナゴの大群のように猛威を振るった。アメリカ西海岸の大きなケルプの森は、ウニの大軍にかじりつくされ、森があったところには不毛の岩の海底とバスケットボール大のウニ以外に何も残らなかった。一九〇六年に撮影されたモンテレー湾の空中写真――ラッコが最後に目撃されてからおそらく六〇年後――には、今日海岸沿いにあるケルプの密林は写っていない。二〇世紀初めのダイバーは、広い範囲の海底が赤や紫のウニで一面覆われていたと報告している。小型で生産力が低い種である茶色のブルケルプだけがわずかにしぶとく残っていた。

大規模な毛皮取引を切り抜けて、ラッコは小さな群れで生き残った。アラスカの離島アリューシャン列島に少数が棲んでいた。[21] カリフォルニアでも、地形が険しく開発が進んでいないビッグ・サー海岸沿いで、フレンズ・オブ・ザ・シー・オッター《ラッコの友》などの地域団体に保護されて小集団が生き残った。[22] 長年の徹底した保護のおかげで、ラッコの個体数はゆっくりと回復した。かわいいというのは悪いことではない。カリフォルニアでのラッコの「再発見」は社会にセンセーションを巻き起こした。[23] 一九六三年四月、おそらく一世紀ぶりにラッコがモンテレー湾に戻ってきた。この謎めいた動物を一目見ようと、観光客と地元住民がラバーズ・ポイントの磯に列をなした。現在でもラッコは、モンテレー湾水族館の人気アトラクションの一つになっている。

ラッコが増え、ウニとアワビが激減した結果、ケルプの森が拡大した。ホプキンス海洋研究所の大学院生たちは、ビッグ・サーからモンテレーまでの海岸でのラッコの経過を観察し、海底に割れたウニの殻が、奇怪な異星人の墓場のように散乱しているのを記録した。[24] 同じような一連の出来事はアラスカでも起きており、ラッコが来るとウニが消えた。ウニがいなくなると、そのあとでケルプが茂った。[25] 今ではケルプの森はきわめて多くの魚、海鳥、アザラシを支えている。その生産力は太平洋岸に住む多くの人の生計を維持する。その一風変わった冷水への適応により、ラッコはケルプの森の健康に重要な役割を果たすようになった。その復活は北米西海岸にとって、この一世紀で一番の生態学上のニュースだ。

南極の不凍液

冬、南極海の水温はマイナス二℃に下がることもある。淡水の凝固点を十分下回り、塩水の中にも氷の結晶ができ始める温度だ。[26] 血液などの体液には海水ほど塩分が含まれないので、魚の体内では外より氷ができやすい。生きた細胞にとって氷は死を意味する。鋭い結晶の刃は細胞膜を突き破る。さらに大きなスケールでは、氷が毛細血管に詰まって脳梗塞を引き起こす。極地の魚は絶えず体内で氷が形成されないようにしていなければならない。

スイショウウオ（コオリウオ科）
写真撮影：William Detrich, U. S. Antarctic Program

一四〇〇万～一〇〇〇万年前に南極海が季節的に凍るようになり始めると、その住人は適応を強いられた。[27] もっとも成功したものの一つが、ノトテニア亜目に分類される魚だった。まとめてコオリウオとして知られるそれは、ほっそりして大きな眼を持つ小さな生き物で、口元が突き出し、口ひげを生やしたイギリス空軍のパイロットといった面《おも》もちだ。彼らは初めて、驚異の天然不凍タンパク質（ＡＦＰ）を作るのに使われる、注目すべき遺伝子を進化させた。[28] ＡＦＰには二つの機能がある。第一に、魚の体内環境を変え、血液の凝固点を下げて氷結晶ができないようにする。[29] 第二に、もし氷結晶ができてしまったら、即座にＡＦＰがまとわりついて、結晶面に直接結合する。これは直接介入で、氷の結晶の変化を物理的に邪魔するのだ。そうすると結晶は簡単に成長したり、溶けたり、再凍結したりできない。[30] その結果、氷結晶は数を抑えられて安定したものになり、体内環境は安全になる。

オークランド大学の生物学者クライブ・エバンズらはこれを見て、当然の疑問を持った。不凍タンパク質――特に糖をまとった変種である不凍糖タンパク質――が氷の結晶を完全に消せないのなら、残った粒子はどうなるのだろうか？[31] エバンズは微粒子を不凍糖タンパク質で覆って極地の魚に注入し、それが特定の臓器に蓄積されるのを観察した。コオリウオの脾臓には特有の機能がある。糖タンパク質に包まれた氷の結晶を識別して、それを貯めこむのだ。[32] タンパク質は消化管から血液供給系へと移動し、魚の血流をパトロールする。そして氷の結晶に飛びつき、保護物質でくるんで脾臓で安全に貯蔵する。

不凍液は明らかに進化上の大きな優位だ。南極海では、このタンパク質を利用しているコオリウオとその親戚が、地域の魚類バイオマスの九五パーセントを占める。[33] 反対側の北極ではゲンゲとホッキョクダラが、ほかの魚よりも北の北緯八四度以北で生息するために（ちなみに北極は北緯九〇度）、コオリウオとほぼ同じタンパク質を独自に適応させていた[34]（口絵⑭）。不凍タンパク質は陸上でも、主に寒冷地に適応した昆虫と植物で見られる。類似の物質はさまざまな時期にさまざまな場所で進化したが、作用のしかたは同じだ。アミノ酸の一種のトレオニンが氷結晶の平面に、舌がアイスキューブにくっつくように結合するのだ。結晶は溶けないが、成長しないかぎりは手に負える。不凍タンパク質は非常に便利なので、蛋白質構造データバンクは、それに「今月の分子」の地位を与えたことがある。[35] 小さな原子の集団は、この栄誉にとまどっていたと伝えられる。

化学者は、魚のタンパク質をもとにしてありとあらゆる製品を設計している。エチレン・グリコール（自動車用の不凍液）のような従来の化学物質には致死的な毒性があるが、ＡＦＰは非常に効果的で無害だ。溶けにくいアイスクリームがあちこちの食料品店で売られているが、これはすぐに溶けたり、あまり大きな氷の結晶ができたりしないようにＡＦＰが混ぜられている。[36]

市販の食品に添加されているＡＦＰが、そこにたどりつくまでには大変な道のりがあった。コオリウオの遺伝子は酵母菌の細胞に挿入され、酵母菌はその新しい遺伝子を使って、氷を抑制するタンパク質を生産する。できたタンパク質はアイスクリームの中にある氷の結晶と結合して包みこむ。結果として味がクリーミーになり、霜がつかない冷凍庫の中で結晶が大きくなるのを防げる。低脂肪、低コレステロール、低カロリーなのに、味はあまりヘルシーでない従来の製品そのままだ。[37] アイスクリームの品質向上技術は、海のもっとも寒いところに棲む先駆的な魚の中で進化したのだ。

ナンキョクオキアミ

南極海では、海流は西風に吹かれて常に時計回りに南極大陸のまわりを回っている。[38] その一部は北へも流れ、外側へと傾いて渦を巻き、表層の水を持ち去っていく。その層は、海底から湧き上がる栄養豊富な水——ひどく冷たいが、それでも氷のような海面よりは温かい——で置き換えられる。この湧昇《ゆうしょう》は絶えず栄養分を海底（そこには栄養が自然に蓄積する）から海面へと運ぶ。

春になり流氷が後退すると、日光が極地の海に戻ってくる。その暖かさと日射のエネルギーに栄養分が加わって、プランクトンが大発生する。[39]その結果は壮観だ。太陽の恵みを吸収して、小さなエメラルド色の単細胞藻類が激しく爆発的に繁殖する。一月（南半球では夏だ）には大発生した植物プランクトンに、数えきれない植物プランクトン食動物が引き寄せられる。中でも一番重要なのが、ナンキョクオキアミという親指サイズの甲殻類で、世界でもっとも成功している生物種の一つだ。

もちろん、成功の定義にもよる。ホモ・サピエンスは二五万年の間に多くのことを成し遂げてきた。だが総質量においては、オキアミがヘビー級チャンピオンだ。全世界のナンキョクオキアミのバイオマスを合わせると、三億五〇〇〇万トン前後になる。[40]その推定個体数は八〇〇兆で、人類を一〇万倍上回る。この小さく活発な生き物は、想像を絶する密集した大群をなして海面に押し寄せ、浮いている細かい藻類を水をかいてつかもうとする。その半透明の殻は赤味を帯び、ごく小さなＬＥＤのような、緑の生物発光の灯がちりばめられている。高密度の群れには一立方メートルあたり三万個体が含まれ、巨大なピンク色の雲となってうねる。その密度の高さはひと塊の物体に見えるほどだ。夏の最盛期には、一つの群れが数キロメートルに広がり、数十億の個体を含むこともある。[41]

この動物は、たくましくねばり強く生き残る。流氷が海をびっしりと覆う冬と春の寒さに耐え、脱皮のたびに大きくなるのでなく――殻を持つ生物では異例のことだが――小さく成長することができる。もっとも餌の乏しい季節、オキアミは自分の組織を代謝して、氷の下で痩せていく。実験室では、ナンキョクオキアミは二〇〇日以上餌なしで生き延びたことがある。[42]しかしこの途方もなく豊富な生物種がどこで冬を過ごすのか、研究者がようやく明らかにできたのは一九八六年のことだった。ナンキョクオキアミは海氷の下で逆さまになって凍った天井にしがみつき、誰も思いつかなかった食料源を利用してしのいでいた。氷の下側に生える緑藻類を食べていたのだ。[43]成体は二、三年生き、毎年冬には氷の農園で餌を摂りながら、南極の夜が明けて終わりなき南極の昼が来るのを待っている。

オキアミは魚からペンギンから巨大クジラに至るまで、ほとんどすべての自分より大きな動物に食べられる。それは南極海でもっとも手に入りやすくもっとも数が多い

南極海の食物連鎖の基礎であるナンキョクオキアミ。写真撮影：Uwe Kils

餌で、あまりに豊富なことから多くの種がこれを専門に食べる。間違って名前をつけられたカニクイアザラシは、カニよりもオキアミを追いかける。その歯はクローバーの花のような咬頭《こうとう》を持つ奇妙な形で、エビに似たピンク色のごちそうをふるい分ける働きをするように適応している[44]。クジラのひげは同様に独特な適応構造で、大きな口いっぱいに含んだ海水からオキアミをこし取るようにできている。オキアミに関しては、効率よく大量に食べることが大型海生哺乳類の戦略だ。

　オキアミは食物連鎖をショートカットする存在だ。普通の生態系では、植物プランクトンと呼ばれる微小な藻類と高次捕食者とのつながりは遠い。日光が植物プランクトンにエネルギーを与え、それをプランクトン食動物が食べ、それを小型の捕食者が食べ、以下同じことがサメのような頂点の捕食者まで続く。それぞれの段階で大量のエネルギーが失われる。一般に生物が消費されたとき、その体が持つ食物エネルギー全体の一〇パーセントしか次の段階に渡らない――一〇キログラムの植物プランクトンは一キログラムのプランクトン食動物しか生産しないのだ[45]。

　オキアミは食物連鎖を短縮して、無限の太陽エネルギーを巨大クジラに（そしてそれ以外のすべてにも）わずか二段階で伝える。このため、南極の生態系は並はずれて効率が高い。しかしオキアミの個体群のように巨大な生態系ですら、人間が影響をおよぼせない大きさではない。私たちは意図せずして一撃を加えた。オキアミの捕食者を狩ることで。

捕鯨とオキアミ余剰

人類は数千年前から捕鯨に従事してきたが、南極圏の豊かな鯨漁場がついに開拓されたのは、二〇世紀に入ってからのことだ[46]。始まりは遅かったが、捕鯨業者は南極のクジラに、飢えたハイエナのように襲いかかった。一九〇七年から一九八五年の間に、人間は南極海で一〇〇万頭を超えるシロナガスクジラ、ナガスクジラ、ザトウクジラ、イワシクジラを殺した[47]。このような毎年途方もない量のオキアミを食べるクジラが多数捕獲されたので、その空白の間にオキアミの余剰が発生しているかもしれない[48]。この仮説を自分に都合よく拡大解釈して、日本の外務省は、巨大クジラを殺したことでミンククジラ（一九八〇年代まで捕鯨の主流からは見逃されてきた）のような小型ヒゲクジラが過剰になったとしきりに言い立てている。この仮説を前提に彼らは、「ミンククジラを間引けば、より大型のヒゲクジラの回復に大いに役立つだろう」と主張する[49]。これが本当なら——巨大クジラの個体数が本当にオキアミの資源量に拘束されるなら——日本が南極海でミンククジラの捕鯨を続けることが、科学的に正当化されるだろう。

最近まで、ミンククジラ（ナガスクジラ属）ははびこりすぎた雑草（あるいは国際捕鯨委員会の元日本代表の言葉では「海のゴキブリ」）であるという主張は、直接検証できなかった[50]。二〇世紀以前の信頼できる個体数がわからなかったのだ。二〇一〇年に、新しいタイプのDNA分析で「ゴキブリ」論は誤りであることが証明され、南極海の生態史の新たな一面をかいま見せた。この方法は、個体数が大きいほど、小さい場合よりも高い遺伝的変異が含まれる傾向にもとづく。現在の変異を測定すれば、過去の個体数の規模が推定できるわけだ。

この手法を南極海のミンククジラ肉——皮肉にも日本の捕鯨業界から購入したもの——に使ったところ、結果は日本の捕鯨業界の主張が虚偽であることを証明していた。二〇一〇年のミンククジラの数は捕鯨の全盛期以前と変わらず、約七〇万頭だった。[51] 近年増えすぎているという根拠がなければ、ミンククジラを殺す必要はない。[52] オキアミ過剰仮説は依然合理的だが、それはミンククジラが豊富であることも、ここ二、三〇年間で減少しているとする根拠も説明しない。ミンククジラの数は、冬季の死亡率か過去五〇年の海氷の減少で決定されている可能性がある。[53] いずれにしても、ミンククジラを間引くことに科学的根拠はない。

冷水からのエネルギー

海の過剰開発は現在進行形の危機だ。漁業と汚染で、我々ホモ・サピエンスは疑いもなく海の生産力を大きく損なってきた。だがもし、海でもっとも強力な原動力を人間が利用できるようになったとしたら？　南極の環境の信じられない生産力——植物プランクトンからオキアミ、さらにその先まで——は、海底から海面に湧き上がってくる冷たく栄養豊富な水に由来するものだ。この冷水それ自体を資源として考えると、突如名案が浮かぶ。世界の魚の数は限られており、すべて生態系の微妙なバランスの上に立っていて、さまざまなものに影響を受けやすい。対照的に、冷たい海水の供給はほとんど無限で、質が落ちることはない。大量の重い水を深海から海面へ汲み上げるのは、単純に工学的問題だが、エネルギーのコストは高くつく。ここから利益を生み出すことなどできるのだろうか？

遡ること一八〇〇年代後半に、物理学者がこのエネルギー源を利用しようとしていた。温かい海面と冷たい深海の水の温度差を利用して、原始的な熱力学によりモーターを回せば、熱と蒸気と、究極的には電気を生み出すことができる。ジョルジュ・クロードは最初のこのような工場を、一九三〇年にキューバに建設し、タービンを動かして五〇〇ワットの電球四〇個を点灯した。[54] このシステムは小さく、非常に効率が悪かった——生産するエネルギーが消費するエネルギーをかろうじて上回る程度だった——が、原理は確かだった。これは海洋温度差発電（ＯＴＥＣ）と呼ばれた。研究は急ピッチで続けられ、二〇世紀後半には、この古い発想を拡張する現代の技術が存在した。

一九七四年、アメリカ政府はハワイ州立自然エネルギー研究所（ＮＥＬＨＡ）を設立した。乾いたコナ海岸からのびる不毛の黒い溶岩の岬、ケアホレ・ポイントに立つこの施設は、マッド・サイエンティストの屋敷にも似ている。天をつかもうとするようなパラボラアンテナ、謎めいたコンクリートのドームの隣には、アルミと青いガラスがぎらぎら光る研究棟。ＯＴＥＣは熱帯でしかうまくいかない。風呂の湯のような海面温度がすぐに深海の冷たい潮流と入れ替わる場所が必要なのだ。温度差が大きいほど、より多くの電気を勾配から絞り出せる。ケアホレ・ポイントはおあつらえ向きな場所だ。比較的最近の溶岩流で形成され、急傾斜の大陸棚に長い桟橋のように突き出している。ごつごつした玄武岩《げんぶがん》は水際で切れ落ち、海のうねりは抵抗になる浅瀬がないので、重苦しく打ち寄せている。数メートル沖で、海はすでに九〇メートル以上の深さがある。[55] この偶然の海底崖は、再生可能エネルギーの実験に申し分のない実験場だった。[56]

よくあることだが、結果は期待したほどよくもなく、心配していたほど悪くもなかった。大量の水を汲み上げるには大きなエネルギーが必要で、ＯＴＥＣが生み出す電力のほとんど全部を工場を動かすために回さねばならない。いったん運用が始まると、ケアホレの工場は消費する以上の電力を生産したが、熱帯の島にありがちな恐ろしく高いエネルギー価格の下でも経済的とは言えなかった。ＮＥＬＨＡに失敗の危機が迫っていた。最終的に解決策はやはり海からきた。工場は温度勾配を利用していたが、その中に蓄えられた栄養を無視していた。その栄養を養殖に使える！

「人工湧昇流」という用語は、一九七〇年代にオズワルド・ロールズが考えた造語だ。[57] 当時ロールズはバージン諸島で、深海から汲み上げた水を使って海藻、エビ、貝などを育てていた。[58] 沖合から引いた冷たく栄養豊富な海水は高い成長力をもたらすので、高い汲み上げ費用を養殖業でまかなえたのだろう。

電力供給業者としてだけではＮＥＬＨＡが生き延びられないことが一九八三年に明らかになると、同じ手法はハワイでもすぐに採用された。価値の高い海洋生物が試され、育てられた。日本の海苔は一日に三〇パーセント成長した。カリフォルニア・ケルプも急成長し、数千キロ離れた天然の生息地から持ってきた寒流性のアワビの餌になった。最後まで使い果たされた搾りかすのような海水も、高窒素のスピルリナ藻――動物の飼料と人間の栄養サプリメントの成分として重要なもの――を育てるのに使えた。[59]

ケアホレ・ポイントの事業に生産高の大きなものは一

つもなく、どれも単独では経済的に成り立たない。しかし最終的な結果——無限の再生可能な資源から供給を受ける電気、農業、養殖業——は、より大きな可能性を持っている。[60] 大気中の二酸化炭素があまりに多く、化石燃料があまりに少ない世界で、OTEC生産は、上昇する海面と物価高に包囲された熱帯の島の経済を安定させる鍵なのかもしれない。

ガラスの海綿

ほとんどのサンゴは、極地の海では生存できない。それができるのは、岩の隆起に根を下ろしてひっそりと生きるもろい生物、ゆっくりと成長するクロサンゴ科の仲間だ（第6章参照）。あるいは単体サンゴ、つまり群体を失ってポリプ一つだけで生きるさまざまなサンゴの寄せ集め、あるいは骨格を作るようになったイソギンチャクだ。[61] 冷水礁は非常に深い場所に確かに存在するが、そこに生息する生物はサンゴではない。それは六放海綿綱《ろっぽうかいめん》だ。海綿と近縁関係にある奇妙な生物で、生きたガラスでできている。

通称ガラス海綿と呼ばれるこの生物は、地球上のどこの海にもたくさんおり、子ども番組で不気味に笑う普通の海綿《スポンジ》（訳注：アニメ『スポンジ・ボブ』のこと）と祖先が共通している。[62] まとまりがないぐにゃぐにゃした組織の海綿とは違い、ガラス海綿は野心的な建築家だ。周囲の海水から二酸化ケイ素を集めて、六方放射状の結晶構造を作る。この小さな結晶は骨針と呼ばれ、実に見事な構造の構成要素となる。ガラス海綿は結晶を積み重ね、そのまわりで鉄橋にからまるツタのように成長して、柔らかい組織をもろい外骨格で装甲する。白い二酸化ケイ素《シリカ》の筒状の塔が海底から現われ、つららのように成長する。[63]

ガラス海綿は冷水生物群集を支える要であり、サンゴには冷たすぎる海で社会的責任を真剣に担っている。北米北西海岸の沖合に、深く暗い峡谷がある。ヨセミテの巨大な崖のように氷河に削られ、最後の氷河期が凍てつく墓場に沈めたものだ。その谷底には、生物が造ったものとしては最大級の構造がある。[64] ガラス海綿が死ぬと、その肉は分解されるが骨格は残る。何世代にもわたって海綿はブリティッシュ・コロンビア沖の冷たい海でせっせと働き、骨格を次から次へと積み上げていった。数千年後、それは息を呑むような結果を生んだ。幅数百メートル、厚さ数十メートルの大きな礁が、海岸に沿った静かな廊下となって四〇キロメートルにわたって延びた。[65]そこは生命に満ちている。魚や小さなエビがヒマワリ色をした指状の海綿の間を泳ぎ回り、凍てつくような水にもかかわらず餌を食べて繁栄している。はるか昔、北太平洋全体にこのような礁が幾重にも筋を作っていたのではないかと、生物学者は推測する。この巨大な構造は繁栄し、その後地殻活動と海の温暖化によって荒廃した。ガラスを紡いだ大聖堂は、堕ちたる神々の名残のごとく打ち砕かれ、投げ出された。

　六放海綿綱の中には本物のサンゴをまねて、光合成をする緑藻で菜園を独自に作る種類がいる。藻類はガラスの骨格のまわりに固まって定着し、余ったエネルギーを宿主の海綿に渡す。この現象を発見した研究者は当惑した。こんなに深い海底で、しかも海綿の組織の奥で、藻類はどのようにして光を得ることができるのか？　結論を言えば、ガラスの骨格が光を伝達するのだ。光ファイバーケーブルが細いガラスの繊維を使って情報を伝えるように、ガラス海綿の骨針は頭上からのかすかな光を集め、集中した光線を藻類の菜園に注いでいるのだ。[66]誰かが深い洞窟の奥に庭園を造り、鏡を並べて日光をそこに集中させたら、その人は相当な変わり者だと——しかし同時にある種の天才だと——思われるだろう。

未来への航路

過去五〇〇年、ヨーロッパとアジアを結ぶ伝説の航路、北西航路ほどねばり強く追求され、そして失敗に終わってきた事業も少ない。カナダ北部の島と水路は夏に探検家たちを航海に誘うが、結局冬の氷に捕まって、船は卵の殻のように砕けるはめになった。北極圏の過酷な条件は、もっとも屈強な探検隊すらも拒んだ。何度となく自然は船体を砕き、索具を凍らせ、彼らを追い返した。

　北極圏の壮大で荒涼とした広がりは、我々温血陸生動物とは相容れないものだ。目もくらむ白い平原には、弱々しいスミレ色の日光の下、ホッキョクグマが点々と生息する。氷の下にある鏡合わせの世界には、氷層の間に小さなすき間や溝がある。越冬中のオキアミが安全な裂け目に群れている。沖へ出ると、シロイルカとイッカクが幅の広い水路を滑るように進み、白い幽霊のように漂いながら、抑揚のない声でキイキイと鳴きかわす。大海原では、ホッキョククジラがオキアミの渦巻く大群をむさぼり食っている。ひげが凍てつく水からオキアミをふるい分け、海のように黒く底なしの胃袋に吸いこむ。流氷に出会っても、ホッキョククジラの頭蓋骨は分厚く強固な破城槌《はじょうつい》になっており、厚さ六〇センチメートルの氷の塊をぶち抜くことができる。[67]

探検家が北西航路を追い求めていたのは、彼らが得るであろう富と名声のためだ。一九〇六年、ロアール・アムンセンが初めてそのような旅をなし遂げた。改装したニシン漁船を六人の乗組員と共に操って、アムンセンはグリーンランドからアラスカまで北極海を横断した。それは夏に航海し、冬は凍りついた船を出て、何カ月も氷の上でキャンプをしながら待機する三年がかりの苦役だった。ようやくアラスカに到着すると、アムンセンはこのニュースを知らせるために、最寄りの電報局まで八〇〇キロメートルをスキーで滑った。[68]

この伝説の探検家は、氷が一番薄い海岸線に沿って航行するのに向く喫水《きっすい》の浅い船を使って歴史を作った。過酷なふた冬を陸で過ごせる屈強な少人数の乗組員を選んだ。彼らはカナダ北極圏の先住民から多くのことを学び、磁北の正確な位置を計算した。[69]しかし結局のところ、これは無意味な勝利だった。北西航路は新たな商業航路や、探検に値するような広大な未開地を開くものではなかった。このルートは時間がかかりすぎ、水路は浅すぎ、凍結が早すぎた。そして一〇年とたたないうちに、パナマ運河がアムンセンの遠征をほぼ時代遅れのものとすることになる。

二〇世紀もかなりあとになってから、北西航路はそれ以前に何度も征服されていたことを、生物学者が発見した。太平洋から大西洋へと横断する北極海の生物によってだ。北極海横断生物種交換と呼ばれる、多数の種が大規模に移動する出来事が三〇〇万年前に起きた。何世代にもわたる旅を終えて、多数の軟体動物、魚類、棘皮《きょくひ》動物が北太平洋から大西洋に侵入したのだ。[70]大西洋でもっとも有名な水産物のいくつか、例えばタラやムール貝はこの時期に到来したものだ。北西航路はくり返される氷河期の間、ほとんど――夏でも――凍っていたが、その狭間の時期はこれ見よがしに大口を開けていたのだ。[71]

北極海を渡った最大の動物は、おそらくコククジラで、一四万～一二万五〇〇〇年前のことと推定されている。[72]その先祖は北太平洋だけに棲んでおり、北西航路が開いている間に大西洋へ移動した。大西洋のコククジラは一八世紀に残らず獲りつくされてしまい、その絶滅によって大移動のＤＮＡ証拠は消え去ってしまった。[73]古代のアメリカ先住民の貝塚から出土したクジラの骨に関する最近の研究で、古い太平洋コククジラとザトウクジラからDNAが取り出された。[74] 大西洋コククジラについての同様の研究はまだ公表されていない。これらのクジラが北西航路を移動したのが一〇万年前なのか三〇〇万年前なのかは、まだはっきりとはわからない。

やがて人類は、北西航路の雪辱を果たし、見こみのない事業は、予想した通りの外洋航路へと変貌を遂げた。航法装置や砕氷船の改良によってではない。氷が解けたのだ。北極の氷は大気中の二酸化炭素濃度が上がり地球温暖化が進むにつれて解けている。[75] 今では氷が解ける夏には、数週間から数カ月、航路は海上輸送に開かれる。[76] その期間は毎年長くなっており、予測されるかぎりではこれからも長くなるだろう。それは、気候変動の現実を物語る長さ千マイルの証拠なのだ。

第10章

もっとも奇妙な家族生活

性転換、自動操縦の尻尾、性腺泥棒など、海の極限家族は多彩なやり方で繁栄している

ディズニー映画の不都合な真実

陽気なクマノミほどポップ・カルチャーの恩恵をこうむっている海の生き物も少ない。体長わずか数センチメートル、明るい色彩と人なつっこい態度が象徴的だ。三十数種いるクマノミ属の中で、アクアリウム向けにもっとも人気が高いのが、蛍光オレンジにくっきりと白い模様が入ったものだ。幅広の模様は優しく波打ち、見る者の目を魚の丸い体の輪郭に沿わせる。クマノミは、自然が主催するグラフィックデザインのセミナーの教材だ。もっともすぐれた消費財のように、それは明るく、特徴的で、よく目立つが、けばけばしい方向には流されない。

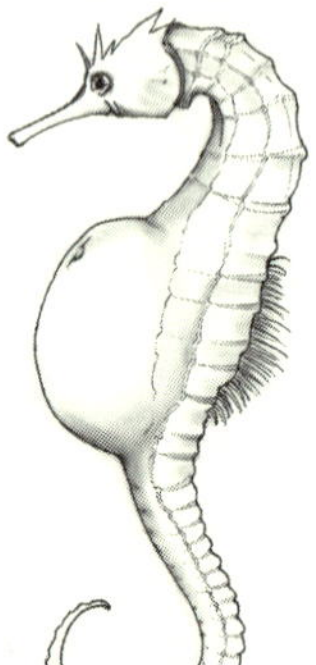

クマノミは忠実なことでも知られ、イソギンチャクと生涯にわたり共生生活を送る。特殊な粘液が彼らを刺胞《しほう》を持つ宿主の触手から守っているのだ。毒の茂みを平然と軽やかに出入りしながら、クマノミは宿主の掃除をし、そうして出た残りかすを餌にしている。[1] 捕食者はこんな質素な食事のために、あえて嫌な触手の中に頭を突っこもうとはしない。

二〇〇三年のディズニー映画『ファインディング・ニモ』は、クマノミのかわいさを表面的に賛美している。タイトルになった名前のクマノミが、住んでいたイソギンチャクから姿を消し、男やもめの父親は息子を追って旅に出る。『ファインディング・ニモ』には、正しく描かれていることもいろいろある——家を離れる不安や耳

障りなカモメの叫び声など——が、クマノミの一番面白いところをごまかしている。「隣接的雌雄同体」である彼らは、独特の家庭生活を送る。すべてオスとして生まれてくるが、途中で性を変える能力を持っているのだ。ワイルドカード（訳註：トランプで、ほかのカードの代用として万能に使えるカード）のように、使えるのは一度きりだ。いったんオスからメスになったら、またオスに戻ることはできない。映画はニモの両親の生涯にわたるロマンスを前提にしているが、本当のクマノミは、より大きな集団の一部としてだけ生きている。数尾の魚が一つのイソギンチャクを共有し、全員が未成熟なオスとして一生を始める。その中で一番大きくてもっとも有力なオスがメスに変わる。次に大きいものが精巣を発達させる。メスは卵を産み、オスが受精させる。ほかのものたちはイソギンチャクと家族の大事な卵を守りながら、チャンスをうかがう。[2] やがてつがいとなった二尾の片方が死ぬと、序列の低いものがすぐに穴を埋める。

女家長が死ぬと、ナンバーツーだった成熟したオスがメスに変身し、あとを継いでナンバーワンになる。大きさと強さの単純な順位が、家族全体の構造を決める。これは子ども向け映画で受け入れられる社会規範とは、相容れないものだ。『ファインディング・ニモ』がわかりやすい表現を選んだのは、ただわかりやすくするためだけではない。連れ合いを亡くした現実のクマノミの父親は、悲しんだり過保護になったりといった複雑な心理を持ちはしない。彼はニモの新しい母親になるだけだ。ニモは（イソギンチャクに残ったただ一尾なので）すぐに性腺を成熟させる。ニモは自分自身の父になり、父は彼の母になり、そして近親交配で生まれた小さなニモたちを、感傷のかけらもなしに一緒に育てるだろう。今思えば、ディズニーのプロデューサーはおそらく正しい判断をしたのだ。

チョウチンアンコウ——オスの運命

種を問わず、オスはつがいの相手を探すために大きな試練に耐える。戦いの中に飛びこみ、複雑なディスプレイ（訳註：進化の過程で誇張され儀式化された行為様式）を発達させ、バーで酒に法外な金を払う。だが、深海に棲むチョウチンアンコウのオスほど、性行動のために多くを捨てたものはいない。この動物は、「一生添い遂げる」という言葉に新たな意味合いを与えるものだ。

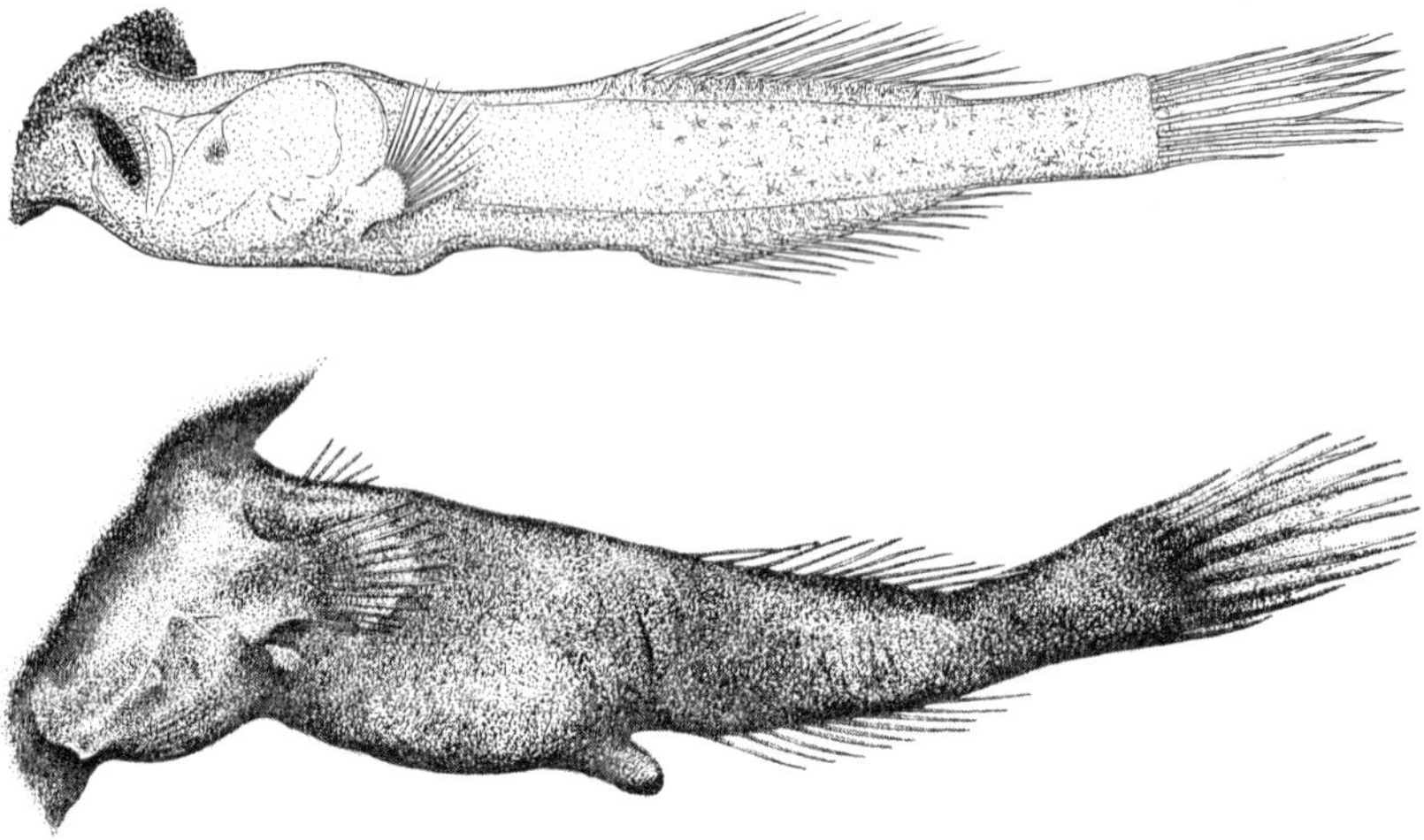

寄生生活を送るチョウチンアンコウの一種キバアンコウのオス。メスに張りつくための構造がわかる。
Pietsch, Theodore W. 2005. "Dimorphism, parasitism, and sex revisited: Modes of reproduction among deep-sea creatioid anglefishes (TeleosteiLophiiformes)." *Ichthyological research* 52(3): 207-236, figure 17.
提供：Zoological Museum, University of Copenhagen

深海の海底に棲むチョウチンアンコウは、海でもっとも奇怪な生き物の一つだ。しわだらけの黒い皮膚が、あるかなしかの筋肉を覆っている。斧のような顎、突き出した舌、ぎらぎらしたとがった歯の上でビーズのような黒い眼がにらんでいる。一般的なチョウチンアンコウは、関節を持つ長い柄《え》（エスカ）を頭の上に持つ。背びれが疑似餌に変化したもので、意のままに振って水中を漂う餌のかけらに見せかける（第4章参照）。深海のチョウチンアンコウは、ほとんどが疑似餌に共生細菌をたくわえて、肉の玉飾りを暗闇の灯台のように光らせる。

この魚は水柱をのろのろと漂い、電光石火の速度で襲いかかる機会を待っている。疑似餌への接触がチョウチンアンコウの咬《こう》反射を引き起こす――つまらないミスを防ぐためだ。餌の少ない深海では、食事のチャンスを逃すわけにいかない。また、えり好みもできない。その顎と胃はきわめて伸縮性があり、自分の二倍の大きさがある動物を呑みこむことができる。[3]

一〇〇年の間、海洋生物学者にとってチョウチンアンコウは、浜に死骸が打ち上げられるか底引き網にかかるかしなければ見られない、珍しいものとされていた。その数少ない標本から、彼らは二つの不思議なことに気づ

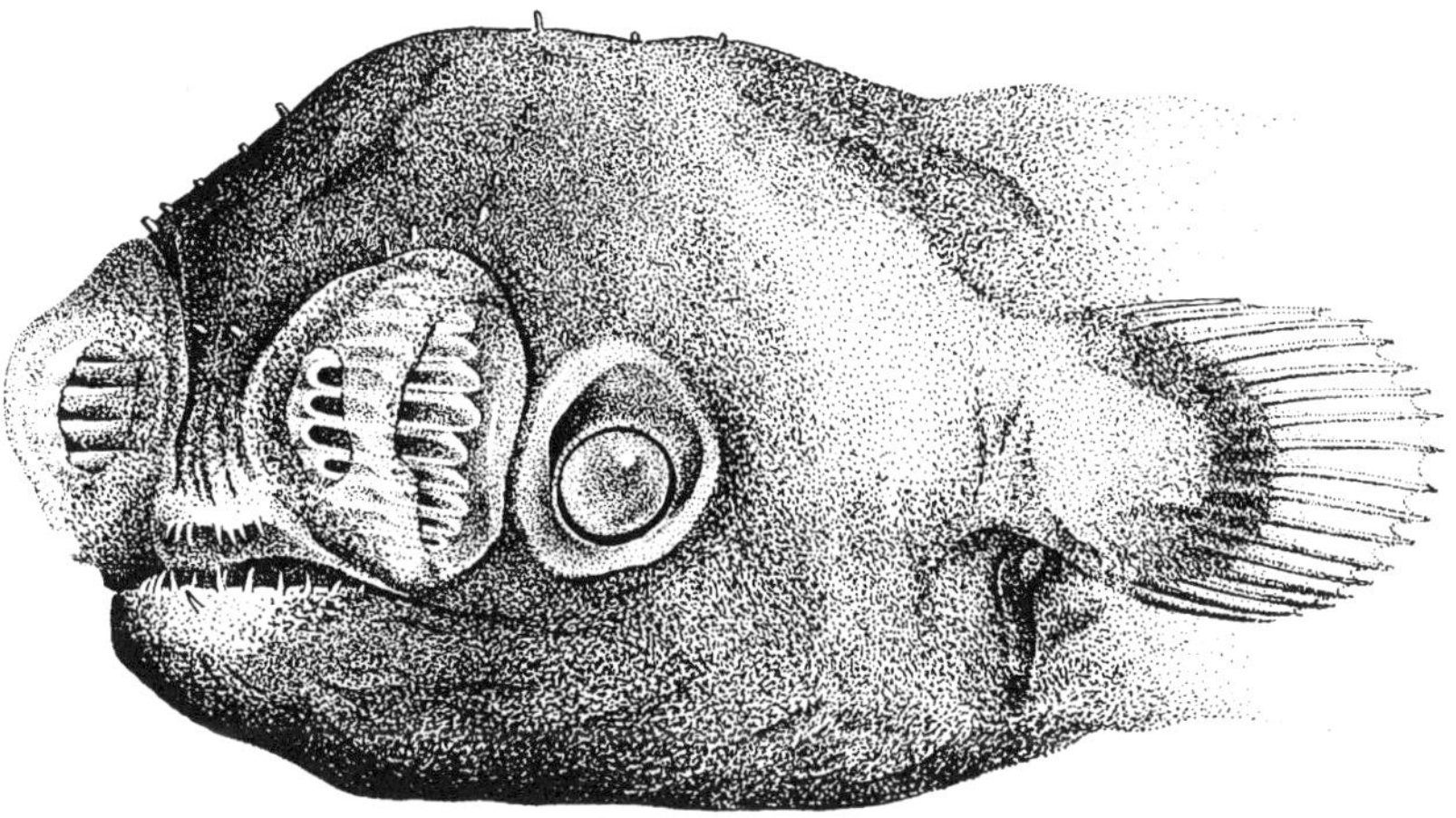

単独で生活するチョウチンアンコウ類リノフリネ・アルボリフェラのオス。メスを探知する大きな鼻孔と眼がわかる。
Pietsch, Theodore W. 2005. “Dimorphism, parasitism, and sex revisited: Modes of reproduction among deep-sea creatioid anglefishes (TeleosteiLophiiformes).” *Ichthyological research* 52(3): 207-236, figure 18.
提供：Zoological Museum, University of Copenhagen

いた。どの標本もメスであること、そしてほとんどの成魚の体に奇妙な肉質の寄生生物が付着していることだ。これらは、チョウチンアンコウのような珍しく謎めいた魚において、注目に値するような発見ではなかった。だが一九二五年、イギリスの魚類学者チャールズ・リーガンは、チョウチンアンコウに寄生する生物の徹底解剖をみずから買って出た。[4] 彼は衝撃を受けた。それはチョウチンアンコウのオスだったのだ！　オスの成魚は見つけようがなかった。それは目の見えない寄生性の矮小体として、はるかに大きなメスに恒久的に張りついていたのだ[5]（口絵④）。

　これは「性的二形」、生まれつき備わっている両性の違いの極端な例だ。メスのチョウチンアンコウは凶暴なハンターとして成功していて、遭遇したほとんどの生物を丸呑みにできる。大いなる深淵に彼女を脅かすものはほとんどいない。オスはその対極にあり、小さく無力だ。その未発達の消化管は、獲物を捕らえても食べられないということだ。食われるか食えないか、いずれにしても長生きはできない。[6] だが彼は一つ役に立つものを持っている。深海でも飛びきり高度な感覚器官だ。あるチョウチンアンコウは嗅覚器官を、またあるものは巨大で集光力の強い眼を――どの種にしても、オスの感覚はメスを探知するために細かく調整されている。[7]

彼は時間との競争に追われている。相手を見つけてくっつくか、さもなければ死ぬかだ。冷たく暗い水の中を、飢えと本能と匂いだけに導かれて必死に進む。ついにメス――自分の何十倍も大きなグロテスクな怪物――が視界に入ると、我らのヒーローは即座に行動に移る。メスに噛みつき、か弱い顎にありったけの力をこめてしがみつくのだ。こうしていると、知らぬ間にオスの体から酵素が分泌される。これは彼の命を救うと同時に終わらせる。噛んでいるうちにオスの唇と口が溶けて液化し、メスの肉にくっついて二尾は完全に融合する。もう離れることはできない。

この楽しげな光景は結婚の最初の段階にすぎない。その後数日から数週間で、寄生したオスの循環系は宿主のものと一体化する。メスの血液は栄養を運び、共有する新しい血管網を通じて送られ、メスが生きているかぎりオスの生命を維持する。オスのもとの姿は時間がたつにつれて小さくなる。ひれは必要ない、立派な眼も――そしてしまいには脳も内臓も。それらは消えていき、ただ一つの系だけが残る。精巣だ。メスはこの過程にほとんど関わらず、オスが消費するわずかなカロリーにもほとんど気づくことはなく、時々精子の放出を化学的に促す。オスは一夫一婦制の安心感さえ得られない！　一尾のメスには一生の間に何尾ものオスがくっつき、生殖のチャンスのためにいずれも同じぞっとするような運命をたどる。[8] チョウチンアンコウのオスは暗い黄泉《よみ》の国で、小さく哀れな矮小体として生涯を始める。非常に運がよければ、本体を失った一組の性腺として生涯を終えることができるかもしれない。

パロロの産卵

南半球にある米領サモアの晩春の夜。岩礁に砕ける波が立てる坦々としたホワイトノイズが遠くからも聞こえる。ひんやりとしたそよ風が蒸し暑い空気を切り裂き、にわか雨が森に覆われた丘の斜面を、九〇秒間どっと叩く。小型トラックが一台、がたがたと海岸沿いの道路を通り過ぎる。クラウンカー（訳註：小さな自動車から大勢のピエロが降りてくるサーカスの曲芸）のように騒々しい乗客を満載している。また一台トラックが通過する。さらにあとから続いてくる。すぐに道路には車とヘッドライトの光が続々と連なる。サモア人たちは目の細かい網を手に持ち、うきうきとした笑みを顔に浮かべている。島中で、塩を吹いた携帯電話にこんなメールが送られていた。

「パロロが産卵中」

パロロは浅い熱帯の岩礁を身をくねらせて泳ぎ、捕食者を避けてサンゴの裂け目や砂地の穴に身を潜《ひそ》めている。それは毛の生えたミミズだ。脚に似た剛毛が生えた節のある環形動物で、長さが一五センチメートル、太さがスパゲティほど、ピンク色の短い脚を持つムカデのようだ。独特の面白い生殖周期のため、この虫はさんご礁に棲む多くの親戚の中で際だっている。一年にひと晩かふた晩――月の満ち欠けと完璧に同調して――パロロは礁から群れをなして出てきていっせいに産卵する。[9]

準備は二、三週間前に始まる。交尾期が近いことを感じて、パロロは変身を始める。消化管が溶け、新しい筋肉が発達し、性腺がものすごい勢いで成長し始める。ついに産卵の夜が来ると、パロロの下部三分の一は一つひとつの節が膨れて、貨物列車の貨車のようになる。それぞれの節は強力な遊泳肢と大量の配偶子（メスなら卵、オスなら精子）を持つ。産卵の時が近づくと、パロロは頭から砂に潜って待つ。

青白い月光が水を通してしみ通り、パロロの太古の記憶のどこか奥底で待機する。一〇月から一一月、月が真夜中近くに昇り、潮が満ちてくると、パロロは突然二つにちぎれる。尻尾の貨車のような部分が本体から切り離され、眼も脳もないのに夜の中に泳ぎ出す。ひれ足で前進し、かすかな月光を光を感知する原始的な眼点でかぎつけながら、切り離された尻尾（生殖個体という）はその遺伝子の積み荷を海面まで運ぶ。そこで生殖個体は仲間に出会う。何百万という生殖個体がさんご礁中ですべていっせいに放たれたのだ。[10] その脇がはじけて割れ、浅瀬に卵と精子があふれ出る。すぐにラグーンは配偶子のスープになる。ねばねばしたタンパク質が糸を引き、どろどろに濁っている。生殖個体は遠隔操作の無人機で、簡単な命令のリストをプログラムされ、幾百万のほかの虫も同じことをするだろうという無条件の信頼のもと、海に任される。そして群れに加わることで、各個体はさんご礁の捕食者を避けることができる。捕食者も産卵群のあまりの大きさに圧倒されてしまうのだ。

太平洋の島民にとってパロロの生殖個体は、キャビアよりも、目玉焼きが載った肉汁たっぷりのステーキよりもすばらしい珍味だ。多くの人々は仕事を終えると、網とバケツを手に腰まで水に入って、夜の間、漁師の副業に精を出す。粘液まみれのずるずるをすくう合間に、人々はベリー農園のいたずらっ子のように、二、三匹口に放りこんでいる。数えきれないトラックのヘッドライトが真夜中から午前三時まで煌々《こうこう》と灯る。虫を岸近くに誘う人工の月だ。獲れたてを生ですするにしろ、タマネギと炒めて塩気の効いたオムレツにするにしろ、これから二、三日はポリネシア中がパロロ祭りだ。[11]大量の生殖個体がアイスボックスに詰められて海外の親戚に送られ、また年間を通じて特別の機会に食べるために冷凍される。サモアでは、パロロはクリスマス・クッキーに当たるものなのだ。

　さんご礁では、虫たちが巣穴に縮こまって消耗した体を癒やしている。彼らは体重の相当部分を失い、これから一年かけて次の産卵のために尻尾を再生しなければならない。[12]闇にまぎれて捕食者から逃れ、パロロは月を追い続ける。

海のお父さんたち

子育てはたいていの動物では不平等な負担となる。陸上では、たいていメスがこの重荷を引き受ける。運がよければ、相方がうろついて縄張りを守ったり、ひなに餌を与えたりしてくれるだろう。海の生き物はもっと平等主義だ。両性ともに子どもを顧みないのが普通だ。とんでもない数の卵と精子を次から次へと作り出し、運命の気まぐれに任せる。卵があとでオスに受精させられるか、それとも捕食者に食われるかはあまり気にしない。親は子育てに関心も持たなければ時間も割かないのが普通だ。

　ほんのひと握りの種が、海の至るところでひっそりと慣例に逆らっている。たいていは大したことではない。母親は、小さく無力な稚魚が孵化し、世界に出ていくまでのしばらくの間、受精卵を守ることがある。あるいは一時的に胎内にとどめていることもある。しかしこのような母親が珍しいなら、子どもの面倒を見る父親はさらに珍しい。

タツノオトシゴ

　昔ながらの漢方薬局を思い浮かべてみよう。狭苦しく取り散らかり、古い図書館のようにかび臭いが趣もある。箱や瓶がすみに積み重ねられ、一番上はアルプスの山頂のように埃をかぶっている。一番よく使われる薬は、ポり袋を内側にかぶせたボール紙の円筒形の容器に入れて、部屋の真ん中に集められている。店主は、万引きを警戒するような鋭い目つきでこちらを見ている。

目立つところに置かれた容器に、複雑に節くれだったライマメのような、小さい緑色のものが入っている。つまみ上げると、その形が実は細い尾、ごつごつした皮膚、繊細な溝のついた鼻づらが胎児の姿勢に丸められたものであることがわかる。タツノオトシゴだ。捕まえたタツノオトシゴを乾燥させたものが、さまざまな症状の天然薬品として大量に売られているのだ。この動物は、地球上で唯一、オスが妊娠する。[13]

人類は昔からタツノオトシゴを知っていたが、この生き物は常に謎めいた雰囲気に包まれていた。タツノオトシゴ属は地球上のほかの何ものにも似ていないが、彼らはヨウジウオから進化したもので、その筒状の口を残している。[14] 尾をつつましやかに巻き、頭を上にして水中でバランスを取っているタツノオトシゴは、小さな背びれ一つだけで前進する。[15] 胸びれは眼の後ろにあり、これで舵を取る。尾びれを持たない彼らは泳ぎがまったくだめで、止まり木から止まり木までのんびりと動く。弱い流れでも翻弄されてしまうので、ものをつかむ尾を本能的に伸ばして海中の植物に体をつなぎ止める。世界中の浅い海で見られるが、特に熱帯地方に多いタツノオトシゴは、サンゴや海藻草類などの庇護に頼っている。巧みなカモフラージュで、小さな甲殻類やプランクトンを待ち伏せして吸いこむ。タツノオトシゴはおそらく、地球上でもっとも怖くない待ち伏せ捕食者だ。[16]

だが、その魅力的な愛の生活は、不格好さを補ってあまりある。[17] 恋仲のカップルは毎日夜明けに会い、ダンスをする。振りつけはそれぞれの種に特有で多彩だ。お辞儀をし、そろって泳ぎ、皮膚の色を変え、尾をからめる優しい抱擁まで行なう。数分後、二尾は別れ、また翌朝会う。この儀式は最長一週間続き、その間にメスの体は受精できる段階にまで急速に卵を「あたため」る。[18]

準備ができると、二尾は本格的な交尾行動に取りかかる。夜明けのダンスとは一線を画す最終局面だ。二尾は尾をツタのロープのようにからませて、そろってゆっくりと回りながら海底から浮かび上がる。尖塔の上でキスをするように、二尾は体をしっかりと寄せ合う。オスの育児嚢《のう》——喉から腹にかけて外側を走っている——は、メスのチューブ状の輪卵管を受け入れるために口を広げる。メスはすかさず数百個の卵を送りこみ、痩せていく。

一方、オスの腹部は膨らんでくる[19]（口絵⑥）。その間、オスは精子を育児嚢の開口部近くに分泌する。めざとい配偶子は、たちまち卵を見つける。[20]妊娠し、胎児が成長を始めるこれからがオスの仕事だ。メスは母親としての役目を終えるが、夫のもとへ通い続ける。毎日二尾は、妊娠などなかったかのように婚前儀式をくり返す。[21]

一週間後、オスは異様なやり方で出産する。その体は最大一五〇〇尾の仔で膨れ上がっている。オスは育児嚢を収縮させて、立て続けの爆発のように子どもを押し出す。うごめくタツノオトシゴの赤ちゃんは、ノルマンディーの対空砲火のように世界へ飛び出してくる。小さなひれをはためかせながら、子どもたちはすぐに散り散りになり、自活していく。[22]オスは疲れ果てて去っていく。仕事は終わったのだ。

つがいは繁殖期いっぱい一緒にいることもあれば、オスが次の出産のために別の相手を探しに行ってしまうこともある。[23]タツノオトシゴは見栄っ張りで気まぐれだ。ある種は釣り合った大きさの相手を好むが、産卵能力の高い大きなメスを好む種もいる。[24]近い親戚のヨウジウオは、繁殖に関して究極の日和見《ひよりみ》主義者だ。オスは一般に大きなメスの卵を好み、妊娠したオスのヨウジウオは、もっといいメスが来ると、今持っている卵を捨ててしまうことがある。[25]

サージャントメイジャー・ダムゼルフィッシュ

次世代を育てるのは骨の折れる仕事で、時には強硬姿勢が必要だ。いみじくもサージャントメイジャー・ダムゼルフィッシュ（曹長スズメダイ）と名づけられたオヤビッチャ属の魚ほど、親としての激しさをあらわにする海の魚はいない。カリブ海のさんご礁に棲む種と、熱帯太平洋に棲む種がいる。いずれも活発に泳ぎ、鮮やかな色をしている。[26]五本の目立つ横縞が、一五センチメートルの体に等間隔に入っていて、時に頭と尾に光沢のある斑点が見られる。

この魚は武器の携帯を控えており、とげ、鋭い歯、痛みを与える毒などで武装してはいない。[27]小柄でけんかっ早い人の例に漏れず、オスのスズメダイは激しく際限のない攻撃でハンデを補っている。彼らはさんご礁に縄張りを作り、来るものすべてから猛烈な勢いで防衛する。[28]その領域にふらりと入ってきた小型犬サイズのブダイは、突然の攻撃にさらされて逃げ出すはめになる。好奇心旺盛なダイバーも、スズメダイの噛みつき攻撃には尻ごみする。

メスはもっと静かな生活を送り、海藻やプランクトンを食べながら、膨れた腹に卵を蓄える。新月か満月のとき（海により異なる）、このレディは果敢に配偶者を探しに出る。[29] オスは縄張りを掃除して待っている。人間の若い男性が、彼女が来る前にあわててトイレをごしごし磨くのと同じようなものだ。隣人は競争相手であり（ここからはまた魚の話）、メスは慎重にそれぞれの縄張りを吟味する。複雑でよくわからない基準を使って、メスは重大な決断を検討する。大事な卵を誰に預けようか？

メスがやって来ると、オスは地所の境界まで出てきて形式張った挨拶をし、ほかの何ものにも示さない歓待の気持ちを表わす。多彩なディスプレイと素早い動きで、オスはメスを家の中に誘う。メスはオスとその巣を慎重に点検する。すでに卵が何個あるか？　そのうち何個が孵化間近か？　メスは自分の卵を、身を固めて成功したオスに預ける傾向が強い。[30]

もしメスが受け入れれば、オスはメスを岩礁の安全な一角に導く。すでに海藻やサンゴやその他もろもろは取り除いて、むき出しにしてある。ここにメスは最大二万個の卵を産む。メスが泳ぎ去ると、オスは卵の上に精液をほとばしらせる。これで完了だ。この過程は全部で二〇分以内の出来事だ。二尾が再び会うことはない。それからオスは決然と、休みなしで卵の防衛に従事する。もっとも、通過する別のメスを口説く時間は取るのだが。

卵を産み、受精させたあとでは、子育ての戦略は多種多様だ。ある種のオスは、死んだ卵を取り除いて汚染が広がるのを防ぐなど、大事な庭のように卵の世話をする。[31] またある種のオスは、ただうずくまって見張っている。その態度にもかかわらず、スズメダイは侵入者の群れに圧倒されることもあり、そして（負ければ）侵入者と一緒になって我が子をむさぼり食うことがある。また、単に空腹になると卵をおやつにする種もある。[32] 孵化したごま粒のような稚魚は、自分を守るために水柱へと流されていく。サージャントメイジャーは二面性があるにしても、献身的な父親と言える。

ゾウアザラシ

サンフランシスコ旅行を計画しているなら、一月に行きレンタカーを借りるといい。夜明けにサンドイッチを持って、伝説のカリフォルニア一号線を南へと走り出す。道路は太平洋沿岸を、不気味な灰色の海へとまっすぐ切れ落ちる一五〇メートルの崖に沿って蛇行している。道のりは長く、時間がかかるが、世界でも指折りの壮大な海岸の風景を見せてくれる。風食された砂岩の断崖、海鳥の糞でまだらになった花崗岩《かこうがん》の岬、霧の間にのぞく物憂げに生い茂った糸杉の梢。サンフランシスコとサンタクルーズの間に失われた海岸があり、二一世紀を押しとどめようと戦っている。地衣類に覆われた家や、曲がりくねり藪に埋もれた谷間に隠れた農場には、古ぼけた生まれ故郷が朽ち果てていくような、もの悲しい雰囲気がある。

　この海岸沿い、一号線からの地味な出口を出たところに、湾岸地区のハイテク志向の競争とは隔絶した世界がある。ここにあるのは、ベンチャーキャピタルではなく、重さ数トンの怪獣同士の戦いをテーマにしたドラマだ。サンタクルーズからほんの三〇キロメートル北に、アニョ・ヌエボ州立公園がある。ここは、巨大なキタゾウアザラシの繁殖地だ。

　海で最大のひれ足動物――アザラシだけでなくアシカやセイウチも含めた――であるゾウアザラシは、その巨体と、オスが誇示するたるんで伸びた鼻から名づけられた。[33]「ブル」（訳註：本来は「雄牛」のことだが、大型動物のオスという意味でも使われる）という呼び方がここでは適当だろう。オスのゾウアザラシは体を伸ばすと体長五メートル、膨らませるとミニバンほどの幅がある。体重二トンの筋肉と脂肪の塊だ。メスはもっと小さく、体重二五〇キログラムほどだ。メスは「普通の」アザラシによく似ており、オスのような縄張りを持たない。代わりにメスは、オスが無神経に砂浜をどたどた歩き回るときに、子どもを守ろうと攻撃的になる。

　ゾウアザラシは、その生涯の圧倒的大部分を海で過ごし、餌を食べる。冷たく深い海に潜れるように、生理学的に絶妙に調整された泳ぎの名人で、数百メートル潜水して底生の魚やイカを捕らえる。何カ月も陸を見ることなく進み、太平洋の北のはずれ、海流の旋回により獲物が集められた冷たい豊饒の海で夏を過ごす。[34]ゾウアザラシが冬の繁殖期をひかえて陸地を目指す頃には、分厚く蓄えられた脂肪から、どれほどたらふく餌を詰めこんだかがわかる。

　最大級のオスたちが最初に上陸し、やがてメスがやって来て、出産する浜辺に腰を落ちつける。動かないオスたちは茶色い巨岩のように見えるが、ひとたび動けばその速さと機敏さにぎょっとさせられる。その巨体にもかかわらず、オスは頭を上げ、両足を袋に突っこんだハイイログマのようにどたばたと、恐ろしいスピードで走ることができる。想像するとおかしいが、砂の上でゾウアザラシのオスより速く走れる人間はほとんどいない。

　オスは非常に攻撃的で、地位を賭けた戦いにひたすら打ちこんでいる。もっとも強いオスが、もっとも易々とメスを獲得できるので、できるだけ多くのメスを我がものにし、あとは競争相手を近づけないことが目標だ。大きなオスたちが一度に数十頭のメスをめぐって争う一方、若いオスや弱いオスは隅のほうで取っ組み合う。彼らは今年は大物に挑もうとしないが、こうした小競り合いは今後の機会のための訓練となる。[35]

　母親たちは最後に到着する。目のぱっちりとした若いメスがぺたぺたと海岸に上がってくる。脂肪と妊娠で、体は二重に膨れている。彼女はまず、どのオスの縄張りに棲むかを決め、生まれてくる子どもの父親を選び、ハレムのメスたちの群れに加わらなければならない。次にやるべきことは出産だ。これは湿った砂の上で、大した騒ぎもなく行なわれる。[36]母親になったメスは子どもに愛情を注ぎ、子猫のような鳴き声に、柔らかくなだめるうなり声で応じる。それからの数週間は授乳して過ごし、その間に体重の四〇パーセント以上が失われる。海岸に縛られた繁殖期の間、メスもオスもまったく食べない。

　離乳期のまさに最後の数日で、消耗した母親の体は再び妊娠可能になる。彼女は選んだオスと交尾する。もしそのオスが地位を追われていれば、勝者と交尾する。やがて彼女は子宮の中にゆっくりと成長する胎児を抱えて海へ戻る。[37]これから一年近くの間、旺盛に餌を食べて、出産で減った体重を取り戻しながら次の子どもに栄養を与えるのだ。

　メスは比較的静かに生活するが、オスは父親になるために、海でもっとも高いハードルの一つを越えねばならない。一二月になり海岸が混み合ってくると、荒っぽい勝ち抜き戦が始まる。メスが到着もしないうちから、オスは優位を得るためにやる気満々だ。縄張りに侵入し、挑戦を突きつけ、本気でやりあえるほど強いオス同士のスパーリングは流血沙汰になる。[38]古強者《ふるつわもの》の胸板は脂肪がクッションになり、厚く硬くなった皮膚で装甲されて、中世の騎士の楯のようだ。ゾウアザラシはこの防壁を使って一騎打ちをする。[39]轟く挑戦の声――なかばげっぷ、なかば咆哮――と共に、鼻をぶらぶらさせた騎士は身がまえ、突進する。

頭を高く上げ、サイほどの大きさの巨獣が轟音と共にぶつかり合う。がっぷりと組み、互いの喉に象牙色に光る牙を打ちつけ、たちまち血が流れる。すぐに血は角質化した胸にだらだらと流れ落ちる。しかしその凶暴さには限度がある。ついに一方が降参すると、そっと立ち去ることを許される。戦いは荒々しいが、重大なケガはめったにない。戦士の間にある暗黙の、本能的な協定だ。海岸にいる誰も、優位をめぐって死にたくはないのだ。

勝者は勝鬨《かちどき》をたるんだ鼻から轟かせる。その複雑に配列された空洞は、二つの役割を果たす。一つは呼吸を循環させて湿度を保ち、寒いこの季節に体への負担を減らすことだ。[40]もう一つは、ただでさえものすごい声を鼻で増幅し、ディスプレイで優位に立つことだ。もっともやり手のオスはたいてい大きな鼻を持っていて、相関関係からこれが交尾のために有望な特徴であることがわかっている。[41]風がないとき、アニョ・ヌエボ公園のゾウアザラシの声は数キロ先まで聞こえる。

群れを支配するオスが、海岸のある場所の権利を主張するのが早すぎると、続けざまに戦うことになって、ハレムのメスが妊娠可能になる頃には疲れ果ててしまうことがある。[42]しかし上陸が遅すぎると、一番いい場所は獰猛な先客に占領されているだろう。このような戦いの配当は高くはならない。圧倒的大多数のゾウアザラシのオスは、繁殖の機会を得ることがないのだ。

シェイクスピアはこう書いている。「王冠をいただく頭に安息はない」[43]。支配はとてつもない重圧だ。支配的立場にあるオスは常時おそらく五〇頭から一〇〇頭のメスをハレムに持ち、その出入りと繁殖周期を見張っている。休んでいる間に競争相手が急襲したり、水の中でメスを待ち伏せていたりしないかを警戒しながら、群れを支配するオスはあらゆる挑戦に応じる。

オスは八歳頃に性成熟し、運のいいものはすぐに二、三頭のメスを引っかけることができるが、最大のものでも四年以上トップの座に居座っていられることはめったにない。[44]多くのオスは、ボスとしてたった一度繁殖期を過ごしたあと、過労死する。海での長い一年を乗りきれないものはさらに多い。[45]それでも彼らの犠牲は大きく報われる。毎年アニョ・ヌエボ公園で上位五頭のオスが、翌年生まれる子どもの八五パーセントの父親となる。[46]

母の献身

巣を守る父親やタツノオトシゴによるオスの妊娠は、海の母親たちの評判を落とすものではない。子どもの世話をするメスは、海ではより一般的だ。甲殻類のある種は一度に数カ月、腹の下にあるキチン質の保持器に卵を抱える。サンゴと海綿には、小さな幼生を泳げるようになるまで体内で育てるものがある。しかしもっとも献身的な海のお母さんは、卵のためだけに生き、孵化と共に死んでしまうタコではないだろうか[47]。

太平洋岸北西部のミズダコは、三歳で繁殖可能になる――腕を広げると三メートルになる動物にしては驚くべき速さだ。メスはまず、精包と呼ばれるオスの精子の塊を受け取り、しまいこんでから海底に巣穴を探しに行く。それから入り口のまわりに岩を丁寧に積み上げ、最後のすき間からするりと入りこむと、内側からふさいでしまう。このタコの庭園の天井と壁には、すぐにぼんやりと白い卵が飾りつけられる。

卵は、母親の筋肉質の漏斗《ろうと》から酸素をたっぷり含んだ水の噴射を浴びて、大事に育てられる。彼女は六カ月以上何も食べず、最後の卵が孵《かえ》るまで見守っている。そしてその時が来ると、幼生をほこりのようにまとわりつかせた母親は、最後の力を振り絞って巣穴の入り口を押す。すき間が開き――二、三個の石が動いただけだが――その穴から六、七ミリメートルの子ダコが何千とあふれ出す[48]。

母親は次の世代が去っていくのを見届けると、穴の中に崩れ落ち、冷たさが忍び寄るにまかせる。タコは自分の体に棲んでいるというより体を操縦している、つまり高次認知中枢が洗練された運動制御から切り離されているので、死を苦痛とは感じないのかもしれない[49]。大劇場の夜の部が終わり、ゆっくりと明かりが消えていくようなものなのだろうか。

ほとんどのタコは太く短く生きる[50]。メスは次世代への義務を果たして気高い死を遂げるが、オスのミズダコには知らぬ間に認知症が忍び寄る。こうして精神的に老化したタコは、やがて、目的もなくでたらめなパターンで泳ぐようになり、簡単に捕食される。タコの老化は厳密に調整されており、脳の手術で止められることはよく知られている[51]。視柄腺《しへいせん》を除去すると早死にを防げるが、何も見えなくなったように繁殖行動ができなくなる。ほとんどのタコの寿命は一年未満で、中には三カ月で死んでしまうものもいる。たった一度の繁殖期を過ぎるまでの命だ。[52]長寿の魚とは極端に対照的であり、このようなきわめて高度な動物がこれほど早死にしてしまうのは意外だ。

ホヤの分割統治

ウスイタボヤは普通のホヤだ。正式には被嚢《ひのう》動物と呼ばれるこの動物は、岩や橋脚の上に明るい色の肉質の薄い膜のように広がっている。個虫《ゾーイド》という水を出し入れする無数の個体からなり、群体は広がって色とりどりの層を作る。個々の被嚢動物——小さな個虫——は生命維持に必要な臓器を持ち、それはゼラチン質の核にゆるくまとめられ、濁った粘液に包まれている。

一見したところ、被嚢動物はイソギンチャクに似た原始的な生物に見えるかもしれない。実は、ホヤは非常に高等な生物だ。それは脊索動物であり、人類と（加えて魚類、鳥類、哺乳類、その他無数の動物と）同じ門の仲間なのだ。被嚢動物には骨も、眼も、脳も、私たちが高度な進化と結びつける特徴がほとんどない。だが内部には脊椎の原始的な起源を秘めている。

完全な消化系と循環系は、雌雄両方の生殖器官と共にホヤの複雑な解剖学的構造を作りあげている。ある群体の個虫それぞれは、すべてほかの個虫のクローンであり、血液供給を共有してつながっている。[53]

ウスイタボヤの群体は冷たく生産力の高い海に、赤、青、黄など明るい色の区画として成長する。夏の数カ月は成長が早く、モンテレー湾やフランスのロスコフのような穏やかな港の桟橋や杭では特に顕著だ。二つの群体がぶつかり合うと、物理的に互いの成長が妨げられるので、制約を回避しようとして争う。両者は敵地を偵察し、それぞれの群体が相手の境界に指のような血管末端部《アンプラ》を、二つの血流が実際に混じるまで伸ばす。[54]混ざった個体は血液キメラと呼ばれる。テレビゲームに登場する恐ろしい敵のような響きだ。からみ合った群体が遺伝的に近い親戚でなければ——そのタンパク質が協調しなければ——強力な反応がつながったアンプラを貫く。血液が凝固して塊ができ、組織は炎症を起こし、群体は引き離される。[55]群体は別々の道を歩み——違う方向に拡大して紛争地帯を避けようとし——それ以上かかわらない。炎症反応はそれほどよくあることではない。新しいウスイタ

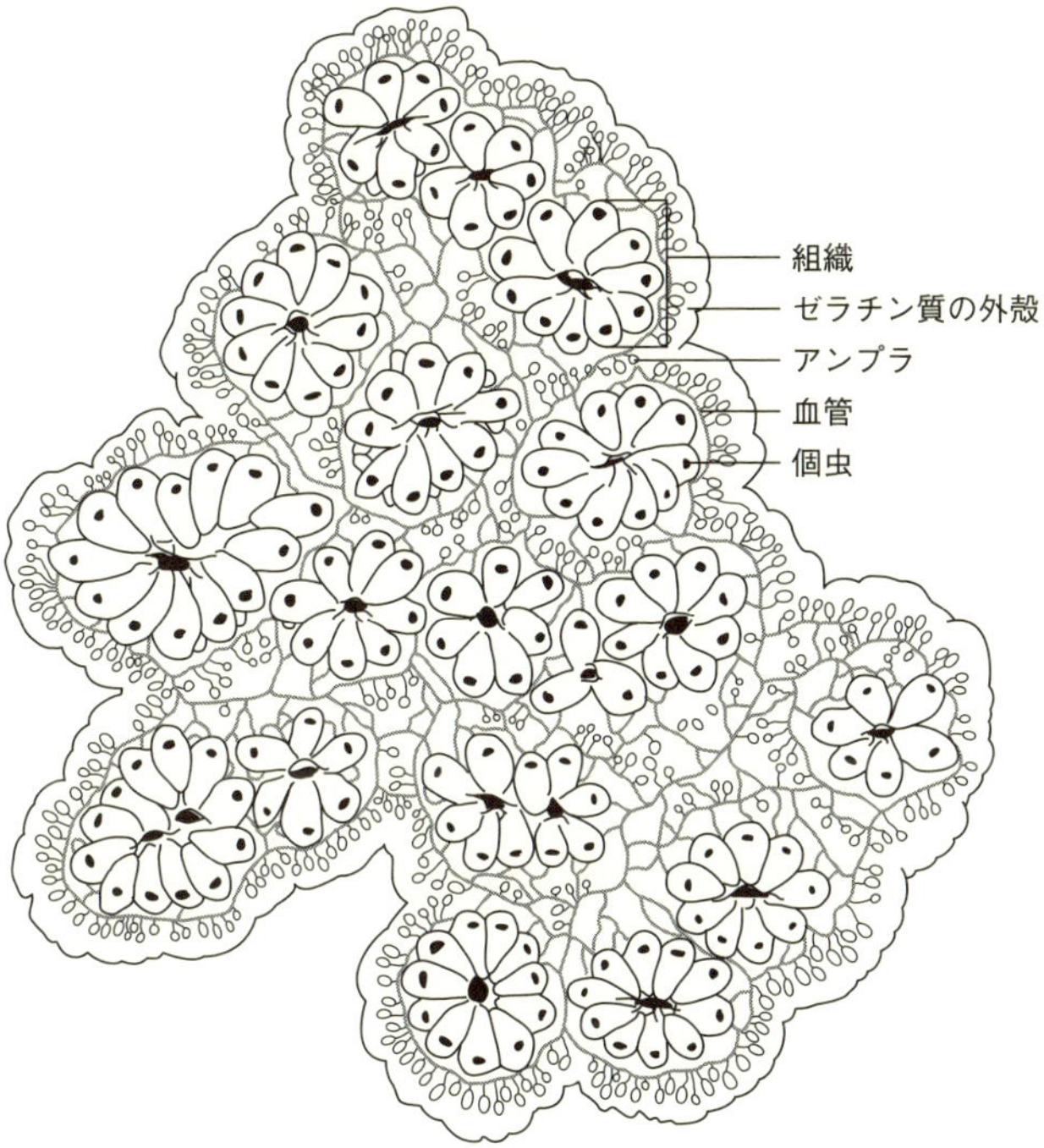

性腺戦争の準備が整ったウスイタボヤの群体
この群体には組織と呼ばれる個虫の集団が20近くあり、それぞれアンプラと血管が取り囲んでいる。アンプラと血管は、2つの群体が出会った結果発生する攻防の、戦略の要だ。この空間をめぐる戦争の戦利品は、個虫の卵巣と精巣である。これらが隣接する群体から忍びこんだ細胞により、乗っ取られることがある。
出典：Milkman, Roger. 1967. *Biological Bulletin* 132: 229-243。Marine biological Laboratory, Woods Hole, MA の許可を受けて転載。

ボヤの群体は、親戚のごく近くに定着する傾向があり、適合することが多い。[56]

しかし群体同士が適合すれば、違う形の戦いが始まる。血液キメラは本当のキメラ（おそらくヒットポイントの高い）になる。同じ群体に共存する違う個体が混ざり合ったものだ。それらは合体し、血液細胞と栄養を自由に交換する。しかしこの協調は見せかけで、両群体は覇権争奪戦を密かに行なっている。[57]共有する血流に食細胞やその他の免疫細胞を放出して、一方の群体はもう一方の生体化学反応を試す。冷たい戦争が始まった。両陣営が生物学的スパイ活動に関わる闘争的関係だ。敵の個虫に潜入する特殊な細胞が、敵の建物を占領する特殊部隊のように浸透する。潜入側の群体は標的の個虫を侵略者の組織で作り直す。この瞬間から、その個虫は侵略者のものとなる。

このプロセスは双方向のもので、それぞれの群体が相手の一部を併合する。憎しみ合う封建領主のように、両者は一進一退の戦いをくり広げ、しまいには遺伝的に均質でない一つのまとまりを形成する。別々の軍閥が占領する村のパッチワークのようなものだ。岩の表面を覆う一枚の硬い殻の上に、異なる遺伝的特徴を持ち、別々の個体のゲノムからできた個虫が散在するのだ。群体は拡大した遺伝的多様性を、環境の変化に適応するために利用できるだろうし、また次に遭遇した群体を征服して領地を広げるかもしれない[58]。いずれにしても、完全な勝利はまれであり、もっとも一般的な結末は、画家のパレットのように海底にさまざまな色の個虫が広がった状態になる。

だが、その間にもっと重大な対立が、ほとんど人知れず激しく続いている。免疫系の細胞の中には、特殊部隊員よりもさらに油断のならないものがある。個虫全体を標的にするのではなく、その性腺だけを狙って、侵略者の組織から作り直すのだ。個虫の性腺以外の部分は元の細胞と遺伝子を保っている。以後、不運な個虫は自分の性腺組織に栄養を与え続けるが、その組織は代わりに侵略者のために配偶子を作り出す。

侵略された群体全部が強奪者の性腺を持つまで、個虫一つずつ、性腺戦争は静かに進行する。侵略を受けた群体は今や、偽りに生きている。あたかも王家の女性が、そろって同じ厩番《うまやばん》と不貞を働いたかのように。個虫から生まれる子は本当の跡取りではなく、強奪者の遺伝子を持った里子なのだ。それが生き続ける間、この知らぬ間に征服された群体は、征服者の子孫だけを産み続ける[59]。

さまざまな幸福

かつてレフ・トルストイは、幸福な家庭はすべて似通っているが「不幸な家庭はそれぞれに違う」と書いた[60]。これは人間の家庭には当てはまるかもしれないが、海の中では柔らかなパンのように崩れ去る。波の下では、幸福な家庭にさえ共通なものは何もない。あるものにうまくいくものが、別のものにはうまくいかないこともある。海のもっとも風変わりな住人たちは、共通祖先も、きわめて特殊化した生殖器も、性についての概念すらも私たちとは共有していないのだ。

タコのように生き急ぎ、早く繁殖し、そして死ぬのがいいのだろうか？　それとも長生きして、一つひとつの卵により多くを投資しながら歳を取るほうがいいだろうか？

カリフォルニア州サンタクルーズにあるロング海洋研究所のスティーブ・バークレーは、さまざまな魚の生活史を余すことなく記録している。アメリカクロメヌケというケルプの森に棲む魚は、五歳で産卵を始める[61]。この若さで、一度に四万五〇〇〇個の卵を産む。しかしタコとは違い、この魚は年に一度の繁殖期を何回も経験する。一〇歳では四〇センチメートルまで成長し、六万個の卵を産む。近い種類の根魚には、最長で一世紀生き（第6章参照）、その間成長し続け、繁殖期を経るごとにより多く卵を産むようになるものがいる。このような魚にとっては、長生きして将来も繁殖することが戦略だ。ここがタコの計画と大きく違う。

こうしたことからわかるのは、長寿と早い繁殖のどちらがいいか、ただ一つの正解はないということだ。いや、あるにはあるが、その答えは「場合によりけり」というものだ。それは、一〇〇年以上生きられる体を成長させることが――あるいは、生涯の初めに多くの食物エネルギーをすぐ生殖のために注ぎこむことができる、安上がりで使い捨ての体が――長い目で見て（子孫の数と）引き合うかどうかによる。この難問に正しい答えはない。それは個体が捕食者の攻撃、飢餓、悪天候、その他の致命的な出来事で早死にする可能性がどの程度高いかによるのだ。死亡率が高いほど、丈夫な体に投資することの価値は低くなる。だがもちろん、丈夫な体は死亡率を下げる。体の構造にかけた余分なコストに引き合うほど、それは下がるのか？　この答えはおそらく体の種類によって――例えば魚かイカかで――違うので、最適な進化戦略も違ってくるだろう。[62] ゲームのルールはそれでも同じだ。それぞれの生物種は長寿か短命に賭け、その戦略を配られた手に合わせるのだ。

海洋生物種の生き方がこれほどまでに多種多様であることは、通常の進化論的科学の観点から完全に理解できるが、海の母親たちは、進化生物学者を混乱させ続けることを少なからずやっている。スティーブ・バークレーが研究したアメリカクロメヌケでは、年長の母親は卵の一つひとつに余分な贈り物を与える。それは小さな油のしずくで、稚魚が早く育ち生き残る確率を高めるためのエネルギー源として使われる。[63] このしずくは、稚魚が生涯の非常に大変な時期、たぶん一万尾に一尾以下しか生き残れない時期を乗りきる手助けをする信託資金のようなものだ。

別の魚類生物学者に言わせれば、この一連の結果や、その他の大きなメスが大きな卵を産む事例には疑問があり、そんなことはあるはずがないという。[64] 大きな母親がいい卵を産んで、稚魚に油のしずくの贈り物をするはずがない、というのではない。小さな母親も同じことをするはずだというのだ。もし大きな母親にとって、ある大きさの卵を作るのが最適だとしたら、小さな母親にとってても最適のはずだ。いや、小さな母親には稚魚にそんな贈り物をする余裕がたぶんないのだろう――しかしそれなら、理論的には彼女らは稚魚の数を減らしてでも、あえて同じ贈り物を与えるはずだ。だがアメリカクロメヌケのような魚は、どうやらあまり理論を知らないようだ。この場合の母親たちのやり方は、ある種の謎となっている。

ほかのもっとも奇妙な家族生活はどうだろう？　それは、繁殖の成功に厳しい選択圧がかかるという私たちの理解と一致するのだろうか？　性転換はもっとも興味深い疑問の一つだ。性転換する種のあるものは、オスから始まりメスに転換する。またあるものは逆だ。行ったり来たりするもの、同時に両方の性を持つものもいる。

これに関して面白い考え方の一つが、子孫に対する親の投資レベルを考えるというものだ。海洋生物種の多くでは、卵は海中に放置され、自活していかなければならず、親は面倒を見ない。子孫への投資は、卵の中に詰められた食物エネルギーがすべてを占める。子どもに弁当箱一つ持たせて、これで一生やっていけと送り出すようなものだ。そしてその投資の圧倒的大部分は、父親ではなく母親によるものだ。卵を作るコストは高くつき、精子は安いからだ。小さなメスは少ししか卵を作れないが、小さなオスは精子をたくさん作って、多くの卵に受精させられる。だから、早いうちから小さいサイズで生殖して、その後成長を続ける種にとっては、まずオスになってたくさんの卵を受精させ、成長してから多くの卵を作れるメスになるのが一番だろう。クマノミはまさしくこの駆け引きをやっている。ある種のカサガイやエビもそうだ[65]。

それではなぜ逆の戦略、小さなメスから始めて大きなオスになるというものが存在するのだろう？　カリブ海のブルーヘッドがこの戦略に従っている。カリフォルニアコブダイ（口絵⑬）や多くのハタも同様だ。縄張り習性でだいたい説明がつく。オスは、縄張りを持ちほかのオスを社会的に支配するときに、成功したと言える。これは大きなオスのほうが小さなオスよりうまくいく。だから小さなメスが大きなオスになれば、逆よりも成功しやすい。

例えばブルーヘッドは、縄張りを持った大きなオスが支配するハレムの中で、黄色い縞が入ったメスとして出発する。前のオスが（捕食者か研究熱心な生物学者の手にかかって）いなくなると、一番大きなメスが、もう翌日からオスに変わり始める。転換が始まると、彼女は一日でオスとしてふるまいだし、その週のうちに精子を作るようになる。以後、彼は毎日ハレムのメスに産卵させ、時には夕方までに精子を使い果たしてしまう。[66]

なぜ大きなメスが縄張りを持ち、小さなオスを誘うということができないのか？　おそらくできるだろうし、やっている種もある。要は、ある特定のベストな戦略があるわけではないということだ。さまざまな戦略にはそれぞれうまく働く可能性があり、状況が異なれば有益なものが変わる。その状況とは何かを解明することで、多種多様な生殖寿命の中には、生物学者が全体像をつかめるようになったものもある。[67]しかし、私たちが海でもっとも奇妙な家族のすべてや、それが自分のやり方に固執する理由を知っていると思ったら、大きな間違いだろう。

第11章

極限生物の行く末

未来の海と、そこに棲むものたちは我々の選択にかかっている

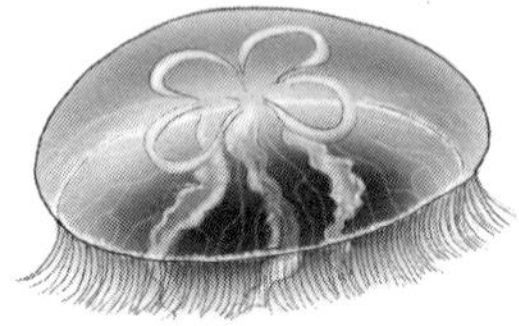

大海原のすみずみにわたり、その遠大な歴史を通じて、海の生物は驚異的に強靱だ。初期地球を征服した微生物から、バージェス頁岩《けつがん》を這い出してはるばるメリーランド州のオーシャン・シティの歩道にたどり着いた生きた化石まで、海洋生物種は究極の生存者である。

深く暗い水の重圧の中で、煮えたぎる熱水噴出孔をただ一つの食料源としてしがみついているものがいる。死んだクジラの骨で命をつなぐものがいる。無力なチョウチンアンコウのオスは、信念と体内に持っている貴重な卵黄だけを支えに、花嫁を求めて闇の中を探し回る。造礁サンゴ——現代の種類に限った話で、大昔にいたものは考えないことにしよう——は、五回の大絶滅と二億五〇〇〇万年におよぶ地球規模の混乱を生き延びてきた。

しかし海の生物は、きわめて特殊な生息地にきわめて特殊化した方法で生きているため、しばしば脆弱でもある。海の極限生物の秘密は、このような難しい環境で繁栄するのを得意としていることだ。そしてこれら成功した種は、特別なニッチ——特定の生活様式——に見事に適応していることが多い。陸地にもそうしたニッチはあるが、たいていは小さく——細い流れに棲む小魚のように——特殊化した種のごくわずかな個体しか収容できない。

しかし海は大きいので、比較的小さなニッチでも完全な生態系を構築できる。熱水噴出孔がいい例だ。それが占めるのは海底のごくごく小さな一部分で、一つひとつは二、三年しか続かない。しかし海底は広大なので熱水

噴出孔は数多くあり、海の生物は噴出孔が開いたり閉まったりするのに合わせて、その間を飛び石づたいに適応している。

コオリウオは血の凍る温度で生きていられる。メカジキは眼球ヒーターを使って視覚を向上させ、獲物を捕らえる。このような海での生活への複雑な適応は、海が非常に大きく、ニッチ的な生存戦略がうまくいくことを当てこんでいる。こうして見ると、海の極限生物種は専門店経営に似ている――自分の仕事に精通しており、経済の繁栄に左右されるところが。

残念ながら、こうした特殊化した成功は人間活動による圧力を全方向から受けている。私たちは日々、海の暮らしを困難にしているのだ。大したことをしたわけではない。わずかな温暖化、わずかな酸性化、食料供給への妨害、漁獲量の増加だ。このような変化が、経済の発展につれて拡大し、今日では七〇億を超える人類の影響が海に重圧を加えている。生物個体レベルから生態系の機能や存続に至るまで、人間は海の生命に影響を与えているのだ。

一℃の違いで起きること

片足をもっとも冷たい海の生息地に、もう一方の足をもっとも熱いところに浸すと、凍てつく極海と沸き立つ熱水噴出孔のシチューの両方にまたがることになる。片足はマイナス一℃、もう片方は一二〇℃だ。[1] どちらの場所もコオリウオからポンペイ・ワームまで、その特殊なニッチで繁栄する色とりどりの生命を支えている。

海洋生物が棲む幅広い温度域とは対照的に、地球気候変動の予測では、二～三℃の海水温上昇が示されている。[2] これは小さな数字のように思えるかもしれないが、それは私たちが気候に恐ろしく無関心だからだ。空気中で暮らす大型哺乳類で、効率のよい熱生産と冷却のメカニズムを備えた私たちは、温度変化に対する感覚がゆがんでいる。人類の祖先は、動物の毛皮と焚き火だけで暖を取りながら、熱帯アフリカからヨーロッパ北部の氷河までわずか数千年で拡散した。のちに彼らはベーリング海峡を渡ってテキサスに移り、パナマ地峡をゆっくりと越えてアンデス山脈に住みつき、南米大陸の南端に達した。[3] この道中、私たちは多彩な気候があることを知ったが、大型哺乳類の体はそれに対処する上で役に立った。

人間の体は、自分を暖め、あるいは冷やすために、一〇〇ワットの電球とほぼ同じエネルギーを使う。[4] 体温が低下すると、それを埋め合わせるために私たちの代謝は少し速度を上げる。[5] カロリー消費が速まり、筋肉の活動はより多くの熱を発生する。そしてもちろん外部温度が上がると、私たちは汗をかいて余分な熱を捨てる。このようなプロセスによって、人体のあとの部分はほぼ平常の温度と速度で動くのだ。私たちの消化、思考、心拍数、その他の代謝機能が、外の温度から受ける影響はごくわずかだ。

しかし冷血動物にとって、環境温度はすべてだ。外部温度が一〇℃上昇すれば、その代謝率はおよそ二倍になる。生命の時計は倍の速さで時を刻み、より多くの餌が必要になり、多くの老廃物が産出される。人間で言えば、階段を一階分上っただけで心拍数が二倍になるようなものだ。[6] 高い温度での生活は絶え間ないトレーニングだと思えばいいだろう。

このような超過労働を維持するのは困難だ。サンフランシスコ州立大学のジョナサン・スティルマンは、水中のカニの心拍数を、ゆっくりと水温を上げながら測定した。水温が一六℃から三四℃まで上がると、心拍数は毎分一四八から四〇三に上昇した――そしてついには致命的な発作を起こして停止した。[7] スティルマンは、決してサディストなどではなく、この致命的な温度と、一般にカニが生活する温度との差を調べていたのだ。驚いたことに、多くのカニは上限温度のごく近く、地球温暖化で予測される二～三℃の上昇が命に関わる場所に棲んでいることがわかった。カニにとって今後一〇〇年で予想される温度変化は、単に代謝を跳ね上げるだけではない。一年で一番暑い日々には、カニの心拍数を限界値以上に押し上げてしまうのだ。

気候変動はこのようなことをしようとしている。[8] すでに海洋生物は、陸生生物と同様、緯度の高いほうへと移動している。[9] だが彼らは、腐食性の酸という人間が作り出した第二の脅威にも直面しているのだ。

熱く酸っぱいスープ

人類は年間九九億トンの炭素を二酸化炭素として大気中に送り出している。[10] その二五パーセント近くという大変な量が海水に溶けこみ、単純な化学反応によって二酸

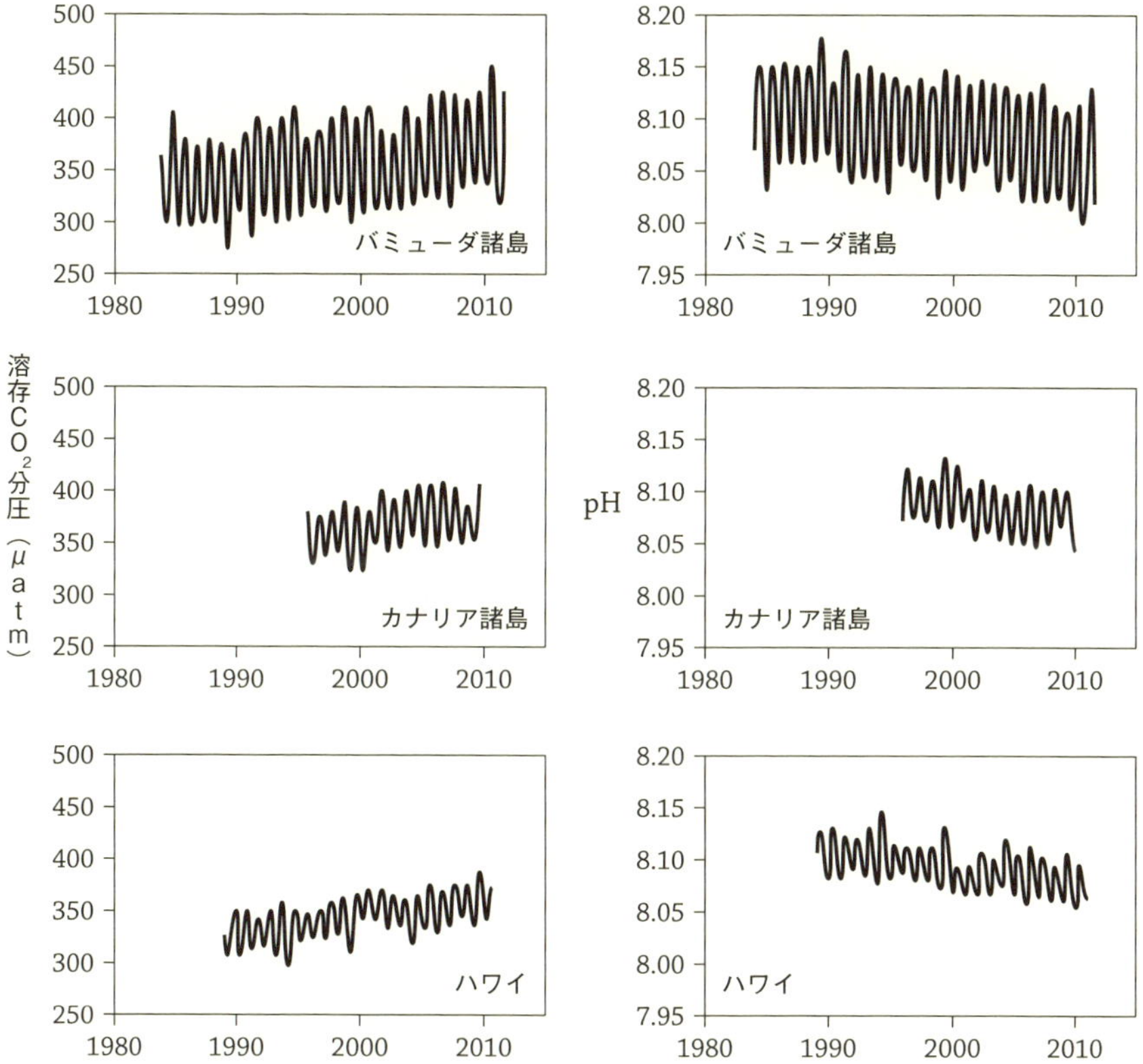

世界３カ所の海での二酸化炭素の増加（左）とpHの低下（右）
酸性度が高くなるとpHが下がるので、二酸化炭素の増加にともなってpHが低下している。

化炭素が炭酸になる――子どもが遊びで鉄の釘をソーダ水に入れると溶けるのは、炭酸が含まれているからだ。[11]

地球全体で、炭酸の量と海の酸性度は、[12]この数十年着実に増大している。海の酸性度は二〇世紀の初めから二二パーセント高くなり、低下する徴候は見られない。[13]海の生物が、『オズの魔法使い』に出てくる西の悪い魔女のようにどろどろに溶けてしまう危険があるわけではない――もっと微妙な、だが同じくらい劇的な形で影響を受けるのだ。

海の動物は殻を海水から作る。硬い骨格を透明の液体から、魔法のように取り出すのだ。殻を持つ生物は、組織に囲まれた小さな海水だまりに炭酸カルシウムを蓄積して、化学的不均衡を厳密に保つことで、この物質を強制的に結晶化させる。このようにして新しい殻の微小な層が、すでにある殻の縁に沿って形成される。サンゴのポリプは、数百年かけて何層にも重ねられた自分の骨格の上に乗っているのだ。

しかし殻を作るために必要な化学的不均衡は、低い酸性度を要求し、それは通常の海水よりもさらに低い。殻を作る目的で酸を減らすにはコストがかかり、もし海水が普通より酸性に傾けば、コストは上がる。コンロで水を沸騰させることを考えてみよう。冷たい水から始めると、温かい水から始めるよりも沸騰するまでのエネルギーと時間が余計にかかる。海では、酸性度の高い水から殻を作り始めると、殻を持つ生物は余分なエネルギーと時間を取られてしまうのだ。

アルバータ大学の海洋生物学者リッチ・パルマーは、一般に巻貝は組織の成長や繁殖よりも、殻を作るのに多くの食物エネルギーを使っていると推定した。[14]同様に、サンゴは一日のエネルギー供給の二〇~三〇パーセントを骨格の形成に使っている。[15]酸性度が高まればこのプロセスがはるかに厳しくなり、これから一〇〇年で硬い構成部分（殻と骨）の代価は三〇~五〇パーセント上がるだろう。[16]だから、高温と同じように、酸性度は代謝への一種の税金なのだ。[17]税率がある程度になれば、コストが高すぎて代謝銀行は破綻し、生物は生きていけなくなる。

酸性化した未来では、殻を作る生物の多くが苦しめられることになりそうだ。数多くの実験で海生動物の二酸化炭素への耐性が試験されている。ほとんどは悪影響が、特に殻を作る生物にあることを示しているが、結果はすべてに当てはまるわけではない。[18]今世紀の終わりまでに予測される熱と酸の蓄積により、多くの生物種は繁栄がいっそう難しくなるだろう。[19]

そうした生物種の中には、人間の生活に直接影響するものもある。アメリカ西海岸一帯のカキ養殖業は、海洋酸性化を原因とする水揚げ減少に直面している。大学を卒業したばかりの若者のように、カキの運命は産卵されたときの気候に敏感に左右される。人間は不景気の時に労働人口に加わると、キャリア全体にわたって収入を減らしかねない。[20] 同じように、酸性の海に生まれたカキの行く末には暗雲が立ちこめている。二酸化炭素濃度が高く酸性度の高い水中に放たれた卵から生まれた幼生には、しっかり育つものが少ない。加えて、そのような幼生は成長が遅い――現時点での弱みが、人間の貧困のように、次の世代まで尾を引いてしまうことがあるのだ。[21]

増税反対

海洋の温暖化と酸性化はきわめてさまざまな形で生物種に悪影響をおよぼすが、つまるところ、そのダメージは交換可能な代謝通貨に要約できるだろう。カロリーは食物から流入し、代謝、成長、生殖によって燃える。酸性化と温暖化は、それぞれ違う形で生体の代謝の収入に課税する。熱や酸性化に対処するために上がった代謝に消費されるカロリーは、成長や生殖には使われない。税率は今のところ低いかもしれない（それでも一部の種はすでに苦境にある）が、毎年上がっている。今世紀の終わりには、世界中至るところで多くの生物にとって重い負担となっているだろう。

もちろん、もっとも繁栄している種――収入が一番多い種――が一番楽に税金を払える。造礁サンゴの中には採餌量を増やして、酸性化の影響を食い止めることができるものがある。[22] 適切なストレス耐性遺伝子があれば、サンゴは水温が上がっても棲めるし、ウニは酸性度が高まっても成長できる。[23] だが、こうした運のいい生物も犠牲を払う。温暖化や酸性化が毎年続けば、代謝予備能が徐々に損なわれる。しまいには、もっとも富裕な種も気候変動の代謝税の影響を受けるだろう。

膨張する海、上昇する海面

温まった水はわずかに膨張する。そして大量の水がわずかに膨張すれば、海が膨れあがる。このような熱膨張が、氷河の融解やその他人為的な原因からの影響と共に、海面上昇の大きな原因と考えられている。[24]海洋が温暖化し続けると、その膨張が続き、氷河は解け続け、海面は上昇を続ける。氷床が崩壊を起こして海になだれこめば水位が急激に上昇するだろうし、それが影響しなかったとしても、未来の海は今よりも増えている。

過去五〇年で平均海面水位は二〇センチメートル上昇しており、もっとも確かな科学的予測では、今後一〇〇年で七五から二〇〇センチ上がるとされる。[25]中央赤道太平洋にある環礁国ツバルのフナフティ島のような海抜の低い環礁では――フナフティの最高地点は海抜三メートルだ――これほど水位が上がれば国土がほとんど水没してしまう。西太平洋とインド洋の海面上昇は、さらに大きいかもしれない。[26]こちらの潮位上昇は、さんご礁だけでなくすべての海岸を水没させる。アメリカ東海岸の広い範囲を波による被害から守っている塩性湿地は、一年に五ミリから一センチほどしか内陸へと拡大せず、海面水位が現在の予測通りに上昇すれば水没してしまう。[27]

洪水が海水面上昇の結果としてもっとも重大であるのは、それが生物の生育地を破壊し、沿岸に棲む多くの生物種の生活様式を変えるからというだけではない。我々人間の経済にも多大な損害を与えるのが確実だからだ。全人類の一〇パーセントは沿岸部に住み、その割合は増加すると見られている。[28]潮位の上昇と暴風雨の増加は、すでにニューヨーク市街に破壊をもたらし、復旧に六〇〇億ドルかかっている。さらに二〇〇億ドルをかけて、市の中心部を将来の大災害から守ろうとニューヨーク市民は提案しているが、提案されているような対策がうまく働くかどうかもはっきりとわからない。

世界中どこでも、経済的状況は似たようなものだ。上昇する潮位のコストは、波と嵐に破壊される沿岸部のコストであり、その破壊を――今のところ――防いでいるのは、多くは生きた海の生物なのだ。さんご礁は沖合で波を受け止め、海岸の浸食を緩和する。生きているさんご礁は波のエネルギーを、死んだ、かつてさんご礁だった平らな舗道よりも多く吸収する。[29]しかし潮位と波が高かったり、サンゴが死んでいたりすると、いつもは穏やかな熱帯のラグーンの浜辺も、土と砂が沸き返る大釜になることがある。マングローブも熱帯の海岸を守っている。二〇〇四年に発生した東南アジアの津波の際、手つかずのマングローブ林があるところでは、地元の村がマングローブを切り倒してしまったところよりも被害が少なかった。[30]海岸湿地、カキ礁、藻場はこの種の隠れた緩衝装置の役割を温帯の海岸線で果たす。

防潮堤を築いて海を切り離せば、この問題はうまく解決すると思われるかもしれない。だがそれは高くつく。一キロメートルあたり一二五〇万ドルかかる場合もある。[31]しかし、ひとりでに成長する防潮堤があるとしたら、それが海水面が上がるにしたがって成長し、海岸を守り続けるとしたらどうだろう。健全で成長の早いさんご礁や湿地は、一世紀に約一〜一・二メートルのペースで成長できる。しかもそれは同じサービスを無料で数百キロ、数千キロにおよぶ海岸に提供してくれるのだ。この無料の防潮堤に必要なものは、生態系を健全に保ち、沿岸地帯をそれが成長できるように管理することだけだ。

気候が変動する中で、健全な生態系を維持することは、大きな課題となる。だが、その課題の上に新たな海洋問題が重なってくる――海の生物種と、それらの相互作用が根本的に変わると。

壊れる海の生態系

最小の微生物から最大のクジラまで、海の驚くべき生物について少しでもわかると、その見事な相互関係の性質がよく見えるようになる。すべての閉じた系がそうであるように、世界の海洋のような巨大なものの中でも、いくつかの影響が重なって結果が増幅されていき、さらに大きな影響をおよぼすことがある。海は温暖化や酸性化するだけではない。その生態系も根本的に違うルールの下で機能するようになるのだ。

海洋環境は強力な生物マシンで、途方もない規模の生産力を持つ。人類の漁船団は年間約九九〇〇万トンの魚介類を獲っている。ものすごい数字に思えるだろうが、海洋微生物群全体は、これだけの量のバイオマスを約九〇分で生産する（第3章参照）。溜まるに任せておけば、この海の恵みはたちまち私たちを泥の中に埋めてしまうだろう。そうならないのは、同じくらい大きなシステムがあって、バイオマスを消費しているからだ。急増する微生物群のバイオマスは、正常な海の生態系によって抑えられているのだ。

微生物と単細胞の藻類は、世界規模の食物網の燃料となり、やがてイワシを、クジラを、ウミガメを、マグロを、サメを、その他ありとあらゆる現存する海洋生物を生み出す。人間はその生産力を壊しはしない――微生物は古く、強力なので、そもそもできはしない――が、初めて影響を与えられるようになった。人口増、技術の進歩、広範囲にわたる汚染により、今や人類は、地球で最大の生物生息地を、そしてそのもっとも数が多い住民である微生物を改変できるようになったのだ。

　急速に、そして文字通り、影響は蓄積していく。細菌、藻類、その他の海の雑草が、衰えることなく海の抑制と均衡から解放された。束縛がなくなり制御できなくなった生産力が、皮肉にも生物の大発生だが、それは海が偉大な生命の連鎖の中で、エネルギーを種から種へと伝えていく手段を破壊するのだ。これは私たちが「生産力爆弾」と呼ぶ恐るべきフィードバック・ループだ。この爆弾には導火線が二本ある。一つはもっとも高等な海洋生物に関わるもの、もう一つはもっとも下等な生物に関わるものだ。

第一の導火線——魚戦争

　第二次世界大戦後の比較的平和で繁栄した数十年は、奇妙な宣戦布告なき世界的紛争を招いた。魚戦争だ。増加する世界人口が、海が与えるあらゆるものをむさぼっている。[32]当然のように、人間がこの戦争に勝った。しかし勝利の代償はあまりに大きかった。激しい乱獲のため、熱帯から極海まで世界中の海で魚の数が減った。私たちは浅はかにも海が補充できる以上に獲ってしまったのだ——これはまったく予想だにしない事態だった。この変異は地球の自然史の中でも特異なものだ。ただ一種類の捕食者がこれほど大きな地球規模の影響を持つことは、これまでなかった。

「チョコレートヒルズ」という丘が連なることで有名なフィリピンのボホール島沖に、奇妙なサンゴの構造がある。二重堡礁《ほしょう》だ。ある穏やかな晩、内礁の端近くで、スティーブン・パルンビは夜間ダイビングの準備をしていた。案内をするのはプロジェクト・シーホースのアマンダ・ビンセントで、タツノオトシゴ《シーホース》はまさに彼らが捕らえようとしているものだ。二人ともウェット・スーツを着てタンクとレギュレーターを身につけている。マスク、懐中電灯、ナイフ、時計、水深計で、高価な装備は完璧だ。小船《バンカ》を操るフィリピン人の船頭は、すり切れた海水パンツをはき、ココナッツの殻とコーラ瓶の底を削って作ったゴーグルを着用している。石油ランプがかすかな光を舳先《へさき》から放っている。静かなしぶきを上げて、三人のダイバーはそれぞれ船べりを乗り越えた。アマンダはスティーブンの先に立ってお気に入りのタツノオトシゴを探す。船頭は平泳ぎで、独りさんご礁へと潜っていく。その素足は、スティーブンとアマンダの足ひれとまったく対照的だ。彼には養うべき家族があり、自分のタツノオトシゴを捕まえなければならなかった。研究のためでなく、売るためにだ。

アマンダとスティーブンは三〇分かかって、ボートの下一五メートルでやっと一尾のタツノオトシゴを見つけた。優雅で謎めいたそれは、サンゴの枝を繊細な尾でつかんでいる。タツノオトシゴは用心深くダイバーに目を向けた。大きな影が暗い水の中からぬっと現われた。スティーブンが懐中電灯を向けると、コーラ瓶のゴーグルが光った。船頭が自分の漁から戻ってきたのだ。波とともに彼は身を翻《ひるがえ》し、二人のダイバーと珍しい小さな生き物はあとに残された。

二人の研究者は一時間後に海面に上がった。寒さと疲れを覚え、二尾目のタツノオトシゴは見つけられなかった。船頭は二人を海岸まで運んだ。だが装備を下ろすと、再び海に戻っていった。それから八時間、船頭は震えながら暗い海を泳ぎ回り、何度も潜水をくり返し、夜明け近くにやっと自分のタツノオトシゴを捕まえて戻ってきた。中指ほどの大きさのものが一尾だけだが、二五セントで売れる。米を二、三カップ十分買える額だ。彼の妻子はこれでまた一日食べることができる。また太陽が沈んだら、彼はさんご礁に戻り、漁をする。

かつてこの海にはたくさんのタツノオトシゴがいた。それを獲る人々はもっと楽な暮らしを送っていた。二、三時間働けば、体をくねらせ口をとがらせた小さな魚が袋いっぱい獲れたものだ。だが何世代にもわたり漁師が獲り放題に獲ってしまったのと、フィリピンの人口が爆発的に増えたことで、さんご礁のタツノオトシゴは本当にまれになってしまった。

進歩する漁具と減る魚

地域の乱獲の話を聞くと胸がかきむしられる。それは漁師とその家族に直接影響するものだからだ。昔だったら、水産業界は技術で対応しただろう。数千年の間、人間は風か手漕ぎで進む木造船で漁に出て、麻糸で釣り、銛《もり》を投げていた。この時代の船が戦闘馬車《チャリオット》だとすれば、現代の漁船は現用戦車だ。衛星ナビゲーション、高精度の魚群探知機、ディーゼルウインチ、冷凍庫など、今の船には技術の粋が凝らしてある。世界のどこであっても獲る魚がいれば、商業漁船団はそれを探して捕まえる。しかし高度な装備にもかかわらず、こうしたハイテク無敵艦隊は、過去の単純な船ほど魚を獲れないことも多い。なぜそんなことになるのだろう?

ルース・サースタンとカラム・ロバーツは、あるスコットランドの漁場の歴史を年代順に並べた。アイリッシュ海にある深い海底谷の一部、クライド湾だ。北大西洋の栄養豊富な水が流入するここは、一九世紀初めにはニシン、タラ、コダラがいつも豊漁だった。時が過ぎ、蒸気機関を積んだ底引き網船が古い木造船に置き換わった。少しずつ、船は近代化されていった。湾の深い谷間をこそげて漁獲量は向上したが、それもつかの間だった。船がよくなっているのに、漁獲は以前の水準からはるかに減少したことに、サースタンとロバーツはすぐに気づいた。[33]

カラム・ロバーツは研究範囲を広げ、イギリス中で同じパターンがくり返されているのを見つけた。いずれも底引き網船が技術的飛躍をもたらし、漁獲高が増加するが、その後急速に低下している。現在、イギリスの海では、技術の進歩にもかかわらず二〇〇年前に比べて魚が二〇倍獲りにくくなった。[34] 魚がかしこくなったのでも、逃げ足が速くなったのでもない。ただ少なくなったのだ。

以前はたくさんいた魚が海から根こそぎにされてしまうと、ほかの種にも影響がある。捕食者への影響は餌が少なくなることだ。そして被捕食者への影響は、個体数の増加を抑えるものが少なくなることだ。その結果、海洋生態系のバランスが崩れる。

偉大な生命の連鎖

魚好きの人々は海の捕食者を好んで食べる。そのほうがおいしいと思っている。マグロ、サケ、カジキ、ハタ、カサゴ、オレンジラフィー(訳註:キンメダイ目《もく》の深海魚)、オヒョウ、ヒラメ、いずれも自然界では恐るべき肉食魚だ。これらの魚を食べるとき、私たちは海の生態系を変えている。食物連鎖の頂点を切り落としているからだ。ダニエル・ポーリーらはこれを、漁業が起こす食物網下落と呼んだ。[35] 石炭を探すために山の頂上を吹き飛ばすようなもので、このやり方に付随して大きな被害が起きる。

カロライナ沿岸のイタヤガイ漁師ほど、乱獲の意図せぬ影響を知る人々はいない。何世代にもわたって彼らは、泥底の藻場からアメリカイタヤガイを大量に水揚げしていた。[36] 二〇世紀が進むにつれ、貝の数が減り始めた。坂

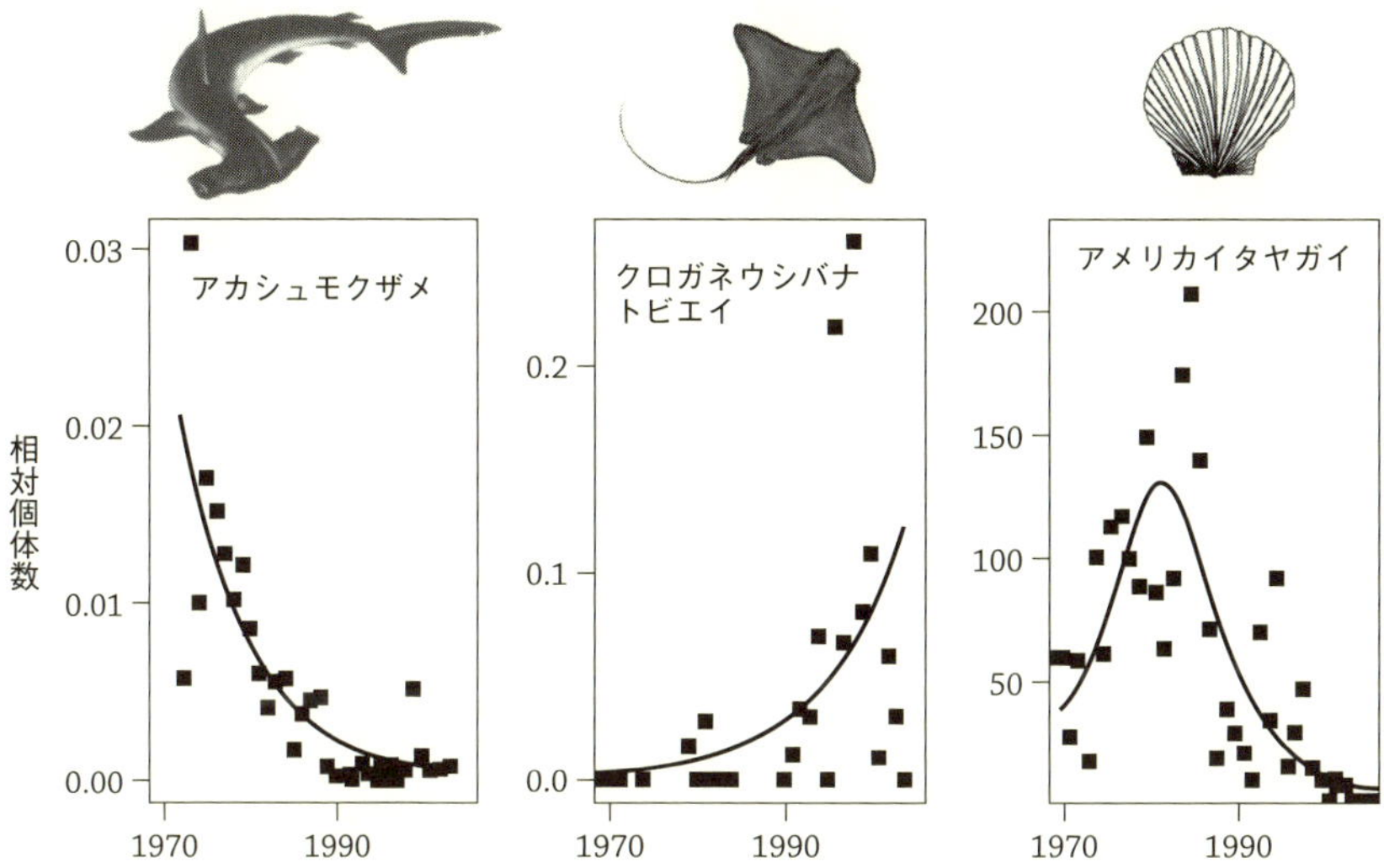

沿岸のサメ（左）の減少に引き続いて、その被捕食者であるクロガネウシバナトビエイが増加し（中）、アメリカイタヤガイが急激に減少した（右）
出典：Myers, R. A., J. Baum, T. Shepherd, S. Powers, and C. Peterson. 2007. “Cascading effects of the loss of apex predatory sharks from a coastal ocean.” *Science* 315: 1846-1850

を転がるようにして水揚げ量は落ち、一九九四年ついに底を打った。この年、全漁期の漁獲は七〇キログラムにすぎなかった[37]。漁業は破綻した。しかしそれはイタヤガイ自体を乱獲したからではなかった。この場合、犯人は世界の反対側で煮こまれている塩味のスープだった。

フカヒレスープは地位と名声を表わす、中国の伝統的なごちそうだ。中国の経済がこの二、三〇年で成長するにしたがい、何百万という人々が急に、フカヒレスープを子どもの結婚式やその他大事な行事の折に出すゆとりを持った。この流行に応えるために、過去数十年で世界的にフカヒレ狩りの爆発的ブームが起き、やがてそれはカロライナ沿岸にもやって来た。

ほとんどのサメはそれほどの極限生物ではない——そのもっとも極限的な特徴は、歯と過去の進化だ（第2章参照）——が、きわめて旺盛な食欲の持ち主だ。完全に成長するまでに、体重の何倍もの自分より小さな海産物を消費する。穏やかなカロライナの沿岸では、サメがクロガネウシバナトビエイを硬いパンケーキのように噛みちぎり、常食としている。いや、していたと言うべきか。

世界各地からの漁船団によりサメが激減すると、おとなしいクロガネウシバナトビエイはほとんど捕食されることがなくなった。エイは新しくできた海底のユートピアを泳ぎ回り、多くの仔を産み、大好物のアメリカイタヤガイを喜んで腹いっぱいに詰めこんだ。分厚い貝殻はエイの平たく強力な顎で嚙み砕かれ、瀬戸物のかけらのようになった。イタヤガイの群生場所は一つ、また一つ壊滅した。漁師はエイを相手に絶望的な競争をしていた。

ここでは偉大な生命の連鎖が働いている。サメがエイを食べ、エイがイタヤガイを食べ、貝は私たちを養う。生態学者はこれを「栄養カスケード」と呼ぶ。個体数の急減と爆発という自然の連鎖反応だ。だが連鎖が変わるとき、それは海を根本的に不安定にすることがある。食物連鎖が破綻したとき、生物は裂け目のすぐ下に集まる。サメを殺せば、その獲物が暴走する。生物が食物連鎖の破れ目で滞るのは、車が事故で渋滞するようなものだ。交通の流れが止まっているのだ。しかしハイウェイに入ってくる車は止まらない。だから交通渋滞が起きるわけだ。

第二の導火線――大量の微生物

前方で事故があって、交通渋滞に捕まっているところを想像してみよう。午後五時になると、大勢の人が仕事を終えて、道路に出てくる。車が増えれば今の渋滞はもっとひどくなる。捨てられた肥料が、もっとも小さな生物種を暴走させると、同じことが食物連鎖でも起きうるのだ。

ミシシッピ川は穀倉地帯があるアメリカ中部の四一パーセントの水を集める。[38] アメリカの農地には窒素、リン、カリウムが毎年山ほどまき散らされている。[39] 少なくとも一三五万トンの投棄された肥料が毎シーズン、ミシシッピ川下流へと流され、その大部分はメキシコ湾に流れこむ。[40] 肥料は、農地に使えば植物の役に立つが、微生物にとっても栄養だ。毎年の出水は、温かく穏やかなミシシッピ河口付近に生息する単細胞藻類に、理想的な条件を作り出す。藻類は数日で増殖して巨大なブルームを作り、海面に濃密な膜を形成して何キロメートルにもわたり水の色を変える。

これは世界的な傾向だ。二〇一〇年にはフランスで、養豚場などの農畜産業の排水により、ブルターニュ沖に緑藻の塊が発生した。何トンになるのかもわからない大量の太い緑色の繊維が海岸に流れつき、太陽に照らされて腐った。腐敗した藻の山はひどい臭いを発し、そのため海岸で馬とそれに乗っていた人が意識を失った。馬は死に、人は救助を要する事態になった。[41]過去一〇年、このような藻が定期的にこの海岸を悩ませ続け——養豚場は操業を止めていない——少なからぬ動物がガスで命を落としている。

赤潮、褐色潮、白潮は世界中で驚くほどありふれたものになっている——いずれもその原因となり、毒素を発生する藻類の色が名前の由来だ。貝類やその他プランクトン食動物が藻類を食べ、毒を体内に貯めこんで、それが人間に移行して中毒を起こす可能性もある。[42]二〇〇八年だけで、四〇〇を超える有害な藻の大量発生が全世界で記録されている。[43]

交通渋滞とデッドゾーン

栄養分をたっぷり含んだ潮は、必ずしも悪いものではない。南極では、栄養豊富な深海からの湧昇《ゆうしょう》が、藻類の季節的な大発生を養う。オキアミやカイアシ類は大量発生した藻に集まり、植物プランクトン並の速さで繁殖し、このような恵みが頼りの生態系に活力を与える。二〇一二年三月、オーストラリア南極観測局の研究者たちは、長さ一九〇キロにわたって藻類のブルームが浮遊しているのを見つけた。[44]おそらく単細胞藻類のファエオキスティスからできているブルームは、ねばねばした粘液質に数十億の細胞を固めたものだ。[45]藻は生態系の自然な一部分をなし、極地の食物網はブルームをわずか数週間で消費する。この場合、生産力の爆発は、食物連鎖の最下位からほかのあらゆる階層に伝わることで弱まり、余分なエネルギーを拡散してシステムのバランスを保つ。食物連鎖を分断したり、藻類の繁殖をさらにあおったりする人間の介入がなければ、交通渋滞は起きない。

メキシコ湾には、それに相当するシステムが手つかずで残っていない。藻類を食べるエビやカキのような生物が乱獲で激減しているため、肥料の流出を処理しきれないのだ。余剰の生産力が食物連鎖に浸透するには時間がかかりすぎる。藻類が食べられる前に死ぬと、貪欲な細菌が消費に取りかかる。第一のブルームに続いて第二のブルームが発生し、酸素が急速に消費される。酸素がなくなると、細菌は代謝エンジンを無酸素モードに切り替え、食べ続ける。細菌は酸素なしでも問題なく生きられるが、広い範囲にわたって海を酸性化させ、窒息させる。

生産力爆弾一号――クラゲの海

乱獲と富栄養化は互いに反応し合い、単独の場合よりさらに深刻な問題を引き起こす。ここまで、それぞれを別々に詳しく実証する事例を検討してきたが、それらが同時に作用するところも、私たちは見てきた。私たちは「生産力爆弾」の結果を直接目撃しているのだ。

ソビエト連邦終焉の頃、黒海は「爆弾」の猛威にさらされていた。この小さな内海では、数十年前からネズミイルカが大量に捕獲されて、かつての一〇パーセントほどに減り、そのため普段ならばイルカの餌になる小魚が繁殖していた。[46]増えた魚は動物プランクトンを食べた。動物プランクトンは小さな甲殻類で、こちらは普段、水に浮いている単細胞藻類（植物プランクトン）を食べている。イルカが減りすぎたことで小魚が増えすぎ、動物プランクトンが減りすぎて植物プランクトンが増えすぎた。生態学者はこれを、古典的な栄養カスケードと見る。「生産力爆弾」の第一の導火線――食物連鎖の断絶――が点火されたのだ。

さらに、黒海に注ぐ川沿いの工業型農業が、大量の肥料を流しこんで浮遊藻類のブルームのきっかけを作った。大規模な赤潮が黒海を蝕み、死の水域を作り出して底生の無脊椎動物と数多くの魚を殺した。[47]生態系全体が藻類、カイアシ類、カタクチイワシに傾いた。その銀色の小魚が、過剰に働き者の漁船団に狙われるまでは。やがてカタクチイワシはいなくなり、藻類とカイアシ類以外何も残らなかった。[48]

カイアシ類の大発生は、藻類のブルームを減らすのに役立つはずだった。ここで新しい種がどこからか海に登場する――クシクラゲが、国際貨物船の巨大なバラストタンクに入って、黒海に持ちこまれたのだ。[49]クシクラゲはカイアシ類を大量に食べ、そして壊滅的状況にあった黒海の生態系で、その爆発的増加を抑えるものは何もなかった。冷たい水の中におびただしい数のクラゲが吹きだまっていた。クシクラゲはカタクチイワシの幼魚も丸呑みにし、漁業の復興を妨げることが明らかになった。ひどく混乱したこのシステム全体は、自力では修正のしようがなかった。その結果、かつて多くの漁場が栄えた水域は、生物のいない不毛の海と化した。一平方キロメートルあたり一トンを超えるクラゲを除いて。[50]

ソ連が崩壊すると、投棄された肥料が黒海に注ぐ川に流れこまなくなり、カタクチイワシの乱獲も止まった。外来種のクラゲは、新たな外来種のクラゲに食われ始めた。黒海の生態系は徐々にバランスを取り戻し、過酷な破壊の連鎖は、痛みをともないながら巻き戻されていった。こうした修正はたやすいものではなかった。復興法案には農業、漁業、イルカ保護の大きな転換が入っていた。このような試みが成功して初めて、黒海に機能する生態系が回復し始め、「生産力爆弾」を逆転できることがわかったのだ。

生産力爆弾二号——窒息するサンゴ

熱帯のサンゴは昔から、半分動物で半分植物だった。この体内の多様性が、多くの生き物が飢えるようなときにでも、サンゴを繁栄させているのだ。サンゴ虫は先祖がしていたように触手を水中にそよがせて、小さな生物を捕まえて食べる。そのタンパク質の餌は、植物の成長に必要なリンと窒素を豊富に含むので、サンゴ虫はこれらの栄養を、細胞の内部に静かに棲んでいる藻に渡す。藻はリンと窒素を受け取り、豊富な太陽光線と合わせて炭水化物を作り、この糖を宿主のサンゴに家賃として渡す。

これは頭のいい協定だ。ほとんどの熱帯の海では栄養が不足しがちで、藻類は繁栄できない。そこでサンゴが獲物を捕らえ、共生している褐虫藻の肥料にする。サンゴは頑丈な骨格を大きくするだけの餌を自力では捕れないので、今度は褐虫藻に頼って成長を促してもらう。二つの生き物は共に手を組んで、ばらばらなら餓死してしまうような条件の下で、何億年も生き延びてきたのだ。その上、サンゴと藻が作ったさんご礁は、多くの生物の隠れ家となっている。

だが、この協定は見た目よりもろい。下水や農業排水が海に流れこんだり、草食魚をほとんど獲りつくしてしまったりすると、「生産力爆弾」の爆発を見ることになる。肉厚の緑の海藻——投棄された肥料が水中に多量含まれているといくらでも出てくる——が、今まで生えなかったところで急成長を始める。そして草食魚が漁獲によっていなくなったところでは、藻類が野放図に生い茂る。テリー・ヒューズは、これをジャマイカで一九八〇年代に初めて見た。一〇〇〇年以上たっているミドリイシサンゴのさんご礁と、小山のように盛り上がったサンゴが雑草のような藻に覆われ、殺されていた。それらの生存は細い糸でようやくつなぎ止められていた。

その糸とは、ガンガゼというウニの一種だった。野球ボールの大きさで、箸くらいの長さの黒く毒のあるとげが生えた動物だ。その針のように鋭いとげのせいで、漁師にとっては食えない代物だったため放っておかれた。しかし漁師たちは魚を放ってはおかず、ジャマイカのさんご礁の草食魚は数十年で獲りつくされてしまった。それでもさんご礁は健全なまま成長していた。その理由は、ガンガゼが夜な夜な岩の割れ目やすき間から這い出してきて、目についた藻類を全部さんご礁からこそげて食べてしまうからだ。

しかしそれから、糸は切れてしまった。ガンガゼが病気の大流行の巻き添えを食らったのだ。この病気がカリブ海で猛威をふるうと、たった一年で数百万、ことによると億単位のウニが死んでしまった。最後の草食動物がいなくなると、「生産力爆弾」の爆発を防ぐ安全装置は残っていなかった。海藻がさんご礁を覆いつくして窒息させ、もともとあったさんご礁はごく一部しか残らなかった。乱獲は今も続いている。ウニは完全に回復していない。そしてサンゴも回復せず、勢いのいいさんご礁がわずかに残るほかは、かつての領土にばらばらの骨になって散らばっている。

ぬるぬるしたものへのつるつる滑る坂道

ジェレミー・ジャクソンは、長く縮れたオレンジ色の髪をポニーテールにした武闘派の海洋生態学者（そういう人間も存在するのだ）で、長年海の問題を型破りな視点から検討してきた。彼は世界中をめぐり、海が根本から衰退している――これまで以上に破壊力のある「生産力爆弾」の爆発の中を着実に歩いている――と指摘している。古生物学者としての訓練を受けたジェレミーは、現代の生態系を過去のものと比較する歴史生態学という分野の創設に貢献した。[51] その「コロンブス以来のさんご礁」の研究は一九九六年に発表され、以来、さんご礁の消滅は純然たる歴史的変遷であることを指摘し続けている。[52] ジェレミーと同僚たちは、我々が現在進んでいる方向を「ぬるぬるしたものへのつるつる滑る坂道」と呼ぶ。大型の魚と沿岸の庭園から、細菌、クラゲ、タールのような藻類のごった煮への大きな転換を迎える海を描写した、すばらしく語呂のいい言葉だ。[53] 未来の海はきわめて生産力豊かだろう――単にバイオマスという意味では今日よりさらに豊かかもしれない――が、人類の多くは食べ慣れた食料を失い、そしておそらく海は微生物のものになる。「生産力爆弾」が作り出すもっとも普通の物理的産物は、ぬるぬるしたものだ。

海の遺産

微生物に満ちあふれ、水面に藻類がはびこった赤茶色の海を想像してみよう。広大な死の水域と神経毒を含むブルームが、生態系上位の生産力を阻害し、食物連鎖の上半分を一掃する一方で、その底辺は世界を有毒なヘドロで満たす。波は海岸に砕け、べたべたした緑色の泡が舞い上がり、砂にくっつく。すがすがしい潮風は、腐敗臭で吐き気を催す毒物となる。繊細な海の生き物は、極度に暑い夏の日々に死に絶えるか、高コストな骨格を作れずに消え去った。

非常に繁栄している海の生物でさえ、そのニッチが気候変動で変えられているのに気づく。そして収入が固定した年金生活者のように、温暖化・酸性化する海の代謝税をいつまでも支払い続けることはできない。私たちは投棄した大量の肥料を海に流しこみ、その結果起きる生態系の激変を抑えられる生物を、外科医のような正確さで取り除いてしまった。そうしたことが、海に前からいたが私たちが気に入らなかったある種の生物たちに有利に働くのだ。

私たちが残そうとしている海の遺産は、小さい、単純な、柔らかい、深海の、眼のない、はびこる種だ。クラゲのカーテン、微生物の芝生、山盛りの蠕虫《ぜんちゅう》、そしておそらく、深海には孤独なチョウチンアンコウがいくらか。未来の海は生きている――それを本当に殺すことは何ものにもできない――ただし、残るものは私たちが今知る生命ではないだろう。

未来の極限生物

海は緊急事態にある。科学が提供できる治療法が追いつかないほど、多くの不調に見舞われているのだ。[54] 政策的な「薬」、例えば二酸化炭素の削減、土地管理の改善、漁業規制、保護区の設定などがただちに投与されなければ、海に本当に恐ろしい危機が訪れる。その勢いは増す一方だ。

大気中の二酸化炭素がやがては浸透する深い海の底から、解ける極地の氷冠まで、すべての生物種は、水温の上昇と酸性度の変化に影響を受けるだろう。

熱水噴出孔のエビはあまり気にすることなく、今まで通り煮えたぎる毒を浴びているかもしれない。広大な深海平原には、変わらず生物発光がまたたいているかもしれない。だが大西洋の巨大なクジラは、オキアミが海氷なしで生きなければならなくなったとき、痛手をこうむるだろう。

もっとも冷たい海に棲む種は、数度の温度上昇に苦しむだろう。熱帯のサンゴは、すでに熱さの上限ぎりぎりで生きており、すぐに限界を超えるだろう。もっとも浅い潮間帯の生物は、干潮の時に日に焼かれ、嵐の波に溺れるだろう。海でもっとも年老いた魚は、子孫たちの寿命がだんだんと短く、生命力が弱くなるのを見るかもしれない。もっとも深い海の生物たち——おそらく海でもっとも環境への柔軟性を持たないものたち——さえも、高い酸性度や海流の変化ですみかが押し流されるかもしれない。

もちろん、数百万年後には事態が好転しているだろう。何といっても、自然はバランスを取るのがうまいのだ。海の中でこれまでにあった大規模な交代は、地質学的時間のうちには収まった。その長い時間、人類が祖先から分岐し、道具を発明し、まわりの世界の不思議を見上げるまでにかかったのと同じ時間の間には、地球とその多様性は回復するかもしれない。

つまり、長い目で見れば、海は救いを必要とはしないのだ。救いを必要とするのは人類なのだ。海がもはや世界の食料庫でなくなっても、安全に泳ぐことや航海することができなくなっても、毒を持ち、これまでにない強さの暴風雨に引き裂かれても、人類はそれから何百年何千年と生きていかねばならない。

現在、直接海で生計を立てる数億の人々がおり、さらに数十億人が間接的に海洋生物の恩恵を受けている。人間社会は、数百年にわたる地球規模の「生産力爆弾」が過ぎ去るのをただ待つことも、「正常な」海の生産力が戻るまで数千年間待つこともできないのだ。海の運命は私たちの運命でもある。そして、安定した海の未来を築くための、安易な方法はない。

エピローグ　大きな約束

船体がささくれ、青い塗料が色あせた木造の小舟が、嵐をはらんだ空の下で波間に揺れている。咳きこむような音を立てる船外機が、温かく穏やかなフィリピンの海に舟を進める。水の色は初めは緑、それから雲を映して灰色に、最後に水中のさんご礁の暗い色を見せる。重いスキューバ器材を背負って、ラグーンを見下ろす苔むしたようなそそり立つ岩へと頭をめぐらす。アポ島の急峻な火山の斜面が、南太平洋の強い風から小さな村を守っている。ひょろっとした水先案内人が目的地へと近づくと、漁船の一団が小舟を取り囲んだ。ダイビングをするのに、この漁船団の出現は良くないきざしだった。水中の生物の警戒心が強くなり、数が減っているということだからだ。

マスクを顔にしっかりと固定し、レギュレーターのゴムを噛んで舷側から飛びこむ。青みを帯びた澄んだ水の中をゆっくり沈んでいくと、さんご礁が初めて顔を出す。海上で心配したことは、幸い取り越し苦労だった。数えきれない魚がさんご礁の中に群がり舞っている。その色彩と種類の多さに目を奪われる。ナポレオンフィッシュがサンゴの下で休んでいるのが、近づくにつれてはっきり見えてくる。全長一メートル前後のナポレオンフィッシュは、縄張りを主張して威嚇のポーズを取る。もっと友好的な魚が、さっと通り過ぎる。緑と紫のブダイ、大皿サイズのエイ、地元の海域で育つことで知られる銀色のアジの大群。ここは栄えているさんご礁だ。衰退からはほど遠い。

アポ島のさんご礁は、フィリピン諸島の中心部――深刻な海の枯渇に見舞われている地域――に位置する希少で貴重な宝石だ。大きく健康な魚と、足元に広がるよく育った造礁サンゴは、たった一つの先見的な決定から芽吹いたものだ。数十年前、島に隔絶された小さな村は、さんご礁のある一カ所で漁を止めることを決めた。そこにはいかなる理由にせよ触れてはならないし、何も獲ってはならない。それは生態学者が言う海洋保護区になった。安全地帯はそれほど大きくない。漁師はその目に見えない境界線ぎりぎりまで漁ができる。

それでもこのさんご礁の小さな変化には、大きな影響があった。保護区の内側では、食物連鎖のどの段階でも魚は長生きでき、怒れるナポレオンフィッシュのように大きなサイズに成長する。すぐに獲られてしまうことなく、彼らは何年も生きて成熟し、次から次へと子孫を作る。さんご礁の魚の多くは、水泳プールほどの大きさの行動範囲から外に出ないので、運良く保護区に棲みついたものは、死ぬまで釣り針を見ることなく長生きできる。[1]保護区の外での生涯は厳しく、荒々しく、短い。密集した漁船団は先を争って魚を水から引き揚げ、漁業資源はほとんど枯渇する。しかしアポ島の漁民はほぼ毎晩、相当な漁獲を得て帰る。保護区のすぐ外のさんご礁で獲れるものだ。保護区の大きな生産力は手つかずなので、ほかの場所での漁獲を補充できるのだ。[2]

自然史上の現時点で、海は人類全体の圧力によりひび割れているが、まだ完全に砕けてはいない。今の子どもたちが孫を持つ二一〇〇年を考えるとき、大きく異なった二つの未来像が浮かんでくる。一つはこのまま進んで、二酸化炭素を大気と海に際限なく蓄積させた場合だ。[3]二一〇〇年になってもまだ今の割合か、もっと多くの炭素を排出していると（次ページグラフの黒い実線）、海は救いようがなくなり、現在の状態にも戻らなくなる。その段階で酸性化、温暖化、海面上昇が進みすぎ、暴風雨はあまりに多くなっている。この気候変動を緩和するのに要する時間はきわめて長いため、二一〇〇年には損失は非常に長期的なものになりそうだ。

しかし私たちは、別のCO[2]曲線にみずからを置くことができる。もし必要な政策変更さえ行なえば、二一〇〇年の海はまだ傷ついているかもしれないが、壊滅してはいないだろう。そして二酸化炭素を減らす地球の長期的浄化プロセスが働いているだろう。放出が二〇五〇年までに制御されれば、大気中の二酸化炭素は二一〇〇年

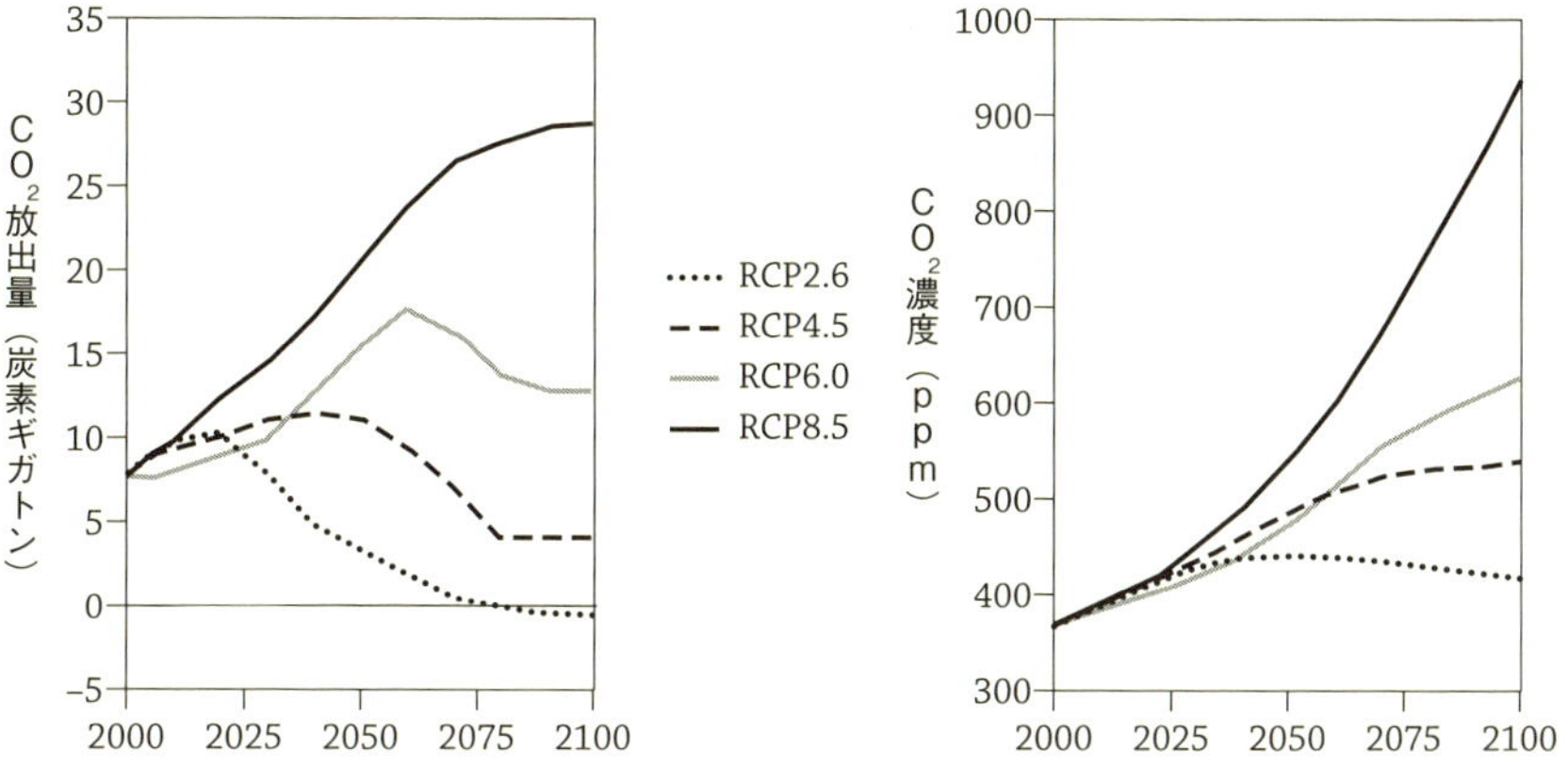

気候変動への世界的対応に関するさまざまな将来的シナリオにもとづいた二酸化炭素放出量の予測（左）と大気中の二酸化炭素濃度（右）
RCP 8.5 シナリオ（左図の黒い実線）は将来の放出規制がない場合を示し、現在のところもっとも可能性が高い。このシナリオでは二酸化炭素が指数級数的に増加し（右図の黒い実線）、2100 年以降海洋生物に深刻な影響をもたらす。二酸化炭素放出が 2020 年から減少を始めた場合にかぎり（例えば左図点線の RCP 2.6 シナリオ）、海洋の二酸化炭素は 2100 年までに減り始める。中間的なシナリオ（RCP 4.5 および RCP 6.0）では、予測可能な未来においてまだ二酸化炭素の増加が見られる。

までに減り始めるかもしれない。そうすれば温暖化、暴風雨、酸性化も徐々に軽減していくだろう。それは巧妙なやり方ではないかもしれないが、肝心なのはよくなることはあってもひどく悪くなることはなく、損失の期間はずっと短くなるということだ。

科学者と環境保護団体の力では、この社会を別のCO_2曲線に載せることはできない。私たちには大きな課題と難しい約束が残されている。それはこういう約束だ。世界の経済界、産業界、市民は、二〇五〇年までに二酸化炭素放出量の増加を止め、二一〇〇年までに許容できるレベルに下げるために必要なあらゆる手だてを取らなければならない。世界のエネルギー源が化石燃料以外のものになることが、これを成功させる鍵だと思われるが、移行は今すぐでなくてもいい。そのための時間は三〇年ある。

かわりに科学者と環境工学者は、次の世紀、状況が改善したときに向けて、海でも陸上でも世界の野生生物生息地をできるだけ守るために最善をつくさなければならない。世界中の極限生物、多様な生物種をできるだけ多く、次の世紀のために守らなければならない。国際社会の努力と献身と勝利で気候が回復を始めたとき、環境保護にたずさわる者たちは、自然界がすぐに再成長できることを保証しなければならない。

海洋科学者は、自分たちの役割をどう果たせばいいかを知っている。保護、そして復旧さえもすでに行なわれており、例えばアポ島では大型の魚が戻り、モンテレー湾ではたった一つの海洋保護区が足がかりとなって、かつての生息地だった海岸にラッコが戻ってきた。

海洋生物は——極限生物であろうがなかろうが——私たちの役に立つように繁栄する用意があるし、実際繁栄することができる。「生産力爆弾」をきわめて恐ろしいものにする、まさにその生物エネルギーに、私たちの引き起こした被害を修復する力があるのだ。正しく利用し、てこ入れすれば、海そのものが人類にとって唯一最大の道具だ。その道具はいつでも使えるようになっている。そして、どのようにそれを利用すればいいかは、生息地を保護し、持続可能な漁業を実行し、肥料の流出やその他の沿岸の汚染を防ぎ、健全な海の価値への敬意を喚起することを通じて、私たちはしっかりと理解している。

私たちがどうしようと、二一〇〇年の海は何らかの生命に満ちあふれているだろう。気候変動を止める努力に足並を揃えれば、クジラ、マグロ、さんご礁、ジェット噴射するイカ、ウミガメ、にっこり笑うコガシラネズミイルカが棲む海を選ぶことがまだできるのだ。

海の極限生物

2015年4月10日　初版発行

著者　スティーブン・R・パルンビ+アンソニー・R・パルンビ
訳者　片岡夏実
監修者　大森 信
発行者　土井二郎
発行所　築地書館株式会社
〒104-0045 東京都中央区築地7-4-4-201
TEL.03-3542-3731　FAX.03-3541-5799
http://www.tsukiji-shokan.co.jp/
振替00110-5-19057
印刷製本　中央精版印刷株式会社
装丁・本文デザイン　吉野 愛

 ISBN978-4-8067-1491-0

【著者】
スティーブン・R・パルンビ（Stephen R. Palumbi）
スタンフォード大学ホプキンス海洋研究所所長、同大学生物学教授。海洋科学をリードする科学者の一人である。その業績は「ニューヨークタイムズ」「シアトルタイムズ」などで報道され、アニマルプラネット、ディスカバリーチャンネル、ヒストリーチャンネル、「ナショナルジオグラフィック」に寄稿やインタビューで登場するほか、BBCの「フューチャー・イズ・ワイルド」シリーズ、ヒストリーチャンネルの「人類滅亡――LIFE AFTER PEOPLE」、Short Attention Span Science Theaterなどの映像作品の制作にも携わっている。著書に *The Death and Life of Monterey Bay*、*The Evolution Explosion* など。

アンソニー・R・パルンビ（Anthony R. Palumbi）
スティーブンの息子。オアフ島の浜辺とボストンの郊外に育ち、冬の寒さを逃れてカリフォルニアに移住。2006年にスタンフォード大学英文科を卒業。副専攻はアルティメット・フリスビー。映画業界とテレビゲーム業界に勤めたのち、ライターとして活動を始める。現在、いくつかの媒体で科学とテレビゲームについて執筆。エレクトロニック・アーツの「ザ・シムズ3」について多数の記事を書き、ゲーム業界のコンサルタントも続けている。次世代の目から見た現代文化に関するノンフィクションは老舗雑誌「アトランティック」と政治ブログ「シンクプログレス」で、フィクションはカタールの英字新聞「ペニンシュラ」で発表されている。またブログ「I Drop Things」で、初の小説を完結させた。世界一優秀なフリスビー犬と共にカリフォルニア州サン・マテオ在住。

【訳者】
片岡夏実（かたおか・なつみ）
1964年神奈川県生まれ。主な訳書に、マーク・ライスナー『砂漠のキャデラック　アメリカの水資源開発』、エリザベス・エコノミー『中国環境リポート』、デイビッド・モントゴメリー『土の文明史』、トーマス・D・シーリー『ミツバチの会議』、デイビッド・ウォルトナー＝テーブズ『排泄物と文明』（以上、築地書館）、ジュリアン・クリブ『90億人の食糧問題』、セス・フレッチャー『瓶詰めのエネルギー　世界はリチウムイオン電池を中心に回る』（以上、シーエムシー出版）など。

【監修者】
大森 信（おおもり・まこと）
1937年大阪府生まれ。北海道大学水産学部卒業。水産学博士。生物海洋学、プランクトン学を専攻。米国ウッズホール海洋研究所とワシントン大学大学院で学んだ後、東京大学海洋研究所、カリフォルニア大学スクリップス海洋研究所、ユネスコ自然科学局に勤務。東京水産大学教授を経て、東京海洋大学名誉教授。WWFジャパン自然保護委員。日本プランクトン学会会長、日本海洋学会・日本さんご礁学会の評議員などを歴任。著書に『蝦と蟹』（恒星社厚生閣）、『動物プランクトン生態研究法』（共立出版）、『さくらえび　漁業百年史』（共著、静岡新聞社）、『海の生物多様性』（共著、築地書館）などがある。現在は、主にさんご礁の保全と修復再生のための研究と啓発活動を行っている。

だ。海岸でおなじみの浅場に棲むありふれた動物たちも、ある意味で深海より過酷な環境に生き、きわめて高度な形態と生態でそれに適応している極限生物である。

そして、いかなる生物も繁栄のために子孫を残す必要があり、その戦略の奇想天外さ（もちろん人間から見てであって、その生物にしてみればそれが当たり前だ）から極限生物に仲間入りしたものもいる。その多様な戦略の中には、まったく正反対の方法もある。たとえばある種は長い生涯の間に数多くの卵を産み、あるものは早く成熟して子孫を残し、すぐに死ぬ。そのいずれもが合理的なものなのだ。

こうした極限生物の行く末にも、人為的な環境変化が影を落としている。海洋の温暖化、酸性化、富栄養化……。極限的な環境に耐えられる生物は、生命力が強靱だと思われるかもしれないが、実は限界ぎりぎりで生きている。ほんのわずかな環境変化が命取りとなることがある。このままでは海から生物がいなくなってしまうのだろうか。意外にも著者は、そんなことはないと言う。人間が何をしようと、海の生物がいなくなることはない。ただし、環境の変わった海に棲む生物は、私たちが知る生物とは違うだろう。どちらを選ぶべきか、それは本書を読めば自ずと明らかになる。

このような幅広い読者に向けた科学の啓蒙書の翻訳には、読みやすさ、面白さと、用語の正確さの両方が要求される。前者は訳者が努力するほかないが、後者については、特に本書のように最新の知見が反映されたものについては、訳者の能力を超える部分も多い。この点について今回、大森信・東京海洋大学名誉教授の監修をいただけたことは幸運であった。大森博士には用語や訳の不備の指摘だけでなく、読者の理解の助けになるような詳細な訳註も多数提案していただいた。この場を借りて心より御礼を申し上げる。言うまでもないことだが、訳文に対しての責任はすべて訳者にある。

二〇一五年二月一〇日

片岡夏実

訳者あとがき

ここ数年、海洋生物がブームだ。ダイオウイカが見つかるとテレビのニュースで報道され、水族館や博物館でもダイオウグソクムシなど深海の生物に力を入れた展示が行なわれている。

巨大な生物や奇妙な生物は、もちろん見ているだけでも楽しく、興奮する。しかしその生態について、そのような形態や生態に進化した理由について、詳しくわかればきっともっと面白い。この本は、そんな要望に確実に応えてくれるだろう。

本書は、スタンフォード大学ホプキンス海洋研究所所長スティーブン・R・パルンビと、その子息で科学ライターのアンソニー・R・パルンビの共著である。海洋生物学の第一人者の知見と若い作家の感性のコラボレーションへ科学と文学の出会いによって生まれたものだ。

本書に登場する生物を、著者は「Extreme Life（極限生物）」と呼び、その珍しい生態や形態だけでなく、なぜそうした生態・形態を取るのか、どのようにそれを実現するのかを生き生きと描き出している。

滅び去った古生物の、現生の生物とかけ離れた形は、「あるべき」生命の姿という常識を打ち破る。太古の形態を今もとどめる「生きた化石」は、人類が地球の歴史の中で新参者にすぎないことを突きつける。深海、極端な高温や低温など特殊な環境に適応して生息するものや、高速、飛行、長距離移動など運動能力の限界に挑むものたちは、それぞれに独自の進化を遂げ、高性能の体を手に入れている。

一方で、肉眼では見ることのできない微生物は、天文学的な個体数で海のバイオマスのほとんどを占める覇者

索引

＊太字は巻末註のノンブルです。

【A～Z】

AFP → 不凍タンパク質
DNA
ウイルスの—— 47～48
細菌に吸収される—— 44
プロクロロコッカスの—— 43
分子時計の—— 13
DOC → 溶存有機炭素
IPCC → 気候変動に関する政府間パネル
pH
——の定義 **41**
海の——への人為的影響 184～187, 185図表, 199
RCP 2.6 シナリオ 203図表
RCP 8.5 シナリオ 203図表, **43**

【あ行】

アイルペリン、ジュリエット 30
アオウミガメ（*Chelonia mydas*） 99～100, 101図表
アカマンボウ
——の寿命 100
空き樽理論 12～13, 19
顎
——サメの 31～37
アザム、ファルーク 41
アポ島 201～202, 204
アポトーシス 50
アミノ酸の左手型と右手型 97
アムンセン、ロアール 160
アメーバ 41, 45
アメリカイタヤガイ（*Argopecten irradians*）
サメの乱獲と—— 192～194, 193図表
アメリカカブトガニ（*Limulus polyphemus*） 28, 39, **19**
アメリカクロメヌケ（*Sebastes melanops*）
——の繁殖 178～180
アメリカムラサキウニ（*Strongylocentrotus purpuratus*） 65
アラスカアカゾイ（*Sebastes ruberrimus*） 95～96
アルビン号（潜水艇） 130～131
アロケントロトゥス・フラギリス（*Allocentrotus fragilis*） 65
アワビ
——の養殖 157
ラッコの餌としての—— 149～150
アンダマン海 129
アントプレウラ・クサントグラミカ（*Anthopleura xanthogrammica*） 89
アンドリューズ、アレン 94
アンモナイト類 23, 24～26
イカ
——の血液 4, 16
——のスピード 116～118
マッコウクジラに捕食される—— 3～4
イガイ
塩性湿地の—— 81
潮間帯の—— 86～88
生きた化石 21～39
——が長期的成功を収めた理由 37～39
——としてのオウムガイ 24～26, 38
——としてのカブトガニ 26～28, 38～39
——としてのサメ 30～37, 38
——としての三葉虫 22～23
——としてのシーラカンス 29～30, 38
——の希少性 22
——の定義 21～22
——の適応 37～38
イソギンチャク
——とクマノミの共生 162～163
——の捕食 89～90

捕食される――　90〜91
イッカク（*Monodon monoceros*）
――の牙　144〜145, 147 図表
――の食餌　146〜147
――の低温耐性　146〜147
――の発見　145
一角獣の角　144〜145
遺伝学　→　DNA も参照
カンブリア爆発の――　13
巨大イカの――　68
熱耐性の――　136
移動性清掃動物　58
イルカ
――のスピード　115
ウィワクシア（*Wiwaxia*）　11
ウイルス
――に捕食される細菌　47〜51
――の数　47
ウォルコット、チャールズ　10, 14, 16
ウスイタボヤ（*Botryllus schlosseri*）
――の繁殖　176〜178, 177 図表
ウニ
深海の――　65
潮間帯の――　75〜76
ラッコの食餌の――　149〜150
乱獲と――　198
ウミウシ類（nudibranchs）　90〜91
ウミガメ
――の塩分排出　82
――の大きさ　100
――の寿命　99〜103
――の繁殖戦略　102, 103
栄養カスケード　194, 196
栄養体部　56
栄養便乗者　59
エスカ　71, 164
エディアカラ生物群　10, 11 図表
エナメロイド層　34, 37
エバンズ、クライブ　151
エミリアニア・ハクスレイ
（*Emilianía huxleyi*）　50
エリザベス一世（英国女王）　145
エリス、リチャード　110
エルニーニョ　134
塩性湿地　79〜81
――での促進作用　80
――の植物　80〜81
――の巻貝　79〜80
海面上昇と――　188
円石藻　50
塩分
――の排出　82〜83
マングローブ林における――　82〜83
オーシャン・シティ
――のカブトガニ　26
オーエンズ、R・M　23
オウムガイ（*Nautilus pompilius*）　24〜26, 25 図表
オウムガイ目（nautiloids）　24〜26
オオクチホシエソ（*Malacosteus niger*）　72, 73 図表
オオクチホシエソ属　72
オキアミ
――の低温耐性　152〜155
食物連鎖の中の――　154〜156
南極の――　152〜155
北極の――　159
オサガメ
――の繁殖戦略　**28**
オシェア、スティーブ　69
オセダックス（*Osedax mucofloris*）　60〜62
オダライア（*Odaraia*）　11
オパビニア・レガリス（*Opabinia regalis*）　15 図表, 16, 19
オプシン　72
オフ島
――のサンゴ　口絵⑩, 106〜107, 136〜137, 137 図表
オヤビッチャ属（*Abudefduf*）　170
オルドビス紀　23
オロセンガ島
――のサンゴ　106

【か行】

カー、リサ　94
カイエ、グレッグ　94
海水温　→　低温耐性、熱耐性、体温調節も参照
——の代謝への影響　184, 187
海水面上昇と——　187〜188
気候変動と——　134, 183〜184, 187, 199〜200
深海での巨大化と——　66〜67
深海の——　131
南極の——　150
未来の——　199〜200
海水面上昇　187〜189
海藻　→　ケルプも参照
——の養殖　157
富栄養化と——　197〜198
『海底探検記』（ビービ著）　52〜54, 73〜74, **22**
外套膜
イカの——　117〜118
オウムガイの——　24, 26
海洋
——の大きさ　1
——の酸性化　184〜189, 185 図表, 199
——の生命の起源　→　地球の生命
——の微生物の化学　40, 41〜43
——の微生物バイオマス　41〜43, 45, 48, 189
——の未来　198〜200
——への人為的影響　→　人為的影響
海洋温度差発電（OTEC）　156〜158
海洋大気庁　135
海洋保護区　202, 204
カカアコ公園（ハワイ）　75
核実験　93, 94〜95
顎板
——と歯　31
イカの——　3, 4, 68, 69, 117
タコの——　14
カキ
海洋酸性化と——　187
カジキ類
——の種類　109
——のスピード　109〜110
——の体温調節　111
風
アホウドリの飛行における——　125〜128, 127 図表
化石記録　→　個別種についても参照
——の限界　10, 13〜14
バージェス頁岩の——　10〜19
カタクチイワシ　196〜197
カツオノエボシ　90
滑空
アホウドリの——　126〜128, 127 図表
活性酸素　135
褐虫藻（*Symbiodinium*）　134〜135, 139
カニ
——の熱耐性　143, 184
熱水噴出孔の——　57 図表
カニクイアザラシ　154
カブトガニ　26〜28
——のえら　→　書鰓
——の分類　27
——の幼生　28
生きた化石としての——　26〜28, 38〜39
化石記録の——　27, **19**
カマスサワラ
——のスピード　110
殻
オウムガイの——　24〜26, 25 図表
海洋酸性化と——　186〜187
ガラス海綿　158〜159
カリドイド逃避反応　117, 119
カリフォルニア海流　148
カリフォルニアコブダイ（*Semicossyphus pulcher*）　口絵⑬
カリフォルニア湾　140〜142, 143, 146
カルカロドン・メガロドン（*Carcharodon megalodon*）　36, 36 図表
ガンガゼ（*Diadema*）　198

環境ストレス
潮間帯での—— 78, 91
環境政策
——に必要な改革 202〜204
環境変化
——と生きた化石 37〜38
管足
ウニの—— 76
カンブリア爆発 9〜20
——における捕食の起源 13〜14
——の空き樽理論 12〜13, 19
試合のテープの比喩と—— 17〜18, 19
気候変動
——と海水温 134, 183〜184, 187, 200
——と北極の氷 161
将来の—— 199〜200, 202〜204, 203 図表
気候変動に関する政府間パネル（IPCC） **43**
キタゾウアザラシ（*Mirounga angustirostris*）
——の繁殖 171〜174
キツネノマゴ科（Avicenniaceae） 83
ギナエコティラ（*Gynaecotyla*） 80
キバアンコウ（*Neoceratias spinifer*） 164
キハダマグロ
——のスピード 110
キメラ 76, 176〜177
キャッスル・ブラボー作戦 93, 100
キャビテーション 120〜121
ギャリエン、ブラッド 76
鋏角綱 27
共進化 38
競争と共進化 37〜38
共生
クマノミとイソギンチャクの—— 162〜163
サンゴと藻の—— 134〜135, 139, 197〜198
熱水噴出孔での—— 132, **32**
漁業 → 乱獲も参照
——技術の向上 191〜192
魚の寿命と—— 94, 95〜96
裾礁 138
巨大軸索突起 117
巨大化
深海の—— 65〜70
巨大深海イカ（*Architeuthis*） 3〜4, 67〜70
——の遺伝的特徴 68
——の大きさ 3, 67〜69
——の血液 4, **16**
——の捕食 68
マッコウクジラによる捕食 3〜4, 68
空気抵抗 112, 115, 125
グールド、スティーブン・ジェイ
——の空き樽理論 12〜13, 19
——の試合のテープの比喩 17〜18
偶然の役割について 17〜18
多様性のピークについて 19
バージェス頁岩の生物について 15, 16, 18
『ワンダフル・ライフ』 17
クシクラゲ
乱獲と—— 196〜197
クジラ → 個別種についても参照
——による捕食 3〜4, 68
——の回遊 122〜124, 159〜161
——の寿命 96〜99, 99〜100
——の食餌 122〜124, 146〜147, 155〜156
——のスピード 115〜116, 123
——の低温耐性 146〜147, 159〜161
——の繁殖戦略 98〜99
——のひげ 98, 154, 159
深海の——の死骸 口絵⑨, 58〜60
くちばし → 顎板
窪寺恒己 69
クマノミ 162〜163, 180
クライド湾の漁業 192
クラゲ
——の寿命 104〜106
乱獲と—— 196〜197
クラドセラケ（*Cladoselache*） 35
グレート・バリア・リーフ 134
クロード、ジョルジュ 156
クロガネウシバナトビエイ（*Rhinoptera bonasus*） 193〜194, 193 図表
クロサンゴ（*Leiopathes glaberrima*） 口絵③
——の寿命 103〜104

——の低温耐性　158
ケアホレ・ポイント（ハワイ）
——の海洋温度差発電　156～158
血液
——の凝固点　150～152
イカの——　4, **16**
ウスイタボヤの——　176～177
血液キメラ　176
ケルプ
——の養殖　157
ラッコと——　148～150
原生生物
——微生物ループにおける　45～47
原虫
——の大きさ　41
コウイカ　117
コーエン、アン　139
紅海
——のサンゴ　137～139
甲殻類　→　個別種についても参照
——のカリドイド逃避反応　118～119
——の分類　18
光合成
サンゴの——　134～135
深海での——の欠如　55
微生物の——　7, 42～43
洪水
海水面上昇と——　187～189
交尾　→　繁殖を参照
コートニー＝ラティマー、マージョリー　29
勾配
潮間帯の——　77, 91
コールズ、スティーブ　135
コールリッジ、サミュエル・テイラー　128
氷
海水中の——　150
海水面上昇と——　187～188
気候変動と北極の——　161
動物の体内の——　150～152
コオリウオ
——の低温耐性　151～152
コガシラネズミイルカ（*Phocoena sinus*）　141 図表
——の熱耐性　139～142, 146
呼吸
ウニの——　76
トビハゼの——　84～85
呼吸根　83
コククジラ（*Eschrichtius robustus*）
——の回遊　122, 124, 160～161
北極海横断生物種交換と——　160～161
国際捕鯨委員会 97
古細菌　8～9, 40,
——と細菌　8～9, **21**
——の熱耐性　9
——の分類　9
子育て　168～176
アメリカクロメヌケの——　179～180
サージャントメイジャー・ダムゼルフィッシュの——　170～171
性転換と——　180～181
ゾウアザラシの——　171～174
タコの——　175～176
タツノオトシゴの——　168～170
個虫　176～178, 177 図表
黒海
——の富栄養化　196～197
骨格
海洋酸性化と——　184～187
化石記録の——　13
ガラス海綿の——　158～159
クジラの——、深海における　58～60
サンゴの——　103, 106～107, 186
コハリイルカ　142
コンウェイ・モリス、サイモン　14
コンブ属（*Laminaria*）　88

【さ行】

サースタン、ルース　192
サージャントメイジャー・ダムゼルフィッシュ
——の子育て　170～171

細菌　40～51　→　個別種についても参照
——と古細菌　8～9, **21**
——による化学合成　55
——による光合成　7, 42～43
——の大きさ　41
——の個体数　41～43
——の代謝　44～45
——の多様性　48～49
——の発見　41
——のブルーム　→　ブルーム
ウイルスに捕食される——　47～51
海洋バイオマス中の——　41～42
進化の歴史における——　7, 8～9, 12
人体内の——　40
熱水噴出孔の——　56
微生物ループの中の——　45～47, 48～49
用語法　**21**
細胞への深海の水圧の影響　63～64
魚　→　個別種についても参照
——の寿命　94～96
——のスピード　108～114
——の生物発光　70～72
——の体温調節　111～112
——の低温耐性　151～152
——の熱耐性　130, 142
——の繁殖　162～166, 168～171, 178～181
——の飽和脂肪　64
——への人為的影響（→乱獲）
さんご礁の——　138～139
マングローブ林の——　82～85
ザトウクジラ（*Megaptera novaeangliae*）
——の大きさ　115
——の回遊　122
——の寿命　100
——のひれ　115～116, 116 図表
——のブリーチング　口絵①, 115～116
サメ
——の起源　31
——の歯　31～37, 32 図表, 33 図表
——の捕食　30～31, 37
——の乱獲　192～194, 193 図表
生きた化石としての——　30～37, 38
サンゴ
——の寿命　100, 103～104, 106～107
——の脆弱性　134, 197～198
——の成長　103～104, 106～107, 133～134, 139
——の低温耐性　158
——の熱耐性　130, 133～139
海面上昇と——　188～189
海洋酸性化と——　186
藻類との共生　134～135, 139, 197
さんご礁
——での乱獲　198, 201～202
——の藻類　134～135, 139, 197～198
——のパロロ　166～168
——の歴史生態学　198
海面上昇と——　188～189
サンゴ虫（ポリプ）　133～137
サンゴ白化　135, 137, 137 図表, 139
酸性化（海洋）　184～187, 185 図表, 199
酸素
——と地球上の生命　6～8, 8 図表, 12
深海での巨大化における——　66
マングローブ林における——　83
三葉虫
——の起源　20, 22
——の絶滅　23, 28
——の多様性　22, 23
——の眼　23
化石記録の——　22～23
シアノバクテリア　7, 8
シーラカンス　29～30, 39
シオマネキ　81
視覚　→　眼も参照
フクレツノナシオハラエビの——　132～133, **33**
シクンシ科（Combretaceae）　82
刺細胞突起　90 図表
耳石　94～96
歯舌　79
自然選択

カンブリア爆発における―― 12
刺胞 89～90, 90図表
脂肪
コガシラネズミイルカの―― 140
深海生物の―― 64～65
低温耐性における―― 148
飽和――と不飽和―― 64
ラッコの―― 148
ジャイアントケルプ 148
ジャイアント・チューブ・ワーム
（*Riftia pachyptila*） 口絵⑤, 56～58, 66
ジャクソン、ジェレミー 198
ジャマイカ
――のさんご礁 197～198
ジャンプ
イルカの―― 114～115
クジラの―― 115～116
ジョンソン、シャノン 56
従属栄養生物 44, 45, 48
寿命 93～107
ウミガメの―― 99～103
クジラの―― 96～99, 100
クラゲの―― 104～106
魚の―― 94～96
サンゴの―― 100, 103～104, 106～107
タコの―― 175～176
熱水噴出孔の―― 59
繁殖戦略と―― 98～99, 100～104, 178～179
「勝者を殺せ」のサイクル 48～51
ジョキエル、ポール 135
触手（腕）
イカの―― 3, 68～69, 117
イソギンチャクの―― 89, 91
クラゲの―― 105
植物
塩性湿地の―― 80～81
深海の―― 55, **22**
食物網下落 192
食物連鎖
――におけるオキアミ 154～155
――における微生物 189, 194～195
――の未来 199
肥料と―― 194
乱獲と―― 192～194, 196～197
書鰓 27
司令ニューロン 119
シロイルカ 146～147, 148, 159
シロナガスクジラ（*Balaenoptera musculus*） 106, 115, 155
――の回遊 122, 123
人為的影響
海の生態系への―― 189～190
海の未来への―― 199～200, 202～204
海水位への―― 187～189
海水温への―― 183～184, 199
海洋酸性化への―― 184～187, 185図表, 199
魚の個体数への―― → 乱獲を参照
生産力爆弾における―― 190, 196～200, 202～204
微生物ブルームへの―― 194～195
進化
――における短期的および長期的成功 37
共進化 38
長寿と―― 100
繁殖戦略と―― 179～181
飛行の―― 112
深海 52～74 → 熱水噴出孔も参照
――での生物発光 54, 70～74
――での標本採集 64～65
――における光合成の欠如 55
――の漁業 95～96
――の巨大生物 65～70
――のクジラの死骸 58～60
――の魚の年齢 94～96
――の水圧 62～65
――の探査 52～54
――の動物の脂肪 63～65
真核生物 8
ジンガサウニ（*Colobocentrotus*） 75～76, 77図表

進化の歴史　6～20
　——における解剖学的多様性　18～19
　——におけるカンブリア爆発　9～18
　——における古細菌　8～9
　——における酸素　6～8, 8図表, 12
　——における捕食　13～14
　——の中で偶然が果たす役割　17～18
　バージェス頁岩の——　10～18
人工湧昇流　157
新サメ類（Neoselachii）35
真正細菌　→　細菌も参照
　——と古細菌　**21**
水圧　62～65
スイショウウオ（*Chaenocephalus aceratus*）
　151図表
水素爆弾　93～94
スコットランド
　——の漁業　192
スジヒバリガイ（*Geukensia demissa*）81
スティーブンソン、T・A　77, 91
スティーブンソン、アン　77, 91
スティルマン、ジョナサン　143, 184
ストロマトライト　9
スパルティナ・アルティルニフロラ（*Spartina alterniflora*）80～81
スピード
　——の測定方法　110
　イカの——　116～118
　イルカの——　114～115
　クジラの——　115～116
　テッポウエビの——　120～122
　バショウカジキの——　109～110
　ヒトの——　108～109
　マグロの——　111～112
　ロブスターの　117, 118～119
スピルリナ（*Spirulina*）
　——の養殖　157
生産力
　南極の——　156
　微生物の——　189～190
生産力爆弾　190, 196～200, 204
生殖個体　167～168
清掃動物
　深海の——　58～59
生態系
　海洋——への人為的影響　189～190
性的二形
　——の定義　165
　チョウチンアンコウの——　165～166
性転換
　クマノミの——　162～163
　進化と——　180～181
生物学的ストレス
　潮間帯の——　78
生物発光
　深海の——　54, 70～72
精包　175
『生命　最初の30億年』（ノール著）13, **4**
脊索動物　176
脊椎動物　→　個別種についても参照
　——の起源　15, 20
節足動物　16, 18, 22, 59, 65, 85
　化石記録の——　13
絶滅
　大量——　12, 23, 35, 37, 38, 50
　三葉虫の——　23, 28
潜水球　52～54, 53図表
蠕虫　→　個別種についても参照
　化石記録の——　14～15
　熱水噴出孔の——　55～58, 130～131, 142
ゾアルケス・アメリカヌス（*Zoarces americanus*）口絵⑭
ゾウアザラシ　171～174
藻類　→　個別種についても参照
　——の養殖　157～158
　さんご礁の——　133～135
　ブルーム　194～195
　冷水礁の——　159
足糸　87
促進作用
　塩性湿地の——　80
ソビエト連邦

——での富栄養化　196〜197

【た行】

ダーウィン、チャールズ
カンブリア爆発と——　12
さんご礁と——　134
微生物と——　41
ダーウィン・ポイント　134, 135
タイ
アンダマン海　129
ダイオウイカ（*Architeuthis dux*）　67〜70　→　巨大深海イカも参照
ダイオウグソクムシ（*Bathynomus giganteus*）　65〜66, 66 図表
ダイオウホウズキイカ　（*Mesonychoteuthis hamiltoni*）　67〜69　→　巨大深海イカも参照
体温調節
ヒトの——　184
冷血動物の——　111〜112, 184
大酸化イベント　6〜8, 8 図表
代謝
——における酸素　6〜8, 12
海水温と——　184, 187
海洋酸性化と——　186〜187
低温耐性における——　149
微生物の——　6〜8, 42〜45
大地溝帯　137〜138
大量絶滅　12, 23, 35, 37, 38, 50
タウ島
——のサンゴ　106
タコ
——の子育て　175
——の繁殖　175, 178
化石記録中の——　13〜14
タツノオトシゴ（*Hippocampus*）　口絵⑥, 168〜170
——の繁殖　169〜170
——の乱獲　190〜191
タマキビ（*Littorina*）　78〜80
多様性
解剖学的——（進化の歴史における）　18〜19
細菌の——　49
三葉虫の——　22〜23
繁殖戦略の——　178〜181
炭酸カルシウム
殻の——　186
サンゴの——　103, 106
三葉虫の眼の——　23
炭素 14　94〜95
炭素年代測定　94〜96
ダンゴムシ　65
タンパク質
ウイルスの——　47, 49
クジラの眼の——　97
不凍——　151〜152
地球
——への小惑星の衝突　6
地球温暖化　→　気候変動
地球の生命　5〜20
——の空き樽理論　12〜13, 19
——の起源　5〜6
——の定義　6
カンブリア爆発における——　9〜20
酸素と——　6〜8, 8 図表, 12
チザム、ペニー　42〜43
地中海
——のクジラ　124
チューブ・ワーム
ジャイアント——　56〜58, 66
熱水噴出孔の——　56〜58
冷水湧出孔の——　57
潮間帯　75〜92
——下部　88〜91
——上部　78〜85
——中部　85〜88
——のウニ　75〜76
——の塩性湿地　79〜81
——の飛沫帯　78〜80
——の巻貝　78〜80

――のマングローブ林　81～85
長距離移動　122～128
アホウドリの――　125～128
クジラの――　122～124
チョウチンアンコウ　164図表, 165図表
――の生物発光　71
――の繁殖　163～166
通気組織　83
津波（2004年）　188
角
イッカクの――　144～146, 147図表
ツバル
海水面上昇と――　188
翼
――の進化　112
アホウドリの――　125～127
ツブ（貝）　85～86
ディープウォーター・ホライゾン石油プラットフォーム事故　44
ディグリー・ヒーティング・ウィーク　135
ティブロン（潜水艇）　60
低温耐性　144～161　→　南極海、北極海も参照
オキアミの――　152～155
ガラス海綿の――　158～159
クジラの――　145～147, 160～161
魚の――　150～152
サンゴの――　158
体脂肪と――　148
不凍タンパク質と――　150～152
ラッコの――　148～150
抵抗
空気――　112, 125
水の――　108, 125
テッポウエビ科（Alpheidae）　120, 121
テッポウエビ（*Alpheus californiensis*）　120～122
――のキャビテーション　120～121, 121図表
――の爪　120～122, 121図表
等脚類　65
頭足類　→　個別種についても参照
――の起源　20
――の定義　117
巨大――　67～70
糖タンパク質　151
逃避反応　119
独立栄養生物　44
トビウオ　112～114
トビハゼ（*Periophthalmus modestus*）　83～85
ドリル、ツブ（貝）の　86
トレオニン（アミノ酸）　152

【な行】

縄張り習性
繁殖における――　170～171, 180～181
ナンキョクオキアミ（*Euphausia superba*）　152～155
――の低温耐性　153
――のバイオマス　153
南極海
――のイカ　68～69
――のオキアミ　152～155
――の温度　150
――の食物連鎖　154～156
――の生産力　156
――の藻類大量発生　195
――の熱水噴出孔　58
――の不凍タンパク質　151～152
――の捕鯨　155～156
軟体動物　→　個別種についても参照
化石記録の――　13～14
肉鰭　29
二酸化炭素
――の将来の放出量　202～203, 203図表
大量絶滅時の――　50～51
海洋酸性化における――　184～187, 185図表, 199
ニセアカイカ（*Sthenoteuthis pteropus*）　118
日光　→　光合成も参照
――の色　133

冷水礁での――　159
日本
――の捕鯨　155～156
ニューイングランド
――の塩性湿地　80～81
ニューヨーク市
海水面上昇と――　188
根
塩性湿地の――　80～81
マングローブの――　81～83
熱吸収
水の――　132, **32**
熱水噴出孔　55～58, 129～133
――での化学合成　56～58
――における知覚　131～133
――のエビ　131～133
――の温度　132
――のカニ　57 図表
――の古細菌　8～9
――の細菌　56
――の寿命　59
――の蠕虫　56～58, 130～131, 142
――の定義　55
――の発見　55
――の光　132～133
ニッチとしての――　182～183
熱耐性　129～143　→　熱水噴出孔も参照
――の相対性　130, 142～143
カニの――　143, 184
気候変動と――　184, 187
コガシラネズミイルカの――　139～142
古細菌の――　9
サンゴの――　130, 133～139
ポンペイ・ワームの――　130～131, 142
ネズミイルカ類
――の種類　141～142
――の熱耐性　139～142
――の乱獲　196～197
ネズミザメ類（Lamniformes）　36
年齢の決定　→　寿命も参照
ウミガメの――　100～103
クジラの――　96～98
魚の――　93～96
ノール、アンドルー
『生命　最初の 30 億年』　13
ノトテニア亜目（notothenioids）　151
海苔　157
ノリス、ケン　141

【は行】

歯
サメの――　31～37, 32 図表, 33 図表
バークレー、スティーブ　178, 179
バージェス頁岩　10～19
――の進化の歴史　10～19
――の発見　10
――発見後の分類　10～16
バーダ、ジェフリー　97～98
バートネス、マーク　81
バートン、オーティス　52, 53 図表
バイ（貝）　→　ツブ
バイオマス
海洋微生物の――　41～42, 45, 48
ナンキョクオキアミの――　153
バショウカジキ（*Istiophorus*）　口絵②
――のスピード　109～110, **29**
パスツール、ルイ　6, 41
発光器　70, 72
発光タンパク質　70, 72
ハドック、スティーブ　71
ハナバチミドリイシ（*Acropora cytherea*）　口絵⑪
ハマサンゴ属（*Porites*）　106
パルマー、リッチ　186
パルンビ、スティーブン　190～191
パロロ（*palola virdis*）
――の繁殖　166～168
ハワイ
――の海洋温度差発電　156～158
――の潮間帯　75
ハワイ州立自然エネルギー研究所（NELHA）

158
反響定位　3, 146, 147
繁殖　162〜181
――のための多様な戦略　178〜181
ウスイタボヤの――　176〜178
クマノミの――　162〜163
サージャントメイジャー・ダムゼルフィッシュの――　170〜171
寿命と――　103, 178〜179
深海の巨大化における――　67
ゾウアザラシの――　171〜174
タコの――　174〜176, 178
タツノオトシゴの――　168〜170
チョウチンアンコウの――　163〜166
パロロの――　166〜168
バン・ドーバー、シンディ　132
『ビアンカの大冒険』（映画）　125
ビービ、ウィリアム　52, 53 図表
――の機器の限界　2, 54
――の経歴　**22**
――の潜水球　52〜54, 53 図表
『海底探検記』　52〜54, 73
ピカイア・グラキレンス（*Pikaia gracilens*）
14〜16, 15 図表, 18, 19
干潟　80
光　→　生物発光、日光も参照
熱水噴出孔での――の知覚　131〜133
冷水礁での――源　159
飛行
――の進化　112
アホウドリの――　125〜128, 127 図表
トビウオの――　112〜114
ヒザラガイ　78
微生物　40〜51　→　個別種についても参照
――が作り出した酸素　6〜8
――の異常発生　→　ブルーム
――の大きさ　41〜43
――の個体数　40〜43
――の種類　40
――の代謝　6〜8, 42〜45
――の定義　40
――の発見　41
――の未来　198〜199
――の優位の制限　48〜51
――への人為的影響　189〜190, 194〜195
空き樽理論における――　12
海洋の化学における――　40, 41〜43
海洋バイオマスにおける――　41〜43, 45, 48, 189
疾病細菌説における――　41
進化の歴史における――　6〜9, 12, 40
微生物ループにおける――　45〜47, 48
用語法　**21**
微生物ループ　45〜47, 46 図表, 48
脾臓
コオリウオの――　151〜152
左手型（アミノ酸の）　97
ヒト
――体内の細菌　40
――の水中でのスピード　108〜109
ヒトデ（*Asterias*）　14, 85, 86, 87 図表, 88
被嚢動物　176
飛沫帯　78
皮目　83
ヒューズ、テリー　197
氷河期　142, 158, 160
氷河の融解　187
肥料の流出　194〜197
ひれ
クジラの――　115〜116, 116 図表, 146
コガシラネズミイルカの――　140
シーラカンスの――　29, 30
タツノオトシゴの――　169
トビウオの――　112〜113
トビハゼの――　84
バショウカジキの――　110
ピュロロブス・フマリイ（*Pyrolobus fumarii*）
9
ヒルギ科（Rhizophoraceae）　82
ビンセント、アマンダ　190
『ファインディング・ニモ』（映画）　162
ファエオキスティス（*Phaeocystis*）　195

フィードバック・ループ　190
フィリピン
　——の乱獲　190～191, 201～202
風力発電機
　クジラのひれを模倣した——　116
富栄養化　194～199
フォルクスワーゲン・タイプ1　21
フカヒレ　193
フクレツノナシオハラエビ
　　(*Rimicaris exoculata*)
　——の視力　132～133, **33**
　——の光の知覚　132～133, **33**
フジツボ　85～86
不凍タンパク質（AFP）　151～152
不凍糖タンパク質　151
フナフティ島
　海面上昇と——　188
フライエンフック、ロバート　60
ブラックスモーカー　55, 72, 130, 132, 142　→
　　熱水噴出孔も参照
ブラック・マングローブ　83
プランクトン
　——の生物発光　70～71
　南極の——　153～154
ブリーチング
　——クジラの　115
ブルーム
　——と海の化学　42
　——による被害　48～49, 194～195
　——への人為的影響　194～195
　ウイルスと——　48～51
　南極の——　195
　農業排水における——　194～195
ブルーヘッド（*Thalassoma bifasciatum*）
　——の繁殖　180～181
プロクロロコッカス（*Prochlorococcus*）　42～
　　44, 48
分化転換　105
分子時計　13
分類
　——における遺伝子解析　13
　バージェス頁岩発見後の——　10～16
米領サモア
　さんご礁　106～107, 136～137
　パロロ　166～168
ベーリング海峡
　——へのクジラの回遊　124
ペイン、ロバート・トリート、三世　88
ベニクラゲ（*Turritopsis nutricula*）　104～106
ヘモグロビン　56, **16**
ヘモシアニン　**16**
ペリカンアンコウ（*Melanocetus johnsonii*）
　　口絵④
ペルム紀
　——の大量絶滅　23, 35
ペルム紀－三畳紀（P/T）境界
　——の大量絶滅　35
ホイッティントン、ハリー　16
ホイットマン、ウォルト　1
ポイント・ピノス（カリフォルニア）
　——の潮間帯下部　88～89
方解石
　——三葉虫の眼の　23
飽和脂肪
　深海生物の——　63～65
ポーリー、ダニエル　192
「ぼく自身の歌」（ホイットマン著）　1
北西航路　159～161
捕鯨
　——の鯨骨生物群集への影響　59～60
　クジラの寿命と——　96～99
　南極海での——　155～156
捕食　→　個別種についても参照
　——における共進化　37～38
　——の起源　13～14
　スピードと——　111
　潮間帯での——　78, 85～91
ボス、ギルバート　110
北極海
　——のオキアミ　159
　——のクジラ　145～147
　——の氷と気候変動　161

——の不凍タンパク質　152
——の北西航路　159〜161
北極海横断生物種交換　160〜161
哺乳類　→　個別種についても参照
——の飛行の進化　112
ホッキョククジラ（*Balaena mysticetus*）
——の回遊　160
——の寿命　96〜99
骨　→　骨格
ボホール島
——のタツノオトシゴ　190〜191
ポメロイ、ローレンス　41〜42, 46
ホワイト・マングローブ　82
ポンペイ・ワーム（*Alvinella pompejana*）　口絵⑦
——の共生関係　131, **32**
——の熱耐性　130〜131, 142

【ま行】

マクファーランド、ウィリアム　141
マグロ
——のスピード　111
——の体温調節　111
マッコウクジラ（*Physeter macrocephalus*）
——の捕食　3〜4, 68〜69
マリンスノー　58
マレーラ（*Marrella*）　11
マングローブ林　81〜85, 188
ミシシッピ川
——の農業排水　194
水
——の抵抗　108, 125
エネルギー源としての冷——　156〜158
右手型（アミノ酸の）　97
ミズダコ（*Enteroctopus dofleini*）　175
ミツクリザメ（*Mitsukurina owstoni*）　32図表, 35, 38
ミトコンドリア　8
ミンククジラ（*Blaenoptera*）
——の捕鯨　155〜156
ムシロガイ属（*Nassarius*）　79〜80
無脊椎動物　→　個別種についても参照
——の進化の歴史　10〜13
眼
カブトガニの——　27〜28
クジラの——　97
魚の——　111
三葉虫の——　23
体温調節と——　111
メガネイルカ　142
メガロドン　→　カルカロドン・メガロドン
メキシコ湾
——ディープウォーター・ホライゾン石油プラットフォーム事故　44
——の農業排水　194, 195
メリーランド州
——のカブトガニ　27
網膜
体温調節と——　111
銛　96〜97
森恭一　69
モンテレー湾（カリフォルニア）
——の潮間帯下部　88
——のラッコ　150, 204
モンテレー湾水族館　150
モンテレー湾水族館研究所　60

【や行】

湧昇
人工——　157
南極の——　152〜153
ヨウジウオ（*Hippocampus*）　169, 170
養殖と人工湧昇　157〜158
溶存有機炭素　44, 45, 46図表
余剰オキアミ仮説　155〜156

【ら行】

ラウズ、グレッグ　62
ラッコ（*Enhydra lutris*）

——の回復　150, 204
——の毛皮　148〜149
——の低温耐性　148〜150
ラティメリア・カルムナエ
（*Latimeria chalumnae*）　29
ラブカ（*Chlamydoselachus anguineus*）　33 図表, 35, 36
乱獲　190〜194
——からの回復　201〜202
——の歴史　190
技術の進歩と——　191〜192
魚の寿命と——　95〜96
さんご礁での——　197〜198, 201〜202
食物連鎖と——　192〜194, 196, 198
富栄養化と——　196〜199
リーガン、チャールズ　165
リチャードソン、フィリップ　127
リノフリネ・アルボリフェラ
（*Linophryne arborifera*）　165 図表
リフティア・パキプティラ（*Riftia pachyptila*）
→　ジャイアント・チューブ・ワーム
硫化水素　55, 56
隣接的雌雄同体　163
ルシフェラーゼ　70
冷血動物の体温調節　111, 184
冷水礁　158
冷水湧出孔　57
レッドスナッパー　→　アラスカアカゾイ
レッドバックバタフライフィッシュ
（*Chaetodon paucifasciatus*）　138〜139
レッド・マングローブ　82〜83
歴史生態学　198
連室細管　25
老化
——の定義　99
タコの——　175
漏斗
イカの——　117
オウムガイの——　26
ロールズ、オズワルド　157
六方海綿綱　158〜159
ロドプシン　132〜133
ロバーツ、カラム　192
ロブスター
——のカリドイド逃避反応　117, 118〜119
ロブスタリング　118 〜 119
ロレンチーニ器官　31

【わ行】

ワタリアホウドリ（*Diomedea exulans*）　125, 127
ワニトカゲギス科（Stomiidae）　72
『ワンダフル・ライフ』（グールド著）　17〜18, **25**

註

プロローグ

1. W. Whitman, *Leaves of Grass*, "Song of Myself," stanza 51. ホイットマン『草の葉』〔上〕杉木喬、鍋島能弘、酒本雅之訳、岩波書店、1969 年、p.227。
2. http://www.lifesci.ucsb.edu/~biolum/organism/dragon.html.
3. Hoare, P. 2010. *The Whale: In Search of Giants in the Deep*. New York: Ecco.
4. Clarke, M. R. 1969. "A review of the systematics and ecology of oceanic squid." *Advances in Marine Biology* 4:91-300.
5. Roper, C. F., and K. J. Boss. 1982. "The giant squid." *Scientific American*, April.
6. Ellis, R. 1998. *The Search for the Giant Squid*. New York: Penguin.
7. Aoki, K., M. Amano, K. Mori, A. Kourogi, T. Kubodera, and N. Miyazaki. 2012. "Active hunting by deep-diving sperm whales: 3D dive profiles and maneuvers during bursts of speed." *Marine Ecology Progress Series* 444:289-301.

8. イカの血液は青い。ヘモグロビンを含まず、ヘモシアニンという別のタンパク質を酸素の運搬に使っているからだ。ヘモシアニンは酸素と結びついているときは無色で、そのため観察は難しい。

9. Whitehead, H. 2003. *Sperm Whales: Social Evolution in the Ocean*. Chicago: University of Chicago Press.
10. Ellis, *The Search for the Giant Squid*.

第 1 章

1. Kasting, J. F. 1993. "Earth's early atmosphere." *Science* 259:920-926.
2. Moseman, A. 2010. "Frost-covered asteroid suggests extraterrestrial origin for Earth's oceans." *Discover Magazine*, April 29.
3. Chyba, C., and C. Sagan. 1992. "Endogenous production, exogenous delivery and impact-shock synthesis of organic molecules: An inventory for the origins of life. " *Nature* 355:125-132.
4. Knoll, A. H. 2004. *Life on a Young Planet: The First Three Billion Years of Evolution on Earth*. Princeton, NJ: Princeton University Press, p. 73. アンドルー・H・ノール『生命　最初の 30 億年――地球に刻まれた進化の足跡』斉藤隆央訳、紀伊國屋書店、2005 年、p.108。
5. Knoll, *Life on a Young Planet*, chapters 2, 3. ノール『生命　最初の 30 億年』第 2、3 章。
6. Tenenbaum, D. 2002. "When did life on Earth begin? Ask a rock." *Astrobiology Magazine*, October 14; http://astrobio.net/exclusive/293/when-did-life-on-earth-begin-ask-a-rock; Olson, J. M. 2006. "Photosynthesis in the Archean era." *Photosynthesis Research* 88:109-117.
7. Rothschild, L. J. 2009. "Earth science: Life battered but unbowed." *Nature* 459:335-336; http://www.nature.com/nature/journal/v459/n7245/full/459335a.html.
8. Wade, N. 2011. "Team claims it has found oldest fossils." *New York Times*, August 21; Wacey, D., M. R. Kilburn, M. Saunders, J. Cliff, and M. D. Brazier. "Microfossils of sulphur-metabolizing cells in 3.4-billion-year-old rocks of Western Australia." *Nature Geoscience* 4:698-702.
9. Olson, "Photosynthesis in the Archean era."
10. http://en.wikipedia.org/wiki/Great_Oxygenation_Event; Knoll, *Life on a Young Planet*, chapters 4, 5. ノール『生命　最初の 30 億年』第 4、5 章。

11. Olson, "Photosynthesis in the Archean era."
12. Buick, R. 2008. "When did oxygenic photosynthesis evolve?" *Philosophical Transactions of the Royal Society B* 363:2731-2743. doi: 10.1098/rstb.2008.0041.
13. http://www.sciencemag.org/content/330/6005/754.2.full.pdf. の往復書簡を参照。
14. http://en.wikipedia.org/wiki/File:Oxygenation-atm-2.svg.
15. Lang, B. F., M. W. Gray, and G. Burger. 1999. "Mitochondrial genome evolution and the origin of eukaryotes." *Annual Review of Genetics* 33:351-397.
16. Knoll, *Life on a Young Planet*, chapters 6-8. ノール『生命　最初の 30 億年』第 6 ～ 8 章。
17. Gribaldo, S., A. M. Poole, V. Daubin, P. Forterre, and C. Brochier-Armanet. 2010. "The origin of eukaryotes and their relationship with the Archaea: Are we at a phylogenomic impasse?" *Nature Reviews Microbiology* 8:743-752.
18. Garrett, R., and H. P. Klenk. 2007. *Archaea: Evolution, Physiology, and Molecular Biology*. Oxford: Wiley and Sons.
19. Woese, C. R., O. Kandler, and M. L. Wheelis. 1990. "Towards a natural system of organisms: Proposal for the domains Archaea, Bacteria, and Eucarya." *Proceedings of the National Academy of Sciences, USA* 87:4576-4579.
20. Barns, S. M., R. E. Fundyga, M. W. Jeffries, and N. R. Pace. 1994. "Remarkable Archaeal diversity detected in a Yellowstone National Park hot spring environment." *Proceedings of the National Academy of Sciences, USA* 91:1609-1613.
21. Blöchl, E., R. Rachel, S. Burggraf, D. Hafenbradl, H. W. Jannasch, and K. O. Stetter. 1997. "*Pyrolobus fumarii*, gen. and sp. nov., represents a novel group of Archaea, extending the upper temperature limit for life to 113 C." *Extremophiles* 1:14-21.
22. Narbonne, G. M. 2005. "The Ediacara biota: Neoproterozoic origin of animals and their ecosystems." *Annual Review of Earth and Planetary Sciences* 33:421-442.
23. Butterfield, N. J. 2011. "Terminal developments in Ediacaran embryology." *Science* 334:1655-1656.
24. Narbonne, "The Ediacara biota." 下記も参照。http://en.wikipedia.org/wiki/Ediacaran_biota.
25. Gould, S. J. 1990. *Wonderful Life: The Burgess Shale and the Nature of History.* New York: W. W. Norton and Company; Knoll, *Life on a Young Planet*, chapter 11. スティーヴン・ジェイ・グールド『ワンダフル・ライフ　バージェス頁岩と生物進化の物語』渡辺政隆訳、早川書房、2000 年、ノール『生命　最初の 30 億年』第 11 章。
26. Gould, *Wonderful Life*, chapter 3. グールド『ワンダフル・ライフ』第 3 章。
27. Knoll, *Life on a Young Planet*, pp. 192-193; see also Gould, *Wonderful Life*, pp.124-136. ノール『生命　最初の 30 億年』p. 273、グールド『ワンダフル・ライフ』pp.201 ～ 222 も参照。
28. Ho, S. 2008. "The Molecular Clock and estimating species divergence." *Nature Education* 1.
29. Wray, G., J. S. Levinton, and L. Shapiro. 1996. "Molecular evidence for deep Precambrian divergences among metazoan phyla." *Science* 274:568-573.
30. Jensen, S. 2003. "The Proterozoic and earliest Cambrian trace fossil record; Patterns, problems and perspectives." *Integrative and Comparative Biology* 43:219-228; http://en.wikipedia.org/wiki/Trace_fossil.
31. Benton, M. J. 2008. *The History of Life: A Very Short Introduction*. Oxford: Oxford University Press, chapter 3.
32. Morris, S. C., and J. B. Caron. 2012. "*Pikaia gracilens* Walcott, a stem-group chordate from the Middle Cambrian of British Columbia." *Biological Reviews* 87:480-512.

33. Gould, *Wonderful Life*, pp. 312-323. グールド『ワンダフル・ライフ』pp.549 ～ 571。

34. Whittington, H. B. 1975. "The enigmatic animal *Opabinia regalis*, Middle Cambrian Burgess Shale, British Columbia." *Philosophical Transactions of the Royal Society of London B* 271:1-43.

35. Gould, *Wonderful Life*, pp.124-136; http://en.wikipedia.org/wiki/Opabinia. グールド『ワンダフル・ライフ』pp.201 ～ 222。

36. Gould, *Wonderful Life*, pp.124-125. グールド『ワンダフル・ライフ』pp.202 ～ 204。

37. Gould, *Wonderful Life*, p.51. グールド『ワンダフル・ライフ』p.69。

38. Gould, *Wonderful Life*, p.25. グールド『ワンダフル・ライフ』p.30。

39. Gould, *Wonderful Life*, pp.124-136. グールド『ワンダフル・ライフ』pp.201 ～ 222。

40. Gould, *Wonderful Life*, p.47. グールド『ワンダフル・ライフ』p.61。

第2章

1. http://en.wikipedia.org/wiki/Volkswagen_air_cooled_engine.

2. Braddy, S. J., M. Poschmann, and O. E. Tetlie. 2008. "Giant claw reveals the largest ever arthropod." *Biology Letters* 4:106-109.

3. Lieberman, B. S. 2002. "Phylogenetic analysis of some basal early Cambrian trilobites, the biogeographic origins of the eutrilobita, and the timing of the Cambrian radiation." *Journal of Paleontology* 76:692-708. doi: 10.1666/0022-3360.

4. Fortey, Richard. 2000. *Trilobite! Eyewitness to Evolution*. New York: Knopf Doubleday, p.214. リチャード・フォーティ『三葉虫の謎 「進化の目撃者」の驚くべき生態』垂水雄二訳、早川書房、2002年、p.268。

5. Fortey, *Trilobite!* chapter 9. フォーティ『三葉虫の謎』第9章。

6. Clarkson, E., R. Levi-Setti, and G. Horváth. 2006. "The eyes of trilobites: The oldest preserved visual system." *Arthropod Structure and Development* 35:247-259.

7. Fortey, R., and B. Chatterton. 2003. "A Devonian trilobite with an eyeshade." *Science* 301:1689. doi: 10.1126/science.1088713.

8. Towe, K. M. 1973. "Trilobite eyes: Calcified lenses in vivo." *Science* 179:1007-1009. doi: 10.1126/science.179.4077.1007.

9. Fortey, *Trilobite!* p. 241. フォーティ『三葉虫の謎』p.300。

10. Owens, R. M. 2003. "The stratigraphical distribution and extinctions of Permian trilobites." *Special Papers in Palaeontology* 70:377-397.

11. http://www.bcfossils.ca/ では、カナダのブリティッシュ・コロンビア州で採取された180センチメートルの標本が呼び物になっている。

12. Cook, T. A. 1979. *The Curves of Life: Being an Account of Spiral Formations and Their Application to Growth in Nature, to Science, and to Art: With Special Reference to the Manuscripts of Leonardo da Vinci*. Mineola, NY: Courier Dover Publications.

13. Collins, D. H., and P. Minton. 1967. "Siphuncular tube of *Nautilus*." *Nature* 216:916-917.

14. Collins and Minton, "Siphuncular tube."

15. Boardman, R. S., A. H. Cheetham, and A. J. Rowell. 1987. *Fossil Invertebrates*. Oxford: Blackwell, p. 345.

16. Castro, P., and M. Huber. 2000. *Marine Biology*, third edition. Boston: McGraw-Hill, p.350.

17. *Hamlet*, Act 2, Scene 2.『ハムレット』二幕二場。

18. Fortey, R. 2012. *Horseshoe Crabs and Velvet Worms: The Story of the Animals and Plants That*

Time Has Left Behind. New York: Knopf.
19. Avise, J. C., W. S. Nelson, and H. Sugita. 1994. "A speciational history of 'living fossils': Molecular evolutionary patterns in horseshoe crabs." *Evolution* 48:1986-2001.
20. http://www.ceoe.udel.edu/horseshoecrab/research/eye.html.
21. 7000万〜2700万年前に他のカブトガニから分かれたものだが、その化石史をたどれるほどはっきりした化石記録はない。Avise et al., "A speciational history of 'living fossils.'"
22. Strørmer, L. 1952. "Phylogeny and taxonomy of fossil horseshoe crabs." *Journal of Paleontology* 26:630-640.
23. http://www.sciencedaily.com/releases/2008/02/080207135801.htm.
24. Balon, E. K., M. N. Bruton, and H. Fricke. 1988. "A fiftieth anniversary reflection on the living coelacanth, *Latimeria chalumnae*: Some new interpretations of its natural history and conservation status." *Environmental Biology of Fishes* 23:241-280.
25. http://vertebrates.si.edu/fishes/coelacanth/coelacanth_wider.html.
26. "A fiftieth anniversary," p.243 に引用されている。
27. Balon et al., "A fiftieth anniversary."
28. Eilperin, J. 2012. *Demon Fish: Travels through the Hidden World of Sharks*. New York: Anchor Books, p.25.
29. Eilperin, *Demon Fish*.
30. Kalmijn, A. J. 2000. "Detection and processing of electromagnetic and nearfield acoustic signals in elasmobranch fishes." *Philosophical Transactions of the Royal Society of London B* 355:1135-1141.
31. Kalmijn, A. J. 1971. "The electric sense of sharks and rays." *Journal of Experimental Biology* 55:371-383 は、サメの電気感知の先駆的だが単純な実験についての魅力的な科学物語である。
32. http://www.ams.org/samplings/feature-column/fcarc-pagerank.
33. Paleontological Society. "Fossil shark teeth." Paleosoc.org. http://www.paleosoc.org/Fossil_Shark_Teeth.pdf.
34. チスイコウモリの歯も高く評価されている。それは被害者に気づかれることなく、外科用のメスのように血管を切ることができる。 Feldhamer, G., L. C. Drickhamer, S. H. Vessey, J. F. Merritt, and C. Krajewski. 2007. *Mammalogy: Adaptation, Diversity, Ecology*. Baltimore: Johns Hopkins University Press, p.63.
35. Kemp, N. E., and J. H. Park. 1974. "Ultrastructure of the enamel layer in developing teeth of the shark *Carcharhinus menisorrah*." *Archives of Oral Biology* 19:633-644.
36. Kemp, N. E. 1985. "Ameloblastic secretion and calcification of the enamel layer in shark teeth." *Journal of Morphology* 184:215-230.
37. Grogan, E. D., R. Lund, and E. Greenfest-Allen. 2004. "The origin and relationships of early chondrichthyans." In J. C. Carrier, J. A. Musick, and M. R. Heithaus (eds.). *Biology of Sharks and Their Relatives*. Boca Raton, FL: CRC Press, pp.3-32. ウェブ上では下記を参照。http://www.elasmo-research.org/education/evolution/earliest.htm.
38. Miller, R. F., R. Cloutier, and S. Turner. 2003. "The oldest articulated chondrichthyan from the Early Devonian period." *Nature* 425:501-504.
39. http://en.wikipedia.org/wiki/Cladoselache.
40. Vanessa Jordan, Florida Museum of Natural History. http://www.flmnh.ufl.edu/fish/gallery/descript/goblinshark/goblinshark.html.
41. Compagno, L.J.V. 1977. "Phyletic relationships of living sharks and rays." *American Zoologist*

17:303-322.

42. http://science.nationalgeographic.com/science/prehistoric-world/permian-extinction/.

43. Shen S.-Z., J. L. Crowley, Y. Wang, S. A. Bowring, D. H. Erwin, et al. 2011. "Calibrating the end-Permian mass extinction." *Science* 334:1367-1372. doi: 10.1126/science.1213454.

44. Benton, M. J., and R. J. Twitchett. 2003. "How to kill (almost) all life: The end-Permian extinction event." *Trends in Ecology and Evolution* 18:358-365.

45. Payne, J. L., D. J. Lehrmann, J. Wei, M. J. Orchard, D. P. Schrag, and A. H. Knoll. 2004. "Large perturbations of the carbon cycle during recovery from the end-Permian extinction." *Science* 305:506-509.

46. Dean, M. N., C. D. Wilga, and A. P. Summers. 2005. "Eating without hands or tongue: Specialization, elaboration and the evolution of prey processing mechanisms in cartilaginous fishes." *Biology Letters* 1:357-361. doi: 10.1098/rsbl.2005.0319 1744-957X.

47. http://www.flmnh.ufl.edu/fish/sharks/fossils/megalodon.html.

48. Gottfried, M. D., L.J.V. Compagno, and S. C. Bowman. 1996. "Size and skeletal anatomy of the giant megatooth shark *Carcharodon megalodon*." In A. P. Klimley and D. G. Ainley (eds.). *Great White Sharks: The Biology of* Carcharodon carcharias. San Diego: Academic Press, pp.55-89.

49. http://www.flmnh.ufl.edu/fish/sharks/fossils/megalodon.html.

50. Botella, H., P.C.J. Donoghue, and C. Martínez-Pérez. 2009. "Enameloid microstructure in the oldest known chondrichthyan teeth." *Acta Zoologica* 90 (supplement):103-108.

51. Barnosky, A. D., N. Matzke, S. Tomiya, G. O. Wogan, B. Swartz, et al. 2011. "Has the Earth's sixth mass extinction already arrived?" *Nature* 471:51-57.

52. Holder, M. T., M. V. Erdmann, T. P. Wilcox, R. L. Caldwell, and D. M. Hillis. 1999. "Two living species of coelacanths?" *Proceedings of the National Academy of Sciences, USA* 96:12616-12620.

53. Saunders, W. B. 2010. "The species of nautilus." In W. B. Sanders and N. H. Landers (eds.). *Nautilus: The Biology and Paleobiology of a Living Fossil.* Dordrecht: Springer, pp.35-52.

54. http://www.washingtonpost.com/wp-dyn/content/article/2005/06/09/AR2005060901894.html.

第3章

1. http://www.sciencedaily.com/releases/2008/06/080603085914.htm; http://en.wikipedia.org/wiki/Human_microbiome.

2. http://en.wikipedia.org/wiki/Microscope.

3. Pasteur, L. 1878. "The germ theory and its applications to medicine and surgery." Read before the French Academy of Sciences, April 29, 1878. *Comptes Rendus de l' Academie des Sciences* 86:1037-1043.

4. Darwin, C. 1845. *Voyage of the Beagle*, second edition. London: John Murray, p. 519.

5. Pomeroy, L. R. 1974. "The ocean's food web, a changing paradigm." *BioScience* 24:499-504; また、Hobbie, J. E., R. J. Daley, and S. Jasper. 1977. "Use of Nuclepore filters for counting bacteria by fluorescence microscopy." *Applied and Environmental Microbiology* 33:1225-1228 で検討されているもとの計測方法も参照。

6. Pomeroy, L. R., P.J.I. Williams, F. Azam, and J. E. Hobbie. 2007. "The microbial loop." *Oceanography* 20(2):28-33.

7. これについては証明が求められるかもしれない。もちろん証明済みだ。海に10の29乗個の細菌がいて、1個が100万分の1メートルとする。これを伸ばすと10の20乗キロメートル、約1000万光

年になる。天の川銀河の外周はほぼ30万光年だ。Adapted from George Somero and Mark Denny, Oceanic Biology lecture, Hopkins Marine Station, Pacific Grove, CA, February 2012.
8. Ducklow, H. W. 1983. "Production and fate of bacteria in the oceans." *BioScience* 33:494-501.
9. Pomeroy et al., "The microbial loop," pp.28-33.
10. Cho, B. C., and F. Azam. 1988. "Major role of bacteria in biogeochemical fluxes in the ocean's interior." *Nature* 332:441-443.
11. Johnson, P. W., and J. M. Seiburth. 1979. "Chroococcoid cyanobacteria in the sea: A ubiquitous and diverse phototrophic biomass." *Limnology and Oceanography* 24:928-935.
12. Beardsley, T. M. 2006. "Metagenomics reveals microbial diversity." *BioScience* 56:192-196 に掲載されているペニー・チザムによる講演の臨場感あふれる報告を参照。
13. National Public Radio の Science Friday による優れた報告も参照。http://www.npr.org/templates/story/story.php?storyId=91448837.
14. ペニー・チザム、著者との個人的なやり取り。2012年3月。
15. Campbell, N. A., J. B. Reece, M. R. Taylor, E. J. Simon, and J. L. Dickey. 2006. *Biology: Concepts and Connections*. New York: Benjamin Cummings.
16. http://microbewiki.kenyon.edu/index.php/Prochlorococcus_marinus.
17. http://en.wikipedia.org/wiki/Mycoplasma_genitalium.
18. http://www.scientificamerican.com/article.cfm?id=gulf-oil-eating-microbes-slide-show.
19. Hartmann, M., C. Grob, G. A. Tarran, A. P. Martin, P. H. Burkill, et al. 2012. "Mixotrophic basis of Atlantic oligotrophic ecosystems." *Proceedings of the National Academy of Sciences, USA* 109:5756-5760 での最近の検討を参照。
20. http://en.wikipedia.org/wiki/Dissolved_organic_carbon; http://en.wikipedia.org/wiki/Microbial_loop; Pomeroy et al., "The microbial loop," pp.30-31.
21. Stone, R. 2010. "Marine biogeochemistry: The invisible hand behind a vast carbon reservoir." *Science* 328:1476-1477.
22. Zubkov, M. V., M. A. Sleigh, and P. H. Burkill. 2001. "Heterotrophic bacterial turnover along the 20°W meridian between 59°N and 37°N in July 1996." *Deep-Sea Research Part II: Topical Studies in Oceanography* 48:987-1001.
23. 10億個で100ナノグラムの細菌が10の29乗個あるとすれば、簡単な計算でこの数字が導き出せる。
24. Azam, F., T. Fenchel, J. G. Field, J. S. Gray, L. A. Meyer-Reil, and F. Thingstad. 1983. "The ecological role of water-column microbes in the sea." *Marine Ecology Progress Series* 10:257-263.
25. Pomeroy et al., "The microbial loop," p. 28.
26. ここで学問的なバランス調整をしておこう。もっとも面白い微生物の多くは、古細菌というグループの一員だ（第1章参照）。この細菌は科学者が真正細菌と呼ぶものとは別物だ。アザムとマルファッティが言うように、ものによっては古細菌とほかの細菌と呼ぶべきなのだが、字数の節約と精神衛生のため、全部ひっくるめて細菌、場合によっては微生物と呼んでいる。Azam, F.,and F. Malfatti. 2007. "Microbial structuring of marine ecosystems." *Nature Reviews Microbiology* 5:782-791 参照。
27. Bratbak, G., and M. Heldal. 2000. "Viruses rule the waves —— The smallest and most abundant members of marine ecosystems." *Microbiology Today* 27:171-173.
28. http://www.sciencemag.org/content/335/6072/1035.full.
29. Bratbak and Heldal, "Viruses rule the waves."
30. Suttle, C. A. 2007. "Marine viruses—Major players in the global ecosystem." *Nature Reviews*

Microbiology 5:801-812.

31. http://researcharchive.calacademy.org/research/scipubs/pdfs/v56/proccas_v56_n06_SuppI.pdf.

32. Weiss, K. 2006. "A primeval tide of toxins." *Los Angeles Times*, July 30; http://articles.latimes.com/2006/jul/30/local/la-me-ocean30jul30.

33. Palumbi, S. R. 2001. *The Evolution Explosion*. New York: W. W. Norton.

34. Rohwer, F., and R. V. Thurber. 2009. "Viruses manipulate the marine environment." *Nature* 459:207-212.

35. Bidle, K. D., L. Haramaty, J.B.E. Ramos, and P. Falkowski. 2007. "Viral activation and recruitment of metacaspases in the unicellular coccolithophore, *Emiliania huxleyi*." *Proceedings of the National Academy of Sciences, USA* 104:6049-6054.

36. Rohwer and Thurber, "Viruses manipulate the marine environment."

37. Frada, M., I. Probert, M. Allen, W. Wilson, and C. de Vargas, C. 2008. "The 'Cheshire Cat' escape strategy of the coccolithophore *Emiliania huxleyi* in response to viral infection." *Proceedings of the National Academy of Sciences, USA* 105:15944.

38. Palumbi, *The Evolution Explosion*.

39. Meyer, K. M., M. Yu, A. B. Jost, B. M. Kelley, and J. L. Payne. 2010. "δ^{13}C evidence that high primary productivity delayed recovery from end-Permian mass extinction." *Earth and Planetary Science Letters* 302:378-384. doi: 10.1016/j.epsl.2010.12.033.

40. Fenchel, T. 2008. "The microbial loop-25 years later." *Journal of Experimental Marine Biology and Ecology* 366:99-103.

第4章

1. Beebe, W. 1935. *Half Mile Down*. London: John Lane, p. 102. Quote is from p. 112. ウィリアム・ビービ『海底探検記　珍奇な魚と生物』日下実男訳、社会思想社、1970年、pp.117 ～ 118。引用箇所はp. 128。

2. Beebe, *Half Mile Down*, p.147. ビービ『海底探検記』p.214（訳註：翻訳書には訳出されていない部分があるので、本書では訳者が補った）。

3. ビービが実際にそう言ったのか、思っただけなのかははっきりしない。Beebe, *Half Mile Down*, p. 100. ビービ『海底探検記』p.113。

4. ビービはニューヨーク動物学協会熱帯研究部長だった。

5. たまに植物性のものがある——丸太や木の幹といったものが。例えば Turner, R. D. 1973. "Wood-boring bivalves, opportunistic species in the deep sea." *Science* 180:1377-1379. doi: 10.1126/science.180.4093.1377 を参照。

6. Lonsdale, P. 1977. "Clustering of suspension-feeding macrobenthos near abyssal hydrothermal vents at oceanic spreading centers." *Deep Sea Research* 24:857-863.

7. Tivey, M. K. 1998. "How to build a black smoker chimney." *Oceanus*, December 1998; http://www.whoi.edu/oceanus/viewArticle.do?id=2400.

8. 概説としては、http://www.csa.com/discoveryguides/vent/review2.php.

9. Jannasch, H. W. 1985. "The chemosynthetic support of life and the microbial diversity at deep-sea hydrothermal vents." *Proceedings of the Royal Society of London B* 225:277-297; Felbeck, H., J. J. Childress, and G. N. Somero. 1981. "Calvin-Benson cycle and sulphide oxidation enzymes in animals from sulphide-rich habitats." *Nature* 293:291. doi: 10.1038/293291a0.

10. Mascarelli, A. 2009. "Dead whales make for an underwater feast." *Audubon Magazine*, November-

December; http://www.audubonmagazine.org/articles/nature/dead-whales-make-underwater-feast.

11. http://www.mnh.si.edu/onehundredyears/featured_objects/Riftia.html.
12. Cavanaugh, C. M., S. L. Gardiner, M. L. Jones, H. W. Jannasch, and J. B. Waterbury. 1981. "Prokaryotic cells in the hydrothermal vent tube worm *Riftia pachyptila* Jones: Possible chemoautotrophic symbionts." *Science* 213: 340-342.
13. Bailly, X., and S. Vinogradov. 2005. "The sulfide binding function of annelid hemoglobins: Relic of an old biosystem?" *Journal of Inorganic Biochemistry* 99:142-150.
14. Childress, J. J., and C. R. Fisher. 1992. "The biology of hydrothermal vent animals: Physiology, biochemistry and autotrophic symbioses." *Annual Review of Oceanography and Marine Biology* 30:337-441.
15. Jones, M. L., and S. L. Gardiner. 1989. "On the early development of the vestimentiferan tube worm *Ridgeia* sp. and observations on the nervous system and trophosome of *Ridgeia* sp. and *Riftia pachyptila*." *Biological Bulletin* 177:254-276.
16. Nussbaumer, A. D., C. R. Fisher, and M. Bright. 2006. "Horizontal endosymbiont transmission in hydrothermal vent tubeworms." *Nature* 441:345-348.
17. Lutz, R. A., T. M. Shank, D. J. Fornari, R. M. Haymon, M. D. Lilley, et al. 1994. "Rapid growth at deep-sea vents." *Nature* 371:663-664.
18. http://www.sciencedaily.com/releases/2000/02/000203075002.htm.
19. 実際の数は確定が難しく、調査のたびに増えている。ベーカーらは海洋生物センサスでの仕事について以下に記している。Baker, M. C., E. Z. Ramirez-Llodra, P. A. Tyler, C. R. German, A. Boetius, et al. 2010. "Biogeography, ecology, and vulnerability of chemosynthetic ecosystems in the deep sea." In A. D. McIntyre (ed.). *Life in the World's Oceans*. Oxford: Blackwell; http://blogs.nature.com/news/2012/01/hydrothermal-vents-host-a-bonanza-of-new-species.html.
20. http://www.livescience.com/17715-yeti-crabs-antarctic-vents.html.
21. Castro, P., and M. Huber. 2000. *Marine Biology*, third edition. Boston: McGraw-Hill, p.338.
22. Butman, C. A., J. T. Carlton, and S. R. Palumbi. 1996. "Whales don't fall like snow: Reply to Jelmert." *Conservation Biology* 10:655-656.
23. http://www.emagazine.com/magazine-archive/whale-falls.
24. クジラの落下で繰り広げられるドラマのもっと詳しい解説は下記を参照。Little, C.T.S. 2010. "Life at the bottom: The prolific afterlife of whales." *Scientific American*, February. doi: 10.1038/scientificamerican0210-78; http://www.scentificamerican.com/article.cfm?id=the-prolific-afterlife-of-whales.
25. Little, "Life at the bottom."
26. Little, "Life at the bottom." 下記も参照。http://www.mbari.org/news/news_releases/2010/whalefalls/whalefalls-release.html.
27. Butman, C. A., J. T. Carlton, and S. R. Palumbi. 1995. "Whaling effects on deep-sea biodiversity." *Conservation Biology* 9:462-464.
28. Smith, C., and A. Baco. 2003. "The ecology of whale falls at the deep sea floor." *Annual Review of Oceanography and Marine Biology* 41:311-354.
29. http://www.mbari.org/news/news_releases/2002/dec20_whalefall.html.
30. http://www.mbari.org/twenty/osedax.htm.
31. http://www.mbari.org/news/news_releases/2002/dec20_whalefall.html.

32. Rouse, G. W., S. K. Goffredi, and R. C. Vrijenhoek. 2004. "*Osedax*: Bone-eating marine worms with dwarf males." *Science* 305:668-671. doi: 10.1126/science.1098650; http://www.audubonmagazine.org/truenature/truenature0911.html.
33. Rouse et al., "*Osedax*: Bone-eating marine worms."
34. Rouse, G. W., K. Worsaae, S. B. Johnson, W. J. Jones, and R. C. Vrijenhoek. 2008. "Acquisition of dwarf male 'harems' by recently settled females of *Osedax roseus* n. sp. (Siboglinidae; Annelida)." *Biology Bulletin* 214:67-82. doi: 10.2307/25066661.
35. http://www.nature.com/news/2010/101206/full/news.2010.651.html.
36. Rouse, G. W., S. K. Goffredi, S. B. Johnson, and R. C. Vrijenhoek. 2011. "Not whale-fall specialists, *Osedax* worms also consume fishbones." *Biology Letters* 7:736-739. doi: 10.1098/rsbl.2011.0202.
37. http://en.wikipedia.org/wiki/Boyle's_law.
38. Kooyman, G. L. 2009. "Diving physiology." In W. F. Perrin, B. Wursig, and J.G.M. Thewissen (eds.). *Encyclopedia of Marine Mammals*. San Diego, CA: Academic Press, pp.327-332.
39. 深海効果を利用した面白い遊びは、http://discovermagazine.com/2001/aug/featphysics.
40. http://discovermagazine.com/2001/aug/featphysics.
41. http://en.wikipedia.org/wiki/Saturated_fat.
42. Cossins, A. R., and A. G. Macdonald. 1989. "The adaptation of biological membranes to temperature and pressure: Fish from the deep and cold." *Journal of Bioenergetics and Biomembranes* 21:115-135.
43. 例えば、深海のソコダラと浅い海に棲む親戚の関係を参照。
Morita, T. 2004. "Studies on molecular mechanisms underlying high pressure adaptation of α-actin from deep-sea fish." *Bulletin of the Fisheries Research Agency* 13:35-77.
44. Oliver, T. A., D. A. Garfield, M. K. Manier, R. Haygood, G. A. Wray, and S. R. Palumbi. 2010. "Whole-genome positive selection and habitat-driven evolution in a shallow and a deep-sea urchin." *Genome Biology and Evolution* 2:800.
45. Kaariainen, J., and B. Bett. 2010. "Evidence for benthic body size miniaturization in the deep sea." *Journal of the Marine Biological Association of the UK* 86:1339-1345.
46. これを示したかなり有名な写真がある。
http://korovieva.files.wordpress.com/2010/05/giantisopods_doritos1.jpg.
47. http://scienceblogs.com/deepseanews/2007/04/from_the_desk_of_zelnio_bathyn.php.
48. http://davehubbleecology.blogspot.com/2012/02/antarctic-sea-spiders-polar-or-abyssal.html
49. Fisher, C. R., I. A. Urcuyo, M. A. Simpkins, and E. Nix. 1997. "Life in the slow lane: Growth and longevity of cold-seep vestimentiferans." *Marine Ecology* 18:83-94.
50. Woods, H. A., A. L. Moran, C. P. Arango, L. Mullen, and C. Shields. 2008. "Oxygen hypothesis of polar gigantism not supported by performance of Antarctic pycnogonids in hypoxia." *Proceedings of the Royal Society of London B* 276:1069-1075.
51. Timofeev, S. F. 2001. "Bergmann's Principle and deep-water gigantism in marine crustaceans." *Biology Bulletin* 28:646-650; http://www.springerlink.com/content/w40861j17433662t/.
52. Castro and Huber, *Marine Biology*, pp.345-347.
53. Castro and Huber, *Marine Biology*, pp.345-347.
54. http://www.tonmo.com/science/public/giantsquidfacts.php.
55. http://en.wikipedia.org/wiki/Colossal_squid#Largest_known_specimen.
56. Sweeney, M. J., and C.F.E. Roper. 2001. *Records of* Architeuthis *Specimens from Published Reports*.

Washington, DC: National Museum of Natural History, Smithsonian Institution. http://invertebrates.si.edu/cephs/archirec.pdf.
57. http://www.tonmo.com/science/public/giantsquidfacts.php.
58. 本当のところははっきりとはわからない。
59. Winkelmann, I., P. F. Campos, J. Strugnell, Y. Cherel, P. J. Smith, et al. 2013. "Mitochondrial genome diversity and population structure of the giant squid *Architeuthis*: Genetics sheds new light on one of the most enigmatic marine species." *Proceedings of the Royal Society of London B* 280:1759.
60. http://invertebrates.si.edu/giant_squid/page2.html.
61. Winkelmann et al., "Mitochondrial genome diversity and population structure of the giant squid."
62. Mesnick, S. L., B. L. Taylor, F. I. Archer, K. K. Martien, S. E. Treviño, et al. 2011. "Sperm whale population structure in the eastern and central North Pacific inferred by the use of single-nucleotide polymorphisms, microsatellites and mitochondrial DNA." *Molecular Ecology Resources* 11(supplement): 278-298.
63. http://squid.tepapa.govt.nz/exhibition.
64. http://news.nationalgeographic.com/news/2007/02/070222-squid-pictures.html.
65. http://news.nationalgeographic.com/news/2005/09/0927_050927_giant_quid.html.
66. 以下の議論については、Haddock, S.H.D., M. A. Moline, and J. F. Case. 2010. "Bioluminescence in the sea." *Annual Reviews of Marine Science* 2:443-493 に大部分が要約されている。
67. Castro and Huber, *Marine Biology*, p.341.
68. Castro and Huber, *Marine Biology*, p.342.
69. 渦鞭毛藻類と呼ばれている。Haddock et al., "Bioluminescence in the sea," p. 465 参照。
70. Haddock et al., "Bioluminescence in the sea."
71. 注目すべき著作 Piestch, T. 2009. *Oceanic Anglerfishes: Extraordinary Diversity in the Deep Sea*. Berkeley: University of California Press 参照。
72. Piestch, *Oceanic Anglerfishes*, p.7.
73. だがアンコウは笑っていた。Piestch, *Oceanic Anglerfishes*, pp.262-263.
74. Widder, E. A., M. I. Latz, P. J. Herring, and J. F. Case. 1984. "Far-red bioluminescence from two deep-sea fishes." *Science* 225:512-514.
75. Herring, P. J., and C. Cope. 2005. "Red bioluminescence in fishes: On the suborbital photophores of *Malacosteus, Pachystomias and Aristostomias*." *Marine Biology* 148:383-394.
76. Hunt, D. M., S. D. Kanwaljit, J. C. Partridge, P. Cottrill, and J. K. Bowmaker. 2001. "The molecular basis for spectral tuning of rod visual pigments in deep-sea fish." *Journal of Experimental Biology* 204:3333-3344.
77. Beebe, *Half Mile Down*, p.225. ビービ『海底探検記』pp.272 ～ 273

第5章

1. Gallien, W. B. 1986. "A comparison of hydrodynamic forces on two sympatric sea urchins: Implications of morphology and habitat." Thesis, University of Hawaii, Honolulu. See also Denny, M., and B. Gaylord. 1996. "Why the urchin lost its spines: Hydrodynamic forces and survivorship in three echinoids." *Journal of Experomental Biology* 199:717-729.
2. Stephenson, T. A., and A. Stephenson. 1972. *Life between Tidemarks on Rocky Shores*. San Francisco: W. H. Freeman and Company.

3. Stephenson, T. A., and A. Stephenson. 1949. "The universal features of zonation between tide-marks on rocky coasts." *Journal of Ecology* 37:289-305. The quote is from p.303.
4. Castro, P., and M. Huber. 2000. *Marine Biology*, third edition. Boston: McGraw-Hill, p.225.
5. Castro and Huber, *Marine Biology*, p.228.
6. Glynn, P. W. 1997. "Bioerosion and coral-reef growth: A dynamic balance." In C. Birkeland (ed.). *Life and Death of Coral Reefs*. New York: Springer, pp.68-95.
7. Sokolova, I. M., and H. O. Pörtner. 2001. "Physiological adaptations to high intertidal life involve improved water conservation abilities and metabolic rate depression in *Littorina saxatilis*." *Marine Ecology Progress Series* 224:171-186.
8. Garrity, S. D. 1984. "Some adaptations of gastropods to physical stress on a tropical rocky Shore." *Ecology* 65:559-574.
9. Curtis L. A. 1987. "Vertical distribution of an estuarine snail altered by a parasite." *Science* 235:1509-1511.
10. http://en.wikipedia.org/wiki/Salt_marsh.
11. Bertness, M. D. 1998. *Atlantic Shorelines: Natural History and Ecology*. Sunderland, MA: Sinauer Press.
12. Bertness, M. D. 1984. "Ribbed mussels and *Spartina alterniflora* production in a New England salt marsh." *Ecology* 65:1794-1807.
13. Castro and Huber, *Marine Biology*, p.251.
14. http://www.flmnh.ufl.edu/fish/southflorida/mangrove/adaptations.html.
15. http://www.sms.si.edu/irlspec/Mangroves.htm.
16. Mann, K. H. 2000. "Estuarine benthic systems." In K. H. Mann (ed.). *Ecology of Coastal Waters with Implications for Management*. Oxford: Blackwell, pp. 118-135.
17. Reef, R., I. C. Feller, and C. E. Lovelock. 2010. "Nutrition of mangroves." *Tree Physiology* 30:1148-1160.
18. 例えば、下記参照。Lutz, P. 1997. "Salt, water and pH balance in the sea turtle." In P. Lutz and J. Musick (eds.). *The Biology of Sea Turtles*. Boca Raton, FL: CRC Press, pp.343-361.
19. http://miami-dade.ifas.ufl.edu/documents/MangroveFactSheet.pdf.
20. Scholander, P. F. 1968. "How mangroves desalinate water." *Physiologia Plantarum* 21:251-261.
21. http://www.nhmi.org/mangroves/phy.htm.
22. Evans, L. S., and A. Bromberg. 2010. "Characterization of cork warts and aerenchyma in leaves of *Rhizophora mangle* and *Rhizophora racemosa*." *Journal of the Torrey Botanical Society* 137:30-38.
23. Mumby, P. J., A. J. Edwards, J. E. Arias-González, K. C. Lindeman, P. G. Blackwell, et al. 2004. "Mangroves enhance the biomass of coral reef fish communities in the Caribbean." *Nature* 427:533-536.
24. Harris, V. A. 1960. "On the locomotion of the mudskipper *Periophthalmus koelreuteri* (Pallas): Gobiidae." *Proceedings of the Zoological Society of London* 134:107-135. doi: 10.1111/j.1469-7998.1960.tb05921.x.
25. Harris, "On the locomotion of the mudskipper."
26. Graham, J. B. (ed.). 1997. *Air-Breathing Fishes. Evolution, Diversity and Adaptation*. San Diego, CA: Academic Press.
27. Castro and Huber, *Marine Biology*, p.254.
28. http://en.wikipedia.org/wiki/Mudskipper.

29. Morris, R. H., D. P. Abbott, and E. C. Haderlie. 1980. *Intertidal Invertebrates of California*. Palo, Alto, CA: Stanford University Press.
30. Ricketts, E. F., and J. Calvin. 1985. *Between Pacific Tides*, fifth edition. Palo Alto, CA: Stanford University Press.
31. Castro and Huber. *Marine Biology*, p.228.
32. Morris et al., *Intertidal Invertebrates of California*.
33. http://www.washington.edu/research/pathbreakers/1969g.html.

第6章

1. Simon, S. L., and W. L. Robison. 1997. "A compilation of nuclear weapons test detonation data for US Pacific Ocean tests." *Health Physics* 73:258-264.
2. Cailliet, G., and A. Andrews. 2008. "Age-validated longevity of fishes: Its importance for sustainable fisheries." In K. Tsukamoto, T. Kawamura, T. Takeuchi, T. D. Beard Jr., and M. J. Kaiser (eds.). *5th World Fisheries Congress 2008: Fisheries for Global Welfare and Environment*. Tokyo: TERRAPUB, pp.103-120.
3. http://www.afsc.noaa.gov/REFM/age/FAQs.htm.
4. Brodie, P. F. 1971. "A reconsideration of aspects of growth, reproduction, and behavior of the white whale (*Delphinapterus leucas*), with reference to the Cumberland Sound, Baffin Island, population." *Journal of the Fisheries Board of Canada* 28:1309-1318; for a human connection, see Stenhouse, M. J., and M. S. Baxter. 1977. "Bomb ^{14}C as a biological tracer." *Nature* 267:828-832.
5. Cailliet and Andrews, "Age-validated longevity of fishes," p.105.
6. http://en.wikipedia.org/wiki/Yelloweye_rockfish.
7. http://www.conservationmagazine.org/2008/09/impostor-fish/.
8. Cailliet and Andrews, "Age-validated longevity of fishes," figure 3.
9. Andrews, A. H., G. M. Caillet, K. H. Coale, K. M. Munk, M. M. Mahoney, and V. M. O'Connell. 2002. "Radiometric age validation of the yelloweye rockfish (*Sebastes ruberrimus*) from southeastern Alaska." *Marine and Freshwater Research* 53:139-146.
10. Palumbi, S. R. 2004. "Fisheries science: Why mothers matter." *Nature* 430:621-622; http://palumbi.stanford.edu/manuscripts/Palumbi%202004a.pdf.
11. http://en.wikipedia.org/wiki/Yelloweye_rockfish.
12. Burton, E. J., A. H. Andrews, K. H. Coale, and G. M. Cailliet. 1999. "Application of radiometric age determination to three long-lived fishes using ^{210}Pb:^{226}Ra disequilibria in calcified structures: A review." In J. A. Musick (ed.). *Life in the Slow Lane: Ecology and Conservation of Long-Lived Marine Animals*. Special Publication 23. Bethesda, MD: American Fisheries Society, pp.77-87.
13. http://www.youtube.com/watch?v=6EVajpR95bI, timestamp 0:55-1:25.
14. http://www.youtube.com/watch?v=6EVajpR95bI, timestamp 2:30-3:30.
15. http://seagrant.uaf.edu/news/96ASJ/05.06.96_BowheadAge.html; 下記も参照。Noongwook, G., H. P. Huntington, and J. C. George. 2007. "Traditional knowledge of the bowhead whale (*Balaena mysticetus*) around St. Lawrence Island, Alaska." *Arctic* 60:47-54.
16. http://iwcoffice.org/conservation/lives.htm.
17. http://animals.nationalgeographic.com/animals/mammals/right-whale/.
18. John, C., and J. R. Bockstoce. 2008. "Two historical weapon fragments as an aid to estimating the longevity and movements of bowhead whales." *Polar Biology* 31:751-754.

19. http://news.nationalgeographic.com/news/2006/07/060713-whale-eyes_2.html.
20. George, J. C., J. Bada, J. Zeh, L. Scott, S. E. Brown, et al. 1999. "Age and growth estimates of bowhead whales (*Balaena mysticetus*) via aspartic acid racemization." *Canadian Journal of Zoology* 77:571-580; Rosa, C., J. Zeh, G. J. Craig, O. Botta, M. Zauscher, et al. 2012. "Age estimates based on aspartic acid racemization for bowhead whales (*Balaena mysticetus*) harvested in 1998-2000 and the relationship between racemization rate and body temperature." *Marine Mammal Science* 29:424-445.
21. http://iwcoffice.org/conservation/status.htm.
22. Clapham, P., S. Young, and R. Brownell Jr. 1999. *Baleen Whales: Conservation Issues and the Status of the Most Endangered Populations*. Paper 104. Washington, DC: U.S. Department of Commerce; http://digitalcommons.unl.edu/usdeptcommercepub/104.
23. Lubetkin, S. C., J. E. Zeh, C. Rosa, and J. C. George. 2008. "Age estimation for young bowhead whales (*Balaena mysticetus*)." *Canadian Journal of Zoology* 86:525-538. doi: 10.1139/Z08-028.
24. http://www.demogr.mpg.de/longevityrecords/0303.htm.
25. Medawar, P. 1957. *An Unsolved Problem in Biology*. London: H. K. Lewis and Co.
26. Zug, G. R., and J. F. Parham. 1996. "Age and growth in leatherback turtles, *Dermochelys coriacea* (Testudines: Dermochelyidae): A skeletochronological analysis." *Chelonian Conservation Biology* 2:244-249.
27. Eckert, K. L., and C. Luginbuhl. 1988. "Death of a giant." *Marine Turtle Newsletter* 43:2-3.
28. Shine, R., and J. B. Iverson. 1995. "Patterns of survival, growth and maturation in turtles." *Oikos* 72:343-348.
29. Zug, G. R., G. H. Balazs, J. A. Wetherall, D. M. Parker, K. Shawn, and K. Murakavua. 2002. "Age and growth of Hawaiian green seaturtles (*Chelonia mydas*): An analysis based on skeletochronology." *Fishery Bulletin* 100:117-127.
30. Elgar, M. A., and L. J. Heaphy. 1989. "Covariation between clutch size, egg weight and egg shape: Comparative evidence for chelonians." *Journal of Zoology* 219:137-152.
31. オサガメに関しては、平均的なメスは3.2年に一度しか生まれ故郷の浜辺に戻らないと推定する研究がある。 Reina, R. D., P. A. Mayor, J. R. Spotila, R. Piedra, and F. V. Paladino. 2002. "Nesting ecology of the leatherback turtle, *Dermochelys coriacea*, at Parque Nacional Marino Las Baulas, Costa Rica: 1988-1989 to 1999-2000." *Copeia* 2002:653-664.
32. Chaloupka, M., and C. Limpus. 2002. "Survival probability estimates for the endangered loggerhead sea turtle resident in southern Great Barrier Reef waters." *Marine Biology* 140:267-277.
33. Carr, A. 1987. "New perspectives on the pelagic stage of sea turtle development." *Conservation Biology* 1:103-121.
34. Reported by N. Angier in 2006 at http://www.nytimes.com/2006/12/12/science/12turt.html.
35. http://oceanexplorer.noaa.gov/explorations/06laserline/background/blackcoral/blackcoral.html.
36. http://www.sciencecodex.com/stanford_researchers_say_living_corals_thousands_of_years_old_hold_clues_to_past_climate_changes_0.
37. http://blogs.sciencemag.org/newsblog/2008/02/methuselah-of-t.html.
38. Roark, E. B., T. P. Guilderson, R. B. Dunbar, S. J. Fallon, and D. A. Mucciarone. 2009. "Extreme longevity in proteinaceous deep-sea corals." *Proceedings of the National Academy of Sciences, USA* 106:5204-5208. doi: 10.1073/pnas.0810875106.
39. http://news.discovery.com/earth/caribbean-black-coral-date-back-to-jesus-110405.html.

40. Piraino, S., D. De Vito, J. Schmich, J. Bouillon, and F. Boero. 2004. "Reverse development in Cnidaria." *Canadian Journal of Zoology* 82:1748-1754.

41. Piraino, S., F. Boero, B. Aeschbach, and V. Scmid. 1996. "Reversing the life cycle: Medusae transforming into polyps and cell transdifferentiation in *Turritopsis nutricula* (Cnidaria, Hydrozoa)." *Biology Bulletin* 190:302-312.

42. http://blogs.discovermagazine.com/discoblog/2009/01/29/the-curious-case-of-the-immortal-jellyfish/.

43. http://news.nationalgeographic.com/news/2009/01/090130-immortal-jellyfish-swarm.html.

第7章

1. 魚の遊泳速度のリストは FishBase を参照。http://www.fishbase.org/Topic/List.php?group=32.

2. Ellis, R. 2013. *Swordfish: A Biography of the Ocean Gladiator*. Chicago: Universityof Chicago Press.

3. Lee, H. J., Y. J. Jong, L. M. Chang, and W. L. Wu. 2009. "Propulsion strategy analysis of high-speed swordfish." *Transactions of the Japan Society for Aeronautical and Space Sciences* 52:11-20.

4. De Sylva, D. P. 1957. "Studies on the age and growth of the Atlantic sailfish, *Istiophorus americanus* (Cuvier), using length-frequency curves." *Bulletin of Marine Science* 7:1-20.

5. http://en.wikipedia.org/wiki/Sailfish.

6. Block, B., D. Booth, and F. G. Carey. 1992. "Direct measurement of swimming speeds and depth of blue marlin." *Journal of Experimental Biology* 166:267-284.

7. しかもそれは記憶なのだ！　彼らの記録はすべて火事で失われてしまった。だがロング・キーの釣り人たちは、3秒で90メートルの糸が繰り出されたことを覚えていた。Ellis, *Swordfish*, p.156 参照。

8. Walters, V., and H. L. Fierstine. 1964. "Measurements of swimming speeds of yellowfin tuna and wahoo." *Nature* 202:208-209.

9. http://seagrant.gso.uri.edu/factsheets/swordfish.html.

10. Carey, F. G., J. M. Teal, J. W. Kanwisher, K. D. Lawson, and J. S. Beckett. 1971. "Warm-bodied fish." *American Zoologist* 11:137-143.

11. Agris, P. F., and I. D. Campbell. 1979. "A brain heater in the swordfish." *Science* 205:160; Block, B. A. 1987. "Billfish brain and eye heater: A new look at nonshivering heat production." *Physiology* 2:208-213; Block, B. A. 1986. "Structure of the brain and eye heater tissue in marlins, sailfish, and spearfishes." *Journal of Morphology* 190:169-189; 下記も参照。http://greenrage.wordpress.com/2008/05/16/anatomy-week-brain-heaters-in-marlins-and-sailfish/.

12. Fritsches, K. A., R. W. Brill, and E. J. Warrant. 2005. "Warm eyes provide superior vision in swordfishes." *Current Biology* 15:55-58.

13. http://www.fishbase.org.

14. Denny, M. W. 1993. *Air and Water: The Biology and Physics of Life's Media*. Princeton, NJ: Princeton University Press.

15. http://www.discoverlife.org/20/q?search=Exocoetus+volitans&b=FB1032.

16. Davenport, J. 1992. "Wing loading, stability, and morphometric relationships in flying fish (Exocoetidae) from the North Eastern Atlantic." *Journal of the Marine Biology Association, UK* 72:25-39.

17. http://www.montereybayaquarium.org/animals/AnimalDetails.aspx?enc=VsGX+Lst7QZT1ija0iwiEA.

18. Fish, F. E. 1990. "Wing design and scaling of flying fish with regard to flight performance." *Journal*

of Zoology, London 221:391-403.
19. Oxenford, H. A., and W. Hunte. 1999. "Feeding habits of the dolphinfish (*Coryphaena hippurus*) in the eastern Caribbean." *Scientia Marina* 63:303-315. doi: 10.3989/scimar.1999.63n3-4317.
20. Au, D., and D. Weihs. 1980. "At high speeds dolphins save energy by leaping." *Nature* 284:548-550.
21. http://en.wikipedia.org/wiki/Humpback_whale.
22. http://en.wikipedia.org/wiki/Fin_whale.
23. Clapham, P. J., and J. G. Mead. 1999. "*Megaptera novaeangliae.*" *Mammalian Species* 604:1-9.
24. Fish, F. E., L. E. Howle, and M. M. Murray. 2008. "Hydrodynamic flow control in marine mammals." *Integrative and Comparative Biology* 48:788-800.
25. http://www.nextenergynews.com/news1/next-energy-news3.7b.html.
26. http://www.gizmag.com/bumpy-whale-fins-set-to-spark-a-revolution-in-aerodynamics/9020/.
27. Castro, P., and M. Huber. 2000. *Marine Biology*, third edition. Boston: McGraw-Hill, pp.119-121.
28. http://lyle.smu.edu/~pkrueger/propulsion.htm.
29. http://en.wikipedia.org/wiki/Squid_giant_axon.
30. O'Dor, R., J. Stewart, W. Gilly, J. Payne, T Cerveira Borges, and T. Thys. 2012. "Squid rocket science: How squid launch into air." *Deep Sea Research Part II: Topical Studies in Oceanography.* http://dx.doi.org/10.1016/j.dsr2.2012.07.002.
31. Muramatsu, K., J. Yamamoto, T. Abe, K. Sekiguchi, N. Hoshi, and Y. Sakurai. 2013. "Oceanic squid do fly." *Marine Biology* 160:1171-1175.
32. http://www.gma.org/lobsters/allaboutlobsters/society.html; http://slgo.ca/en/lobster/context/foodchain.html.
33. http://marinebio.org/species.asp?id=533.
34. Nauen, J. C., and R. E. Shadwick. 1999. "The scaling of acceleratory aquatic locomotion: Body size and tail-flip performance of the California spiny lobster *Panulirus interruptus.*" *Journal of Experimental Biology* 202:3181-3193; http://jeb.biologists.org/cgi/reprint/202/22/3181.pdf.
35. もちろん、読者のブガッティがロブスターのように1秒間しか加速できなければ、返品を考えたほうがいいだろう。http://en.wikipedia.org/wiki/List_of_fastest_production_cars_by_acceleration.
36. Edwards, D. H., W. J. Heitler, and F. B. Krasne. 1999. "Fifty years of a command neuron: The neurobiology of escape behavior in the crayfish." *Trends in Neurosciences* 22:153-161; あるいは http://en.wikipedia.org/wiki/Caridoid_escape_reaction.
37. Edwards et al., "Fifty years of a command neuron."
38. http://en.wikipedia.org/wiki/Caridoid_escape_reaction.
39. Wine, J. J., and F. B. Krasne. 1972. "The organization of escape behaviour in the crayfish." *Journal of Experimental Biology* 56:1-18.
40. http://en.wikipedia.org/wiki/Command_neuron.
41. http://en.wikipedia.org/wiki/Alpheidae.
42. Johnson, M. W., F. A. Everest, and R. W. Young. 1947. "The role of snapping shrimp (*Crangon and Synalpheus*) in the production of underwater noise in the sea." *Biological Bulletin* 93:122-138.
43. Versluis, M., B. Schmitz, A. von der Heydt, and D. Lohse. 2000. "How snapping shrimp snap: Through cavitating bubbles." *Science* 289:2114-2117; http://www.youtube.com/watch?v=XC6I8iPiHT8.
44. Lohse, D., B. Schmitz, and M. Versluis. 2001. "Snapping shrimp make flashing bubbles." *Nature* 413:477-478; 下記も参照。http://news.nationalgeographic.com/ news/2001/10/1003_

SnappingShrimp.html.
45. Lohse et al., "Snapping shrimp make flashing bubbles."
46. エメット・ダフィーによる研究を参照。例えば Duffy, J. E. 2003. "The ecology and evolution of eusociality in sponge-dwelling shrimp." In T. Kikuchi, S. Higashi, and N. Azuma (eds.). *Genes, Behaviors, and Evolution in Social Insects.* Sapporo, Japan: University of Hokkaido Press, pp.217-252. この小さなエビをBBCの自然ドキュメンタリー「ブルー・プラネット」で見てみることをエメットは勧めている。http://www.youtube.com/watch?v=z735I4m8F8c.
47. Clapham, P. J. 2000. "The humpback whale." In J. Mann (ed.). *Cetacean Societies: Field Studies of Dolphins and Whales.* Chicago: University of Chicago Press, pp.173-198.
48. Rice, D. W., A. A. Wolman, and H. W. Braham. 1984. "The gray whale, *Eschrichtius robustus.*" *Marine Fisheries Review* 46(4):7-14.
49. http://www.npr.org/blogs/thesalt/2012/07/24/157317262/how-many-calories-do-olympic-athletes-need-it-depends.
50. シロナガスクジラの回遊については下記を参照。
Mate, B. R., B. A. Lagerquist, and J. Calambokidis. 1999. "Movements of North Pacific blue whales during the feeding season off southern California and their southern fall migration." *Marine Mammal Science* 15:1246-1257.
51. Fish et al., "Hydrodynamic flow control"; http://icb.oxfordjournals.org/content/48/6/788.full.
52. Fish et al., "Hydrodynamic flow control."
53. シロナガスクジラについては http://acsonline.org/fact-sheets/blue-whale-2/. を参照。
54. Grebmeier, J. M. 2012. "Shifting patterns of life in the Pacific Arctic and sub-Arctic Seas." *Marine Science* 4:63-78.
55. Alter, S. E., E. Rynes, and S. R. Palumbi. 2007. "DNA evidence for historic population size and past ecosystem impacts of gray whales." *Proceedings of the National Academy of Sciences, USA* 104:15162-15167.
56. http://www.nature.com/news/2011/110504/full/473016a.html.
57. http://en.wikipedia.org/wiki/Albatross; 下記も参照。http://youtu.be/MBAr_aGaGA8?t=1m26s.
58. "Grey-headed albatross," http://youtu.be/sUJx_At0sug.
59. http://en.wikipedia.org/wiki/Wandering_Albatross.
60. Safina, C. 2002. *Eye of the Albatross: Visions of Hope and Survival.* New York: Henry Holt and Company.
61. Pennycuick, C. J. 1982. "The flight of petrels and albatrosses (Procellariiformes), observed in South Georgia and its vicinity." *Philosophical Transactions of the Royal Society of London B* 300:75-106.
62. Weimerskirch, H., T. Guionnet, J. Martin, S. A. Shaffer, and D. P. Costa. 2000. "Fast and fuel efficient? Optimal use of wind by flying albatrosses." *Proceedings of the Royal Society of London B* 267:1869-1874.
63. Rayleigh, J.W.S. 1883. "The soaring of birds." *Nature* 27:534-535; http://en.wikipedia.org/wiki/Dynamic_soaring.
64. Richardson, P. L. 2011. "How do albatrosses fly around the world without flapping their wings?" *Progress in Oceanography* 88:46-58.
65. Richardson, "How do albatrosses fly?" p.56.
66. Lecomte, V. J., G. Sorci, S. Cornet, A. Jaeger, B. Faivre, et al. 2010. "Patterns of aging in the long-lived wandering albatross." *Proceedings of the National Academy of Sciences, USA* 107:6370-6375.

67. Coleridge, S. T. 1798. *The Rime of the Ancient Mariner*, Part II. Online at http://www.online-literature.com/coleridge/646.「古老の船乗り」『対訳コウルリッジ詩集』上島建吉編、岩波書店、2002年、p.217。

第8章

1. Somero, G. N., and A. L. DeVries. 1967. "Temperature tolerance of some Antarctic fishes." *Science* 156:257-258.

2. 本書では一貫して華氏表記しているが、科学論文ではほとんどで摂氏で記載されている（訳註：訳文では摂氏表記している。原文で華氏と摂氏が併記されている箇所では華氏を省き、華氏のみの場合は摂氏に換算した）。

3. Lutz, R. A. 2012. "Deep-sea hydrothermal vents." In E. Bell (ed.). *Life at Extremes: Environments, Organisms and Strategies for Survival*. Wallingford, UK: CABI, pp.242-270.

4. Desbruyères, D., and L. Laubier. 1980. "*Alvinella pompejana* gen. sp. nov., Ampharetidae aberrant des sources hydrothermales de la ride Est-Pacifique." *Oceanologica Acta* 3:267-274; Ravaux, J., G. Hamel, M. Zbinden, A. A. Tasiemski, I. Boutet, et al. 2013. "Thermal limit for metazoan life in question: In vivo heat tolerance of the Pompeii worm." *PLoS One* 8: e64074.

5. http://www.exploratorium.edu/aaas-2001/dispatches/thermal_worm.html.

6. Desbruyères and Laubier, "*Alvinella pompejana* gen. sp. nov."

7. Ravaux et al., "Thermal limit for metazoan life."

8. 無料閲覧できる優れた簡潔な概説としては、Ravaux et al., "Thermal limit for metazoan life" を参照。

9. Jollivet, D., J. Mary, N. Gagnière, A. Tanguy, E. Fontanillas, et al. 2012. "Proteome adaptation to high temperatures in the ectothermic hydrothermal vent Pompeii worm." *PLoS One* 7:e31150. doi: 10.1371/journal.pone.0031150.

10. もちろんそれは、深海のチューブ・ワーム、次の節で触れるエビ、噴出孔に棲む大部分の動物のように共生細菌を持っている。DNAの配列については下記参照。http://www.jgi.doe.gov/sequencing/why/3135.html.

11. Ravauxらはこれを成し遂げたようだ。

12. http://www.untamedscience.com/biology/world-biomes/deep-sea-biome.

13. 今度焚き火か暖炉にあたるときには、このような実験をしてみるといいだろう。1分ほど顔で暖かさを感じる。次に空のコップを顔の正面に掲げる。暖かさは減るがまだ感じられる。今度はコップに水を満たす。すると暖かくなくなってしまう。熱がコップの水に吸収されたのだ。

14. Castro, P., and M. Huber. 2000. *Marine Biology*, third edition. Boston: McGraw-Hill, p.351.

15. Hügler, M., J. M. Petersen, N. Dubilier, J. F. Imhoff, and S. M. Sievert. 2011. "Pathways of carbon and energy metabolism of the epibiotic community associated with the deep-sea hydrothermal vent shrimp *Rimicaris exoculata*." *PLoS One* 6:e16018.

16. Van Dover, C. L., E. Z. Szuts, S. C. Chamberlain, and J. R. Cann. 1989. "A novel eye in 'eyeless' shrimp from hydrothermal vents of the Mid-Atlantic Ridge." *Nature* 337:458-460; http://deepseanews.com/2010/04/the-eye-of-the-vent-shrimp/.

17. O'Neill, P. J., R. N. Jinks, E. D. Herzog, B. A. Battelle, L. Kass, G. H. Renninger, and S. C. Chamberlain. 1995. "The morphology of the dorsal eye of the hydrothermal vent shrimp, *Rimicaris exoculata*." *Visual Neuroscience* 12:861-875.

18. Pelli, D. G., and S. C. Chamberlain. 1989. "The visibility of 350°C black-body radiation by the shrimp *Rimicaris exoculata* and man." *Nature* 337:460-461; http://www.nature.com/nature/journal/v337/

n6206/abs/337460a0.html.

19. 査読者と支持者はエビよりもこの点について、哲学的な議論を活発に行なっている。このエビは本当に目が見えないのか？　まあ、そう言っていいだろう、光は見えるけど。眼を持っているじゃないか？　ええ、まあ、頭にはついていないけど。見えるんじゃないのか？　ええ、まあ、像は見えないけど。眼を閉じて、首の後ろで捉えた熱の感覚で少しずつ進もうとするとき、それは目が見えず手探りで歩くと言えるのだろうか？　「眼を持たない　裂け目のエビ」が間違った呼び名かどうか、ぜひ読者自身で判断していただきたい。
20. http://www.stanford.edu/group/microdocs/whatisacoral.html.
21. Castro and Huber, *Marine Biology*, pp.282-284.
22. Wilkinson C. 2000. *Status of Coral Reefs of the World: 2000*. Townsville, Australia: Global Coral Reef Monitoring Network and Australian Institute of Marine Science.
23. Wilkinson, *Status of Coral Reefs*, pp.104-105.
24. Grigg, R. W. 1982. "Darwin Point: A threshold for atoll formation." *Coral Reefs* 1:29-34.
25. Castro and Huber, *Marine Biology*, pp.282-283.
26. Jokiel, P., and S. Coles. 1990. "Response of Hawaiian and other Indo-Pacific reef corals to elevated temperature." *Coral Reefs* 8:155-162.
27. 白化を起こす温度は、１カ月の平均最高温度プラス１℃である。
28. http://www.telegraph.co.uk/earth/earthnews/7896403/Coral-reefs-suffer-mass-bleaching.html.
29. 現在の地図は下記で見られる。 http://www.osdpd.noaa.gov/ml/ocean/cb/dhw.html.
30. http://alumni.stanford.edu/get/page/magazine/article/?article_id=28770.
31. 歴史的な概要は下記を参照。Mergner, H. 1984. "The ecological research on coral reefs of the Red Sea." *Deep Sea Research A. Oceanographic Research Papers* 31:855-884.
32. Cantin, N. E., A. L. Cohen, K. B. Karnauskas, A. M. Tarrant, and D. C. McCorkle. 2010. "Ocean warming slows coral growth in the central Red Sea." *Science* 329:322-325. doi 10.1126/science.1190182. http://re.indiaenvironmentportal.org.in/files/Ocean%20warming.pdf; http://www.sciencedaily.com/releases/2010/07/100715152909.htm.
33. http://www.stanford.edu/group/microdocs/typesofreefs.htm.
34. Darwin, C. 1842. *The Structure and Distribution of Coral Reefs. Being the First Part of the Geology of the Voyage of the* Beagle, *under the Command of Capt. Fitzroy, R.N. during the Years 1832 to 1836*. London: Smith Elder and Co., chapter 6;
http://www.readbookonline.net/read/63216/112102/.
35. http://www.britannica.com/EBchecked/topic/176462/East-African-Rift-System.
36. Roberts, C. M., A. R. Dawson Shepherd, and R.F.G. Ormond. 1992. "Large-scale variation in assemblage structure of Red Sea butterflyfishes and angelfishes." *Journal of Biogeography* 19:239-250.
37. http://www.richardfield.freeservers.com/newdir/butterfl.htm.
38. Hsu, K., J. Chen, and K. Shao. 2007. "Molecular phylogeny of *Chaetodon* (Teleostei: Chaetodontidae) in the Indo-West Pacific: Evolution in geminate species pairs and species groups." *Raffles Bulletin of Zoology Supplement* 14:77-78.
39. Lampert-Karako, S., N. Stambler, D. J. Katcoff, Y. Achituv, Z. Dubinsky, and N. Simon-Blecher. 2008. "Effects of depth and eutrophication on the zooxanthella clades of *Stylophora pistillata* from the Gulf of Eilat (Red Sea)." *Aquatic Conservation: Marine and Freshwater Ecosystems* 18:1039-1045. doi: 10.1002/aqc.927.

40. Cantin et al., "Ocean warming slows coral growth."
41. Cantin et al., "Ocean warming slows coral growth."
42. http://en.wikipedia.org/wiki/Gulf_of_California.
43. Brownell, R. L., Jr. 1986. "Distribution of the vaquita, *Phocoena sinus*, in Mexican waters." *Marine Mammal Science* 2:299-305.
44. http://vaquita.tv/documentary/introduction/.
45. http://swfsc.noaa.gov/textblock.aspx?Division=PRD&ParentMenuId=229&id=13812.
46. http://swfsc.noaa.gov/textblock.aspx?Division=PRD&ParentMenuId=229&id=13812.
47. Norris, K. S., and W. N. McFarland. 1958. "A new harbor porpoise of the genus *Phocoena* from the Gulf of California." *Journal of Mammalogy* 39:22-39; http://www.iucn-csg.org/index.php/vaquita/.
48. Rosel, P. E., M. G. Haygood, and W. F. Perrin. 1995. "Phylogenetic relationships among the true porpoises (Cetacea: Phocoenidae)." *Molecular Phylogenetics and Evolution* 4:463-474; http://en.wikipedia.org/wiki/Spectacled_porpoise.
49. Somero, G. N., and A. L. DeVries. 1967. "Temperature tolerance of some Antarctic fishes." *Science* 156:257-258.
50. Jollivet et al., "Proteome adaptation to high temperatures."
51. Stillman, J. H. 2003. "Acclimation capacity underlies susceptibility to climate change." *Science* 301:65.

第9章

1. Daston, L., and K. Park. 2001. *Wonders and the Order of Nature, 1150-1750*. New York: Zone Books, pp.255-302.
2. http://www.narwhal.org/NarwhalIntro.html.
3. Heide-Jørgensen, M. P., and K. L. Laidre. 2006. *Greenland's Winter Whales: The Beluga, the Narwhal and the Bowhead Whale*. B. M. Jespersen (ed.). Nuuk, Greenland: Ilinniusiorfik Undervisningsmiddelforlag, pp.100-125.
4. Laidre, K. L., and Heide-Jørgensen, M. P. 2005. "Winter feeding intensity of narwhals (*Monodon monoceros*)." *Marine Mammal Science* 21:45-57; http://www.britannica.com/blogs/2011/03/legend-mystery-narwhal/. 両文献とも地域のイッカクに関する口承についても手短に述べている。
5. Daston and Park, *Wonders and the Order of Nature*.
6. http://acsonline.org/fact-sheets/narwhal/.
7. Silverman, H. B., and M. J. Dunbar. 1980. "Aggressive tusk use by the narwhal (*Monodon monoceros*)." *Nature* 284:56-57.
8. もちろん同じことはスポーツカーにも言える。
9. Laidre, K. L., M. P. Heide-Jørgensen, O. A. Jørgensen, and M. A. Treble. 2004. "Deep-ocean predation by a high Arctic cetacean." *ICES Journal of Marine Science* 61:430-440. doi: 10.1016/j.icesjms.2004.02.002; http://icesjms.oxfordjournals.org/content/61/3/430.full.
10. Laidre et al., "Deep-ocean predation."
11. Laidre, K. L., M. P. Heide-Jørgensen, R. Dietz, R. C. Hobbs, and O. A. Jørgensen. 2003. "Deep-diving by narwhals *Monodon monoceros*: Differences in foraging behavior between wintering areas?" *Marine Ecology Progress Series* 261:269-281; http://www.int-res.com/abstracts/meps/v261/p269-281/.
12. http://smithsonianscience.org/2012/03/new-fossil-whale-species-raises-mystery-regarding-why-

narwhals-and-belugas-live-only-in-cold-water/.
13. http://smithsonianscience.org/2012/03/new-fossil-whale-species-raises-mystery-regarding-why-narwhals-and-belugas-live-only-in-cold-water/.
14. Wilson, D. E., M. A. Bogan, R. L. Brownell Jr., A. M. Burdin, and M. K. Maminov. 1991. "Geographic variation in sea otters, *Enhydra lutris*." *Journal of Mammalogy* 72:22-36.
15. http://en.wikipedia.org/wiki/Kelp.
16. Williams, T. D., D. D. Allen, J. M. Groff, and R. L. Glass. 1992. "An analysis of California sea otter (*Enhydra lutris*) pelage and integument." *Marine Mammal Science* 8:1-18.
17. Palumbi, S. R., and C. Sotka. 2010. *The Death and Life of Monterey Bay: A Story of Revival*. Washington, DC: Island Press, chapter 2.
18. Palumbi and Sotka, *The Death and Life of Monterey Bay*, chapter 2.
19. Palumbi and Sotka, *The Death and Life of Monterey Bay*, chapter 2.
20. Palumbi and Sotka, *The Death and Life of Monterey Bay*, chapter 2.
21. http://osprey.bcodmo.org/project.cfm?id=188&flag=view.
22. Bolin, R. L. 1938. "Reappearance of the southern sea otter along the California coast." *Journal of Mammalogy* 19:301-303.
23. Bolin, "Reappearance of the southern sea otter."
24. Palumbi and Sotka, *The Death and Life of Monterey Bay*, chapter 2.
25. Duggins, D. O. 1980. "Kelp beds and sea otters: An experimental approach." *Ecology* 61:447-453; http://dx.doi.org/10.2307/1937405.
26. http://en.wikipedia.org/wiki/Southern_Ocean; Castro, P., and M. Huber. 2000. *Marine Biology*, third edition. Boston: McGraw-Hill.
27. Logsdon Jr., J. M., and W. F. Doolittle. 1997. "Origin of antifreeze protein genes: A cool tale in molecular evolution." *Proceedings of the National Academy of Sciences, USA* 94:3485-3487; http://www.pnas.org/content/94/8/3485.full.
28. http://www.msnbc.msn.com/id/13426864/ns/technology_and_science-science/.
29. Lodgson and Doolittle, "Origin of antifreeze protein genes."
30. Knight, C. A., A. L. De Vries, L. D. Oolman, L. D. 1984. "Fish antifreeze protein and the freezing and recrystallization of ice." *Nature* 308:295-296; http://www.nature.com/nature/journal/v308/n5956/abs/308295a0.html.
31. http://www.listener.co.nz/current-affairs/science/fishing-in-antarctica/.
32. Evans, C. W., V. Gubala, R. Nooney, D. E. Williams, M. A. Brimble, and A. L. Devries. 2011. "How do Antarctic notothenioid fishes cope with internal ice? A novel function for antifreeze glycoproteins." *Antarctic Science* 23:57-64.
33. http://www.exploratorium.edu/origins/antarctica/ideas/fish4.html.
34. Cheng, C.H.C. 1998. "Evolution of the diverse antifreeze proteins." *Current Opinion in Genetics and Development* 8:715-720.
35. http://www.rcsb.org/pdb/education_discussion/molecule_of_the_month/download/Antifreeze-Prot.pdf.
36. http://www.nytimes.com/2006/07/26/dining/26cream.html?_r=1.
37. http://www.food.gov.uk/multimedia/pdfs/ispfactsheet.
38. Macdonald, A., and C. Wunsch 1996. "An estimate of global ocean circulation and heat fluxes." *Nature* 382:436-439.

39. Smith, R. C., D. G. Martinson, S. E. Stammerjohn, R. A. Iannuzzi, and K. Ireson. 2008. "Bellingshausen and western Antarctic Peninsula region: Pigment biomass and sea-ice spatial/temporal distributions and interannual variabilty." *Deep Sea Research Part II: Topical Studies in Oceanography* 55:1949-1963.
40. Atkinson, A., V. Siegel, E. A. Pakhomov, M. J. Jessopp, and V. Loeb. 2009. "A re-appraisal of the total biomass and annual production of Antarctic krill." *Deep Sea Research Part I: Oceanographic Research Papers* 56:727-740.
41. http://en.wikipedia.org/wiki/Antarctic_krill.
42. http://www.coolantarctica.com/Antarctica%20fact%20file/wildlife/antarctic_animal_adaptations.htm.
43. Marschall, H. P. 1988. "The overwintering strategy of Antarctic krill under the pack ice of the Weddell Sea." *Polar Biology* 9:129-135.
44. http://www.afsc.noaa.gov/nmml/education/pinnipeds/crabeater.php; http://animaldiversity.ummz.umich.edu/site/accounts/information/Lobodon_carcinophaga.html; Klages, N., and V. Cockcroft. 1990. "Feeding behaviour of a captivecrabeater seal." *Polar Biology* 10:403-404.
45. http://en.wikipedia.org/wiki/Trophic_level#Biomass_transfer_efficiency.
46. Alter, S. E., S. D. Newsome, and S. R. Palumbi. 2012. "Pre-whaling genetic diversity and population ecology in eastern Pacific grey whales: Insights from ancient DNA and stable isotopes." *PLoS One* 7:e35039.
47. Hilborn, R., T. A. Branch, B. Ernst, A. Magnusson, C. V. Minte-Vera, et al. 2003. "State of the world's fisheries." *Annual Review of Environment and Resources* 28:359-99; Clapham, P. J., and C. S. Baker. 2009. "Modern whaling." In W. F. Perrin B. Würsig, and J.G.M. Thewissen (eds.). *Encyclopedia of Marine Mammals*, second edition, volume 2. New York: Academic Press, pp. 1328-1332.
48. Fraser, W. R., W. Z. Trivelpiece, D. G. Ainley, and S. G. Trivelpiece. 1992. "Increases in Antarctic penguin populations: Reduced competition with whales or a loss of sea ice due to environmental warming?" *Polar Biology* 11:525-531.
49. http://www.mofa.go.jp/policy/economy/fishery/whales/iwc/minke.html.
50. C. Scott Baker, personal communication, April 2013.
51. Ruegg, K., E. Anderson, C. S. Baker, M. Vant, J. Jackson, and S. R. Palumbi. 2010. "Are Antarctic minke whales unusually abundant because of 20th century whaling?" *Molecular Ecology* 19:281-291.
52. http://www.lenfestocean.org/press-release/new-study-suggests-minke-whales-are-not-preventing-recovery-larger-whales-0.
53. Fraser et al., "Increases in Antarctic penguin populations."
54. "Power from the sea." *Popular Mechanics*, December 1930.
55. http://www.isla.hawaii.edu/komnet/studies.php.
56. http://www.energysavers.gov/renewable_energy/ocean/index.cfm/mytopic=50010.
57. Othmer, D. F., and O. A. Roels. 1973. "Power, fresh water, and food from cold, deep sea water." *Science* 182:121-125. doi: 10.1126/science.182.4108.121.
58. War, J. C. 2011. "Land-based temperate species mariculture in warm tropical Hawaii." Oceans 2011 Conference Proceedings, Kona, Hawaii, September 19-22. http://ieeexplore.ieee.org/xpls/abs_all.jsp?arnumber=6107220&tag=1.

59. War, "Land-based temperate species mariculture."
60. http://www.energysavers.gov/renewable_energy/ocean/index.cfm/mytopic=50010.
61. Barbeitos, M. S., S. L. Romano, and H. R. Lasker. 2010. "Repeated loss of coloniality and symbiosis in scleractinian corals." *Proceedings of the National Academy of Sciences, USA* 107:11877-11882.
62. Cartwright, P., and A. Collins. 2007. "Fossils and phylogenies: Integrating multiple lines of evidence to investigate the origin of early major metazoan lineages." *Integrative and Comparative Biology* 47:744-751.
63. http://www.mareco.org/khoyatan/spongegardens/introduction.
64. http://wsg.washington.edu/communications/seastar/stories/a_07.html.
65. Conway, K. W., M. Krautter, J. V. Barrie, and M. Neuweiler. 2001. "Hexactinellid sponge reefs on the Canadian continental shelf: A unique 'living fossil.'" *Geoscience Canada* 28(2):71-78.
66. Brümmer, F., M. Pfannkuchen, A. Baltz, T. Hauser, and V. Thiel. 2008. "Light inside sponges." *Journal of Experimental Marine Biology and Ecology* 367:61-64.
67. http://arctic.synergiesprairies.ca/arctic/index.php/arctic/article/viewFile/1636/1615.
68. http://en.wikipedia.org/wiki/Roald_Amundsen.
69. http://www.norway.org/aboutnorway/history/expolorers/amundsen/.
70. Vermeij, G. J. 1991. "Anatomy of an invasion: The Trans-Arctic Interchange." *Paleobiology* 17:281-307.
71. http://www.ncdc.noaa.gov/paleo/abrupt/data2.html.
72. http://en.wikipedia.org/wiki/Eemian; also called the Sangamonian interglacial stage in North America.
73. Bryant, P. J. 1995. "Dating remains of grey whales from the eastern North Atlantic." *Journal of Mammalogy* 76:857-861. doi: 10.2307/1382754. JSTOR 1382754.
74. http://www.earthtimes.org/nature/grey-whale-eastern-pacific/1978/.
75. http://www.nasa.gov/topics/earth/features/icesat-20090707r.html.
76. http://www.journalgazette.net/article/20120819/NEWS04/308199949.

第10章

1. Fautin, D., and G. Allen. 1997. *Field Guide to Anemone Fishes and Their Host Sea Anemones*, second edition. Perth, Australia: Western Australian Museum.
2. Fricke, H., and S. Fricke. 1977. "Monogamy and sex change by aggressive dominance in coral reef fish." *Nature* 266:830-832.
3. Pietsch, T. W. 2009. *Oceanic Anglerfishes: Extraordinary Diversity in the Deep Sea*. Berkeley: University of California Press.
4. Saunders, B. 2012. *Discovery of Australia's Fishes: A History of Australian Ichthyology to 1930*. Collingwood, Australia: CSIRO Publishing.
5. Regan, C. T. 1925. "Dwarfed males parasitic on the females in oceanic anglerfishes (*Pediculati ceratioidea*)." *Proceedings of the Royal Society of London B* 97:386-400. doi: 10.1098/rspb.1925.0006; http://www.jstor.org/pss/1443462.
6. Pietsch, *Oceanic Anglerfishes*.
7. http://www.nature.com/nature/journal/v256/n5512/abs/256038a0.html.
8. Pietsch, *Oceanic Anglerfishes*.
9. Caspers, H. 1984. "Spawning periodicity and habitat of the palolo worm *Eunice viridis* (Polychaeta:

Eunicidae) in the Samoan Islands." *Marine Biology* 79:229-236. doi: 10.1007/BF00393254. 上記文献では属名が *Eunice* とされているが、現在では *Palola* のほうがよく使われている。
http://invertebrates.si.edu/palola/science.html 参照。

10. フロリダで７月に発生するパロロの繁殖群についての饒舌で面白い物語。Mayer, A. G. 1909. "The annual swarming of the Atlantic palolo." In *Proceedings of the 7th International Congress of Zoology*. Stanford, CA: Carnegie Institution for Science, pp.147-151.
11. Caspers, "Spawning periodicity and habitat."
12. Hofmann, D. K. 1974. "Maturation, epitoky and regeneration in the polychaete *Eunice siciliensis* under field and laboratory conditions." *Marine Biology* 25:149-161.
13. Stölting, K. N., and A. B. Wilson. 2007. "Male pregnancy in seahorses and pipefish: Beyond the mammalian model." *BioEssays* 29:884-896.
14. Casey, S. P., H. J. Hall, H. F. Stanley, and A. C. Vincent. 2004. "The origin and evolution of seahorses (genus *Hippocampus*): A phylogenetic study using the *cytochrome b* gene of mitochondrial DNA." *Molecular Phylogenetics and Evolution* 30:261-272.
15. タツノオトシゴについての興味深い概説は下記を参照。Foster, S. J., and A.C.J. Vincent. 2004. "Life history and ecology of seahorses: Implications for conservation and management." *Journal of Fish Biology* 65:1-61.
16. タツノオトシゴが獲物を呑みこむために使う高速吸引については下記に詳しい。 Bergert, B. A., and P. C. Wainwright. 1997. "Morphology and kinematics of prey capture in the syngnathid fishes *Hippocampus erectus* and *Syngnathus floridae*." *Marine Biology* 127:563-570.
17. Vincent, A. 1994. "The improbable seahorse." *National Geographic*, August.
18. http://news.nationalgeographic.com/news/2002/06/0614_seahorse_recov.html.
19. http://www.youtube.com/watch?v=e8EfAODDoRo.
20. http://www.independent.co.uk/environment/sex-life-of-a-seahorse-413329.html.
21. http://www.sciencenews.org/pages/pdfs/data/2000/157-11/15711-09.pdf.
22. http://www.youtube.com/watch?v=uKrkXXaRMUI&NR. でタツノオトシゴの出産が見られる。
23. Kvarnemo, C., G. I. Moore, A. G. Jones, W. S. Nelson, and J. C. Avise. 2000. "Monogamous pair bonds and mate switching in the Western Australian seahorse *Hippocampus subelongatus*." *Journal of Evolutionary Biology* 13:882-888.
24. Jones, A. G., G. I. Moore, C. Kvarnemo, D. Walker, and J. C. Avise. 2003. "Sympatric speciation as a consequence of male pregnancy in seahorses." *Proceedings of the National Academy of Sciences, USA* 100:6598-6603; Mattle, B., and A. B. Wilson. 2009. "Body size preferences in the pot-bellied seahorse *Hippocampus abdominalis*: Choosy males and indiscriminate females." *Behavioral Ecology and Sociobiology* 63:1403-1410.
25. http://academic.reed.edu/biology/courses/BIO342/2010_syllabus/2010_readings/berglund_2010.pdf; http://www.nature.com/news/2010/100317/full/news.2010.127.html; the original paper is Paczolt, K. A., and A. G. Jones. 2010. "Post-copulatory sexual selection and sexual conflict in the evolution of male pregnancy." *Nature* 464:401-404.
26. http://www.flmnh.ufl.edu/fish/Gallery/Descript/sergeantmajor/sergeantmajor.html; http://www.fishbase.us/summary/Abudefduf-vaigiensis.html.
27. http://animal.discovery.com/guides/fish/marine/damselintro.html.
28. リチャード・ハリスによる NRP のラジオ番組。
http://www.npr.org/templates/story/story.php?storyId=111743524.

29. Foster, S. A. 1987. "Diel and lunar patterns of reproduction in the Caribbean and Pacific sergeant major damselfishes: *Abudefduf saxatilis* and *A. troschelii*." *Marine Biology* 95:333-343.
30. Gronell, A. M. 1989. "Visiting behaviour by females of the sexually dichromatic damselfish, *Chrysiptera cyanea* (Teleostei: Pomacentridae): A probable method of assessing male quality." *Ethology* 81:89-122.
31. Keenleyside, M. H. 1972. "The behaviour of *Abudefduf zonatus* (Pisces, pomacentridae) at Heron Island, Great Barrier Reef." *Animal Behaviour* 20:763-774.
32. Hoelzer, G. A. 1992. "The ecology and evolution of partial-clutch cannibalism by paternal Cortez damselfish." *Oikos* 65:113-120.
33. Castro, P., and M. Huber. 2000. *Marine Biology*, third edition. Boston: McGraw-Hill, pp.173-175.
34. Robinson, P. W., D. P. Costa, D. E. Crocker, J. P. Gallo-Reynoso, C. D. Champagne, et al. 2012. "Foraging behavior and success of a mesopelagic predator in the northeast Pacific Ocean: Insights from a data-rich species, the northern elephant seal." *PLoS One* 7:e36728.
35. http://www.parks.ca.gov/?page_id=1115.
36. Le Boeuf, B. J., R. Condit, P. A. Morris, and J. Reiter. 2011. "The northern elephant seal (*Mirounga angustirostris*) rookery at Año Nuevo: A case study in colonization." *Aquatic Mammals* 37:486-501. doi: 10.1578/AM.37.4.2011.486.
37. http://www.parks.ca.gov/?page_id=1115.
38. Le Boeuf, B. J., and R. S. Peterson. 1969. "Social status and mating activity in elephant seals." *Science* 163:91-93. doi: 10.1126/science.163.3862.91.
39. http://www.marinebio.net/marinescience/05nekton/esrepro.htm.
40. Microsoft Encarta Online Encyclopedia. 2009. "Elephant seal." http://encarta.msn.com.
41. Sanvito, S., F. Galimberti, and E. H. Miller. 2007. "Having a big nose: Structure, ontogeny, and function of the elephant seal proboscis." *Canadian Journal of Zoology* 85:207-220.
42. Le Boeuf, B. J. 1974. "Male-male competition and reproductive success in elephant seals." *American Naturalist* 14:163-176; http://mirounga.ucsc.edu/leboeuf/pdfs/malemalecompetition.1974.pdf.
43. "Henry IV, Part 2," Act 3, Scene 1, Hal's opening soliloquy. 『ヘンリー４世』第２部３幕１場。
44. Le Boeuf, "Male-male competition."
45. Le Boeuf, B. J., and J. Reiter. 1988. "Lifetime reproductive success in northern elephant seals." In T. H. Clutton-Brock (ed.). *Reproductive Success: Studies of Individual Variation in Contrasting Breeding Systems*. Chicago: University of Chicago Press, pp.344-362.
46. Le Boeuf and Peterson, "Social status and mating activity in elephant seals."
47. http://www.royalbcmuseum.bc.ca/school_programs/octopus/index-part2.html.
48. http://bioweb.uwlax.edu/bio203/s2012/kalupa_juli/reproduction.htm.
49. Hochner B., T. Flash, C. Angisola, and L. Zullo. 2009. "Nonsomatotopic organization of the higher motor centers in octopus." *Current Biology* 19:1632-1636; http://www.ncbi.nlm.nih.gov/pubmed/19765993.
50. A motto from O'Dor, R. K., and D. M. Webber. 1986. "The constraints on cephalopods: Why squid aren't fish." *Canadian Journal of Zoology* 64:1591-1605 にあるモットー。
51. Wodinsky, J. 1977. "Hormonal inhibition of feeding and death in octopus: Control by optic gland secretion." *Science* 198:948-951.
52. Anderson, R. C., J. B. Wood, and R. A. Byrne. 2002. "Octopus senescence: The beginning of the

end." *Journal of Applied Animal Welfare Science* 5:275-283.
53. http://en.wikipedia.org/wiki/Tunicate; http://en.wikipedia.org/wiki/Botryllus_ schlosseri.
54. Stoner, D. S., B. Rinkevich, and I. L. Weissman. 1999. "Heritable germ and somatic cell lineage competitions in chimeric colonial protochordates." *Proceedings of the National Academy of Sciences, USA* 96:9148-9153.
55. Oren, M., M.-L. Escande, G. Paz, Z. Fishelson, and B. Rinkevich. 2008. "Urochordate histoincompatible interactions activate vertebrate-like coagulation system components." *PLoS One* 3:e3123. doi: 10.1371/journal.pone.0003123.
56. Bancroft, F. W. 1903. "Variation and fusion of colonies in compound ascidians." *Proceedings of the California Academy of Sciences* 3:137-186.
57. Rinkevich, B., and I. L. Weissman. 1992. "Allogeneic resorption in colonial protochordates: Consequences of nonself recognition." *Developmental and Comparative Immunology* 16:275-286.
58. Oren et al., "Urochordate histoincompatible interactions"; Scofield, V. 1997. "Sea squirt immunity: The AIDS connection." *MBL Science*, winter 1988-1989; http://hermes.mbl.edu/publications/pub_archive/Botryllus/Botryllus.revised.html. も参照。
59. Carpenter, M. A., J. H. Powell, K. J. Ishizuka, K. J. Palmeri, S. Rendulic, and A. W. De Tomaso. 2011. "Growth and long-term somatic and germline chimerism following fusion of juvenile *Botryllus schlosseri*." *Biological Bulletin* 220:57-70; Stoner et al., "Heritable germ and somatic cell lineage competitions."
60. L. Tolstoy. *Anna Karenina*, p. 1.
61. Bobko, S. J., and S. A. Berkeley. 2004. "Maturity, ovarian cycle, fecundity, and age-specific parturition of black rockfish (*Sebastes melanops*)." *Fishery Bulletin* 102:418-429.
62. O'Dor and Webber, "The constraints on cephalopods."
63. Berkeley, S. A., C. Chapman, and S. M. Sogard. 2004. "Maternal age as a determinant of larval growth and survival in a marine fish, *Sebastes melanops*." *Ecology* 85:1258-1264.
64. Marshall, D. J., S. S. Heppell, S. B. Munch, and R. R. Warner. 2010. "The relationship between maternal phenotype and offspring quality: Do older mothers really produce the best offspring?" *Ecology* 91:2862-2873; http://dx.doi.org/10.1890/09-0156.1.
65. Palumbi, S. R. 2002. *The Evolution Explosion*. New York: W. W. Norton での議論を参照。
66. 魚類において精子の経済学が予想外に精緻であることは、一部下記の中で検討されている。Warner, R. R. 1997. "Sperm allocation in coral reef fishes." *BioScience* 47:561-564.
67. 特に Ghiselin, M. T. 1974. *The Economy of Nature and the Evolution of Sex*. Berkeley: University of California Press を参照。

第11章

1. http://www.genomenewsnetwork.org/articles/08_03/hottest.shtml.
2. Donner, S. D. 2009. "Coping with commitment: Projected thermal stress on coal reefs under different future scenarios." *PLoS One* 4:e5712. 新しい2013IPCC報告書は、最新の気候予測を掲載している。http://www.climatechange2013.org/images/uploads/WGIAR5_WGI-12Doc2b_FinalDraft_Chapter11.pdf.
3. http://www.nature.com/news/ancient-migration-coming-to-america-1.10562.
4. http://opinionator.blogs.nytimes.com/2012/12/29/the-power-of-a-hot-body/ または映画『マトリックス』を参照。

5. http://www.huffingtonpost.com/2011/11/16/calories-cold-weather_n_1096331 .html.
6. Johnson, A. N., D. F. Cooper, and R.H.T. Edwards. 1977. "Exertion of stairclimbing in normal subjects and in patients with chronic obstructive bronchitis." *Thorax* 32:711-716; http://thorax.bmj.com/content/32/6/711.full.pdf.
7. Stillman, J. 2003. "Acclimation capacity underlies susceptibility to climate change." *Science* 301:65. doi: 10.1126/science.1083073.
8. Donner, S. D., W. J. Skirving, C. M. Little, M. Oppenheimer, and O. Hoegh-Guldberg. 2005. "Global assessment of coral bleaching and required rates of adaptation under climate change." *Global Change Biology* 11:2251-2265.
9. Cheung, W. W., V. W. Lam, J. L. Sarmiento, K. Kearney, R.E.G. Watson, et al. 2010. "Large-scale redistribution of maximum fisheries catch potential in the global ocean under climate change." *Global Change Biology* 16:24-35.
10. http://co2now.org/Current-CO2/CO2-Now/global-carbon-emissions.html.
11. http://www.epa.gov/climatechange/images/indicator_downloads/acidit-download1-2012.png.
12. pHは水中の水素イオンの濃度を示す単位、酸性度の単位である。目盛りは0から14まであり、7が中性、数値が下がるほど酸の濃度が指数的に増すことを示す。つまりpHの数値が1下がると、酸性度が10倍高くなるということだ。
13. Orr, J. C., V. J. Fabry, O. Aumont, L. Bopp, S. C. Doney, et al. 2005. "Anthropogenic ocean acidification over the twenty-first century and its impact on calcifying organisms." *Nature* 437:681-686.
14. Palmer, A. R. 1992. "Calcification in marine molluscs: How costly is it?" *Proceedings of the National Academy of Sciences, USA* 89:1379-1382.
15. Cohen, A. L., and M. Holcomb. 2009. "Why corals care about ocean acidification: Uncovering the mechanism." *Oceanography* 22:118-127.
16. Kroeker, K., R. L. Kordas, R. N. Crim, and G. G. Singh. 2010. "Meta-analysis reveals negative yet variable effects of ocean acidification on marine organisms." *Ecology Letters* 13:1419-1434.
17. Lannig, G., S. Eilers, H. O. Pörtner, I. M. Sokolova, and C. Bock. 2010. "Impact of ocean acidification on energy metabolism of oyster, *Crassostrea gigas* —— Changes in metabolic pathways and thermal response." *Marine Drugs* 8:2318-2339.
18. Kroeker et al., "Meta-analysis reveals negative yet variable effects."
19. Doney, S. C., V. J. Fabry, R. A. Feely, and J. A. Kleypas. 2009. "Ocean acidification: The other CO_2 problem." *Annual Review of Marine Science* 1:169-192. doi: 10.1146/annurev.marine.010908.163834.
20. http://www.nber.org/digest/nov06/w12159.html.
21. http://www.sciencedaily.com/releases/2012/04/120411132219.htm; Barton, A., B. Hales, G. G. Waldbusser, C. Langdon, and R. A. Feely. 2012. "The Pacific oyster, *Crassostrea gigas*, shows negative correlation to naturally elevated carbon dioxide levels: Implications for near-term ocean acidification effects." *Limnology and Oceanography* 57:698-710; Hettinger, A., E. Sanford, T. M. Hill, A. D. Russell, K. N. Sato, et al. 2012. "Persistent carry-over effects of planktonic exposure to ocean acidification in the Olympia oyster." *Ecology* 93:2758-2768.
22. Edmunds, P. J. 2011. "Zooplanktivory ameliorates the effects of ocean acidification on the reef coral *Porites* spp." *Limnology and Oceanography* 56:2402.
23. Barshis, D. J., J. T. Ladner, T. A. Oliver, F. O. Seneca, N. Traylor-Knowles, and S. R. Palumbi. 2013. "Genomic basis for coral resilience to climate change." *Proceedings of the National Academy of*

Sciences, USA 110:1387-1392.
24. Cazenave, A., and R. S. Nerem. 2004. "Present-day sea level change: Observations and causes." *Reviews of Geophysics* 42. doi: 10.1029/2003RG000139; Chen, J. L., C. R. Wilson, and B. D. Tapley. 2013. "Contribution of ice sheet and mountain glacier melt to recent sea level rise." *Nature Geoscience* 6:549-552.
25. Merrifield, M. A., S. T. Merrifield, and G. T. Mitchum. 2009. "An anomalous recent acceleration of global sea level rise." *Journal of Climate* 22:5772-5781; Vermeer, M., and S. Rahmstorf. 2009. "Global sea level linked to global temperature." *Proceedings of the National Academy of Sciences, USA* 106:21527-21532; Schaeffer, M., W. Hare, S. Rahmstorf, and M. Vermeer. 2012. "Long-term sea-level rise implied by 1.5°C and 2°C warming levels." *Nature Climate Change* 2:867-870.
26. Perrette, M., F. Landerer, R. Riva, K. Frieler, and M. Meinshausen. 2013. "A scaling approach to project regional sea level rise and its uncertainties." *Earth System Dynamics* 4:11-29.
27. Orson, R., W. Panageotou, and S. P. Leatherman. 1985. "Response of tidal salt marshes of the US Atlantic and Gulf coasts to rising sea levels." *Journal of Coastal Research* 1:29-37.
28. McGranahan, G., D. Balk, and B. Anderson. 2007. "The rising tide: Assessing the risks of climate change and human settlements in low elevation coastal zones." *Environment and Urbanization* 19:17-37.
29. Koch, E. W., E. B. Barbier, B. R. Silliman, D. J. Reed, G. M. Perillo, et al. 2009. "Non-linearity in ecosystem services: Temporal and spatial variability in coastal protection." *Frontiers in Ecology and the Environment* 7:29-37.
30. Danielsen, F., M. K. Sørensen, M. F. Olwig, V. Selvam, F. Parish, et al. 2005. "The Asian tsunami: A protective role for coastal vegetation." *Science* 310:643.
31. Sovacool, B. K. 2011. "Hard and soft paths for climate change adaptation." *Climate Policy* 11:1177-1183.
32. Roberts, C. 2007. *The Unnatural History of the Sea.* Washington, DC: Island Press.
33. Thurstan, R. H., and C. M. Roberts. 2010. "Ecological meltdown in the Firth of Clyde, Scotland: Two centuries of change in a coastal marine ecosystem." *PLoS One* 5:e11767. doi: 10.1371/journal.pone.0011767.
34. http://news.sciencemag.org/sciencenow/2010/05/british-trawlers-working-nearly-.html.
35. Pauly, D., V. Christensen, J. Dalsgaard, R. Froese, and F. Torres Jr. 1998. "Fishing down marine food webs." *Science* 279:860-863.
36. http://www.ehow.com/how_8255493_catch-scallops-holden-beach.html.
37. http://www.ncseagrant.org/home/coastwatch/coastwatch-articles?task=showArticle&id=640.
38. http://en.wikipedia.org/wiki/Dead_zone_(ecology).
39. http://greenbizness.com/blog/wiki/chemical-fertilizer-use-in-usa/.
40. http://www.noaanews.noaa.gov/stories2009/pdfs/new%20fact%20sheet%20dead%20zones_final.pdf.
41. http://www.guardian.co.uk/world/2009/aug/10/france-brittany-coast-seaweed-algae.
42. http://www.cdc.gov/nceh/hsb/hab/default.htm.
43. Diaz, R. J., and R. Rosenberg. 2008. "Spreading dead zones and consequences for marine ecosystems." *Science* 321:926-929. doi: 10.1126/science.1156401.
44. http://www.telegraph.co.uk/science/space/9125409/The-algae-bloom-so-big-it-can-be-seen-from-space.html.
45. http://phaeocystis.org/.

46. Fontaine, M. C., A. Snirc, A. Frantzis, E. Koutrakis, B. Öztürk, et al. 2012. "History of expansion and anthropogenic collapse in a top marine predator of the Black Sea estimated from genetic data." *Proceedings of the National Academy of Sciences, USA* 109:E2569-E2576.
47. Kideys, A. E. 2002. "Fall and rise of the Black Sea ecosystem." *Science* 297:1482-1484.
48. Daskalov, G. M., A. N. Grishin, S. Rodionov, and V. Mihneva. 2007. "Trophic cascades triggered by overfishing reveal possible mechanisms of ecosystem regime shifts." *Proceedings of the National Academy of Sciences, USA* 104:10518-10523.
49. http://en.wikipedia.org/wiki/Mnemiopsis_leidyi.
50. http://www.smithsonianmag.com/specialsections/40th-anniversary/Jellyfish-The-Next-Kings-of-the-Sea.html; Daskalov et al. "Trophic cascades triggered by overfishing."
51. Jackson, J.B.C. 1997. "Reefs since Columbus." *Coral Reefs* 16:23-32.
52. Jackson, J.B.C., M. X. Kirby, W. H. Berger, K. A. Bjorndal, L. W. Botsford, et al. 2001. "Historical overfishing and the recent collapse of coastal ecosystems." *Science* 293:629-637.
53. Pandolfi, J. M., J.B.C. Jackson, N. Baron, R. H. Bradbury, H. M. Guzman, et al. 2005. "Are US coral reefs on the slippery slope to slime?" *Science* 307:1725-1726.
54. Caldwell, M., A. Hemphill, T. C. Hoffmann, S. Palumbi, J. Teisch, and C. Tu. 2009. *Pacific Ocean Synthesis: Executive Summary*. Palo Alto, CA: Center for Ocean Solutions Publications, Stanford University; http://www.centerforoceansolutions.org/content/pacific-ocean-synthesis-executive-summary.

エピローグ

1. Palumbi, S. R. 2001. "The ecology of marine protected areas." In M. D. Bertness, S. D. Gaines, and M. E. Hay (eds.). *Marine Community Ecology*. Sunderland, MA: Sinauer, pp.509-530.
2. Alcala, A. C., G. R. Russ, A. P. Maypa, and H. P. Calumpong. 2005. "A long-term, spatially replicated experimental test of the effect of marine reserves on local fish yields." *Canadian Journal of Fisheries and Aquatic Science* 62:98-108.
3. このシナリオは、IPCC（気候変動に関する政府間パネル）がRCP（代表的濃度パス）8.5と呼ぶものだ。IPCCの2007年最終報告はオンライン上で閲覧できる。http://www.aimes.ucar.edu/docs/IPCC.meetingreport.final.pdf。2013年報告書は本書執筆時点ではまだ完成していないが、http://www.ipcc.ch.で公開予定。

※ウェブサイトのURLは原著刊行時のまま掲載した。現在はリンクが切れているものもある。